草地与放牧家畜管理技术

屈志强 张彬 王静 李治国 主编

中国农业科学技术出版社

图书在版编目(CIP)数据

草地与放牧家畜管理技术 / 屈志强等主编. --北京：中国农业科学技术出版社，2025.8.
ISBN 978-7-5116-7470-8

Ⅰ.S815.2

中国国家版本馆 CIP 数据核字第 2025E2Q876 号

责任编辑　陶　莲
责任校对　王　彦
责任印制　姜义伟　王思文

出 版 者	中国农业科学技术出版社
	北京市中关村南大街 12 号　邮编：100081
电　　话	(010) 82109705（编辑室）　(010) 82106624（发行部）
	(010) 82109709（读者服务部）
网　　址	https://castp.caas.cn
经 销 者	各地新华书店
印 刷 者	北京建宏印刷有限公司
开　　本	170 mm×240 mm　1/16
印　　张	18.75
字　　数	330 千字
版　　次	2025 年 8 月第 1 版　2025 年 8 月第 1 次印刷
定　　价	80.00 元

◆ 版权所有·翻印必究 ◆

前　言

草地，作为地球上分布最广的陆地生态系统之一，是连接自然与人文、生态与生产的重要纽带。它不仅为人类提供了丰富的物质资源，维系着全球近1/4人口的生计，更是陆地生态系统的重要屏障，在涵养水源、固碳释氧、保持水土、维护生物多样性等方面发挥着不可替代的作用。然而，随着全球气候变化加剧、人口增长和资源开发压力增大，草地生态系统正面临退化、沙化、生物多样性锐减等严峻挑战。如何实现草地资源的可持续利用，平衡生产与生态之间的关系，既是全球生态治理的共性命题，也是我国推进生态文明建设、实现乡村振兴战略的关键课题。

我国是草地资源大国，天然草地面积达3.9亿hm^2，占国土面积的40%以上，主要分布在边疆地区和生态脆弱区。这些草地不仅是牧民赖以生存的生产资料，更是国家生态安全的重要屏障。近年来，党中央、国务院高度重视草地生态保护与畜牧业高质量发展，相继出台《关于全面推行草原生态保护补助奖励机制的意见》《全国草原保护建设利用"十四五"规划》等政策文件，明确提出"生态优先、绿色发展"的战略导向，要求以科技创新推动草地资源合理利用与家畜高效养殖的协同发展。在这一背景下，科学管理草地资源、优化家畜放牧模式、提升饲草料利用效率，已成为实现生态保护、民生改善和产业升级的必由之路。

本书以"草地-家畜系统"为核心，立足我国草地资源特点与畜牧业发展需求，系统梳理草地合理利用、改良修复、饲草生产、家畜营养与饲养管理等关键环节的技术体系。全书共分八章，内容涵盖从草地资源基础利用到饲草产业应用的全链条技术框架：第一章聚焦天然草地的放牧、刈割及人工草地的合理利用，旨在构建"以草定畜"的科学基础；第二章至第三章围绕退化草地植被与土壤改良技术与鼠害、虫害和有毒植物的综合治理，提出生态修复与生物多样性保护的实践路径；第四章至第六章深入解析饲草料资源分类、加工工艺与配方设计，为家畜高效养殖提供精准营养方案；第七章至第八章以动物营养学原理为指导，结合牛羊生理特性与现代化牧场管理经验，形成标准化、精细化的饲养技术体系。各章节既独立成篇，又相互关联，共同构建起"资源保护-技术支撑-产业应用"三位一体的知识网络。

当前，我国草地畜牧业正处于转型升级的关键阶段。一方面，草原生态保护补助奖励政策的实施显著缓解了草地退化趋势，但局部地区超载过牧、草畜矛盾等问题依然存在；另一方面，消费者对优质畜产品的需求日益增长，倒逼产业从粗放式扩张转向质量效益型发展。在这一背景下，科学技术的创新与应用将成为破解生态保护与产业发展两难困境的核心驱动力。本书的出版，旨在为草原生态保护者、畜牧业从业者、科研工作者和政策制定者提供一本兼具理论性与实用性的参考工具，助力我国草地资源可持续管理水平的提升。

由于草地生态系统与畜牧业生产的区域差异性显著，书中部分技术方案需结合各地实际灵活调整。我们期待与读者共同探讨，不断完善草地与家畜管理技术体系，为筑牢生态安全屏障、推动畜牧业高质量发展贡献力量。本书的出版得到中央引导地方科技发展资金项目（2022ZY0022），"荒漠草原家庭牧场生态修复与生产经营优化管理技术研究与示范"内蒙古自治区一流学科科研专项项目（YLXKZX-NND-029），"退化草地精准修复体系及家庭牧场草畜平衡模拟优化研究"内蒙古自治区直属高校基本科研业务费项目（BR250106）基金的支持。本书的编写引用了大量研究成果、数据和相关资料，在此向被引用的文献作者致以最真诚的感谢。限于编者水平有限、实际经验的不足，难免有疏漏和不当之处，恳请广大读者提出宝贵意见。

编　者
2025 年 4 月

目　　录

第一章　天然草地的合理利用 …………………………………… 1
　第一节　放牧地的合理利用 …………………………………… 1
　第二节　割草地的合理利用 …………………………………… 8
　第三节　人工草地建植与合理利用 …………………………… 12
第二章　草地改良技术 …………………………………………… 24
　第一节　土壤改良 ……………………………………………… 24
　第二节　植被改良 ……………………………………………… 30
　第三节　特殊草地培育 ………………………………………… 35
第三章　草地保护 ………………………………………………… 41
　第一节　草地鼠害及其防治 …………………………………… 41
　第二节　草地虫害及其防治 …………………………………… 51
　第三节　草地有毒有害植物及其防治 ………………………… 58
第四章　饲草料类别 ……………………………………………… 65
　第一节　粗饲料 ………………………………………………… 65
　第二节　青饲料 ………………………………………………… 71
　第三节　青贮饲料 ……………………………………………… 78
　第四节　能量饲料 ……………………………………………… 80
　第五节　蛋白质饲料 …………………………………………… 84
　第六节　矿物质饲料 …………………………………………… 89
　第七节　饲料添加剂 …………………………………………… 92
第五章　饲料加工技术 …………………………………………… 99
　第一节　粗饲料加工技术 ……………………………………… 99
　第二节　青饲料加工技术 ……………………………………… 102
　第三节　青贮饲料调制技术 …………………………………… 103
　第四节　籽实饲料加工技术 …………………………………… 105

第五节　饲料去毒加工技术 …………………………… 107
第六节　配合饲料加工技术 …………………………… 112
第七节　颗粒饲料加工技术 …………………………… 116
第八节　配合饲料质量管理 …………………………… 119

第六章　饲料配方设计 …………………………………… 125
第一节　配合饲料概述 ………………………………… 125
第二节　全价饲粮配方的设计方法 …………………… 129

第七章　动物营养原理 …………………………………… 136
第一节　动物营养概述 ………………………………… 136
第二节　主要营养物质 ………………………………… 145
第三节　动物营养需要与饲养标准 …………………… 189

第八章　牛羊饲养管理技术 ……………………………… 207
第一节　羊饲养管理技术 ……………………………… 207
第二节　牛饲养管理技术 ……………………………… 246

参考文献 …………………………………………………… 290

第一章 天然草地的合理利用

第一节 放牧地的合理利用

草地和农田一样，是一种生产资料。人类通过生产劳动将植物性产品转化为各种动物性产品。同时，动物性生产又影响和反作用植物性生产。放牧地合理利用，就是在正确处理植物生产和动物生产这个基本矛盾的基础上，一方面将植物生产有效地转化为畜产品，另一方面又不断地提高植物产品的产量和品质，二者完美结合，使草地畜牧业可持续发展。

放牧利用草地是最经济和最有效的饲养方式，我国广大牧民主要依靠放牧饲养牲畜。草地上生长的青嫩牧草中含有丰富的蛋白质、维生素、矿物质和其他家畜必需的营养物质，尤其对于幼畜生长、成年家畜的繁殖、畜产品数量及质量的提高，都具有重要作用。放牧是利用草场资源最有效的手段，对于提高农牧民收入，改善生活条件，构建新农村、新牧区具有重要意义。

一、放牧地合理利用的基本要求

（一）适宜的放牧时期

放牧时期是指从适当的放牧开始至适当的放牧结束这段时期，也叫放牧季。早春和晚秋进行放牧对草地危害最大，因此许多国家对放牧时期的要求都比较严格，但现在仍有部分地区采用全年放牧且季节牧场的轮换也不严格，这也是近年来造成草地退化的一个重要原因。

根据草地牧草贮藏营养动态规律可知，草地利用有两个禁牧期，即早春萌发（返青）后半个月和晚秋枯黄前一个月。早春利用过早使牧草养分用尽耗竭，丧失生机，严重影响牧草再生和产草量，有的牧草甚至会从草地中衰退；萌发早适口性好的牧草首先被家畜采食，使它们的生活力下降，反而使萌发迟或适口性差的粗劣杂草、毒草、害草繁盛起来，影响草地利用价值;早春刚刚解冻,有些地方较潮湿,易使牲畜患蹄腐病或肠道寄生虫等疾病;早春幼嫩牧草吸引家畜,易出现"跑青"现象,消耗体力,造成家畜死亡。

停止放牧过迟,多年生牧草没有足够的时间进行营养储备,影响越冬,冬天可能会冻死,或者会影响第二年早春牧草的返青和生长,并使第二年牧草产量减少;有些成熟较晚的植物不能形成成熟的种子,影响其繁殖更新。

适宜的始牧期应在返青后 12~18 d。以禾草为主的草地,放牧开始不迟于拔节期,植物高度为 5~7 cm;以豆科和杂类草为主的草地,放牧始于分枝初期,植物高度为 5~10 cm;以莎草科为主的草地,如果土壤水分允许,放牧可适当提前。若过迟由于牧草的营养物质回收会显著下降。因而适宜的终牧期一般在生长季结束前 30 d 较为适宜。

(二) 放牧后牧草的留茬高度

适宜的留茬高度对草地生产力的维持至关重要。一般而言,放牧留茬过低不利于牧草再生,导致根量减少,翌年产量降低并最终引起草地退化。留茬过高则使牧草大量浪费。通常状况下,森林草原、草甸草原和干草原最佳的留茬高度为 4~5 cm,荒漠草原、荒漠和高山草原则为 2~3 cm;一年生牧草可齐地面,多年生牧草地高度为 5~6 cm。

(三) 适宜的放牧次数

放牧过于频繁会使牧草不能正常生长或无法贮存营养物质,使草地产量下降或草地快速退化。放牧频率过低,会使牧草粗老,形成大量枯枝落叶,影响家畜的采食和适口性。通常状况下,草地适宜的放牧次数一般为:森林草原 3~5 次、湿润草原 3~4 次、干旱草原 2~3 次、荒漠和半荒漠 1~2 次、高山草原 2~3 次、亚高山草原 3~4 次、高产人工草地 4~5 次。

(四) 适宜的载畜量

合理的载畜量是指在一定的放牧时间内和一定草地面积上,在不影响草地生产力和保证家畜正常生长发育的情况下,能容纳放牧家畜的最大头(只)数。它是反映草地本身生产力水平的重要指标。

载畜量的表示方法有时间单位法、家畜单位法和草地单位法 3 种,最为常用的是草地单位法,即在一定时期内,单位重量家畜所需要草地的面积。公式为:

$$
\text{一只绵羊单位所需要草地面积}(hm^2) = \frac{\text{绵羊日食量}(kg/d) \times \text{某时期放牧天数}(d)}{\text{草地单位面积产草量}(kg/hm^2) \times \text{利用率}(\%)} \quad (1-1)
$$

以冷、暖季载畜为基础的年载畜量公式为：

$$暖季一只绵羊单位所需要草地面积（hm^2）= \frac{绵羊日食量（kg/d）\times 暖季放牧天数（d）}{草地最高月份产草量（kg/hm^2）\times 利用率（\%）} \quad (1-2)$$

$$冷季一只绵羊单位所需要草地面积（hm^2）= \frac{绵羊日食量（kg/d）\times 冷季放牧天数（d）}{草地最高月份产草量（kg/hm^2）\times 利用率（\%）\times 保存率（\%）} \quad (1-3)$$

全年一个羊单位需草地面积（hm^2）= 暖季一个羊单位需草地面积 +
冷季一个羊单位需草地面积 (1-4)

中国北方草场资源调查办公室（1986）制定的家畜单位换算标准为：1 峰骆驼 = 7 绵羊单位；1 匹马 = 6 绵羊单位；1 头黄牛 = 5 绵羊单位；1 头牦牛 = 4 绵羊单位；1 匹驴 = 3 绵羊单位；1 匹骡 = 5 绵羊单位；1 只山羊 = 0.8 绵羊单位；1 只兔 = 0.14 绵羊单位。

冷季保存率：枯草期牧草保存量占草地最高月份产量的百分比。例如，内蒙古草地资源各类型的保存率：羊草草地 60%，针茅、隐子草草地 50%，灌木、半灌木草地 55%~60%，根茎禾草、莎草草地 60%~65%，丛生禾草 50%~55%，杂类草 45%~50%。

家畜日食量：是指家畜在维持正常生长发育和一定生产性能下每天需要的饲草数量。家畜种类、品种、体重、生产性能、草地质量不同，其日食量就不同。内蒙古和新疆地区家畜常用日食量（干物质量）：绵羊 1.5~2.5 kg/d，山羊 1.2~2.0 kg/d，牛 8.0~12.0 kg/d，马 6.0~10.0 kg/d，骆驼 5.0~8.0 kg/d；青藏高原牦牛日食量 6.0~10.0 kg/d，藏羊 1.2~2.0 kg/d，马 5.0~8.0 kg/d。也可以按照家畜活重来计算，大家畜日需干草为其活重的 3% 左右，绵羊和山羊为其活重的 4% 左右。

草地利用率是指在适宜的载畜率情况下，家畜应该（可以）食掉的牧草占牧草总产量的百分比。表示方法为：

$$利用率 = \frac{适当采食量}{牧草总产量} \times 100\% \quad (1-5)$$

采食率是指家畜实际采食牧草的量占牧草总产量的百分比。表示方法为：

$$采食率 = \frac{实际采食量}{牧草总产量} \times 100\% \quad (1-6)$$

确定了利用率,就能根据采食率来检查放牧地的利用是否符合规定的利用程度(放牧强度)。其在理论上的表现为:

采食率=利用率——放牧适当

采食率>利用率——放牧过重

采食率<利用率——放牧过轻

规定适宜利用率是一件比较复杂的工作,受牧草耐牧性、生长时期、植物发育情况、地形坡度、水土流失状况、家畜种类和生产性能等条件的影响。通常确定利用率可参考如下数据:

(1) 在牧草危机时期,如返青、枯黄、干旱、虫灾等时期,要规定较低的利用率,一般为30%~45%。

(2) 为防止水土流失,不同坡度规定不同利用率,一般来说,随坡度增加,利用率要减少。

(3) 在正常放牧时期内,划区轮牧利用率为70%~85%,自由放牧为50%左右。

(4) 有水肥供应且管理良好的草地,利用率可提高10%~20%;一次性利用的草地,如一些一年生草地利用率可达80%~90%,而多次利用的草地利用率要低于正常水平。

(五) 畜群的均匀分布

畜群均匀分布与否,对草地是否能够做到合理利用有很大关系。不均匀的分布会造成草地利用不均衡,局部地区利用率过高和局部地区退化。主要原因有家畜喜食植被的集中生长、地形地势起伏、生产设施(如水源、补盐点、圈舍等)的分布不均匀、家畜的选择性采食等。为避免或减少家畜过于集中,可有针对性地采用开发水源、分区放牧、分区利用、有计划地补播优良牧草、合理配置补盐点等方法。

二、放牧制度及其评价

(一) 季节营地(牧场)放牧

我国放牧利用的草地多是依据季节来划分的,依据季节的更替来轮流更换的放牧地叫季节营地。北方草地在一年之间,随气候的变化,牧草的产量及营养物质含量也发生了变化,从景观上看草地植被表现为"春华、夏茂、秋实、冬黄"的景象,草地忍耐放牧的程度、水源及对家畜的管理都随着季节的变化而变化。

在生产上，要尽量均匀地利用草地，可通过人为地调节草地与家畜的供求关系，确保家畜全年都有一个比较充足的牧草供应，以保证畜牧业稳定健康发展。内蒙古的天然草地大致可分为四季、三季和二季营地。三季营地主要包括锡林郭勒盟东部草地分布比较广泛的地区，一般划分夏、冬、春秋；夏、秋、冬春或夏秋、冬、春三季营地。二季营地主要在广大的中西部牧区，东部地区也有这种划分方式，一般划分夏秋、冬春两季营地。两季营地划分是分布较广、最为常见的方式。

1. 季节放牧地划分的原则

为满足牲畜在季节牧场上的放牧需要，以家畜对不同季节适应的条件为基础进行划分。主要条件包括：

（1）地形和地势。地形和地势条件是影响水热条件再分配的直接因子，这点在季节牧场的选择上有重要意义。如山地草场植被有明显的垂直分布，因此，在这些地区季节牧场按照植物的垂直分布划分。每年冬春至夏秋，放牧区由低向高转移，温暖季节到寒冷季节，放牧区则由高向低转移。

（2）植被特点。植被是草场的基础，选择季节牧场时应注意草地植被的组成，并要考虑植物的营养价值和适口性。如芨芨草滩，夏季牲畜不愿采食，而冬季、春季具有良好的饲用价值。又如针茅在结实之前是较为优良的饲草，而结实时适口性则大大降低。

（3）水源条件。水源是放牧地合理利用的一个重要条件。如在暖季，由于天气温热，牲畜饮水较多，因此放牧场应有充足的水源；而在寒冷季节，牲畜饮水量和饮水次数均减少，此时可利用水源较差或水源较远的草场；冬季有降雪，牲畜可啃雪补水，可利用其他季节未能利用的缺水草场。

（4）补盐条件。牧区一般牲畜不补饲矿物质饲料，如食盐等。牧民习惯定期赶着畜群到有盐土和盐生植被的牧场上放牧。以解决牲畜对矿物质营养的需要。舔盐、补盐的地点不能离经常利用的牧场太远，以便家畜经常能得到矿物质的补充。

2. 季节放牧地的选择

（1）春季营地。早春气候变化无常，乍暖还寒的天气经常出现，且牧草大多是枯草，产量低、品质差。家畜经过一个冬天的体力消耗，体质很弱，又处于产仔、哺乳阶段，急需补充各种营养。春天家畜需从早到晚进行采食才有可能吃饱。所以营地要选择有低洼地、开阔、避风、向阳的地形条件，植物萌发早、饮水方便，附近有棚圈，且有一定的贮草。

（2）夏季营地。夏季各种牧草生产旺盛，且产量高、品质好、供应充足，牲畜也开始恢复体力，畜群也增大，要充分利用牧草充足这一有利条件，抓好夏膘（水膘），为提高生产力打下基础。但在仲夏，一般天气炎热、后期多雨、蚊蝇很多，影响家畜的正常采食。营地要选择地势高、通风凉爽、牧草相对较低、蚊蝇较少的地方。如高坡、山顶、岗梁地等。水源要充沛方便，保证就近饮水。

（3）秋季营地。北方草地，秋高气爽、气温下降（变凉），牧草逐渐停止生长，并开始枯黄。家畜膘情良好，要进一步抓好秋膘（肉膘），这是提高草地第二性生产力、发展季节畜牧业，使家畜安全越冬的重要保证。

秋季营地应选择在地势低平、开阔的滩地、川地，这些地方植被青绿的时间较长，多汁且适口性好。有些枯黄较晚的植物，如葱属植物，还能够提高羊肉的质量。秋季家畜饮水数量减少，可在距水源较远的地方放牧。

（4）冬季营地。冬季气候寒冷、风多雪大。牧草全部枯黄，有的被风吹走，有的被积雪覆盖，生产力较低。尽管在初冬时家畜膘情较好，在冬季主要用于维持生命，体质越来越差。牧草的营养状况直接影响家畜本身、仔畜的成活率及其体质。所以，冬营地应选择在低洼、避风、向阳的草地。如山间谷地、丘间低地、沙地和四周较高的盆地。这些地区植被高大且保存率好。如西部的芨芨草滩、马蔺滩、灌木丛等。冬季营地要有足够的贮草、比较方便的水源和一定的棚圈设施。另外在冬季营地最好采用划大区放牧或自由放牧，让牲畜对牧草有较大的采食选择余地。

（二）划区轮牧

划区轮牧也叫有计划放牧，指按一定的放牧方案，在季节牧场内严格控制牲畜的采食时间和采食范围，是同时对牲畜和草地都有利的一种放牧制度。

1. 划区轮牧的优点

（1）减少牧草浪费，节约草地面积。在轮牧区中，畜群在规定的时间内采食，对牧草选择性的机会大大减少。草地利用更加均匀，一般能提高采食率20%～30%，剩余草量不超过12%～15%。在同类型草地上，划区轮牧比自由放牧可多容纳家畜30%，牲畜生产力提高5%～10%。

（2）利于草场管理。轮牧范围小，便于管理。如刈割多余牧草，清除有毒植物、灌水、施肥、补播等。同时大大地减少了牧民的劳动强度。

（3）保证牧草的产量和品质。划区轮牧能够均匀地利用草地植被，防止杂草滋生。草地有恢复的机会，使牧草再生，每次利用牧草不会太粗老，相对质量较高。

(4) 使畜群集中发情，家畜体况膘情较均匀。集中发情可提高配种质量，特别是利用人工授精技术。母畜产仔均匀、后代发育同步而便于管理。

(5) 有效防止家畜寄生虫感染。许多蠕虫以家畜为寄主，虫卵随粪便排出，体外孵化，6 d 后可变成有感染能力的幼虫。在连续放牧情况下，随家畜采食进入体内，使家畜染病。但在划区轮牧时，牲畜经常转移小区（小区夏季 6~7 d），减少了蠕虫生存和传播的机会，降低了危害程度。

(6) 增加畜产品效益（产量）。家畜走路少、采食多、休息时间长、消耗少，增加了饲料的生产效益。家畜日增重较自由放牧高 7.3%~34%，个体产毛增加 7%~10%。

2. 划区轮牧小区

(1) 小区数目的确定。小区数目的确定与轮牧周期、放牧频率、放牧季、牧草再生时间、小区放牧天数以及家畜需求关系密切。

轮牧周期是指在同一个轮牧小区（同一块草地）两次放牧间隔的时间。轮牧周期的长短取决于牧草的再生能力强度，一般再生牧草生长到 8~20 cm 时就可以再次进行放牧，而再生牧草生长的速度又因雨量多少、气温高低、土壤肥瘠和植物种类不同而异，因此轮牧周期也随着这些因素而变化。

放牧频率是指一个放牧季（或植物生长季）内，各轮牧小区中能够放牧的次数。如果轮牧小区中的植物被采食后的再生速度快，那么轮牧周期相对较短，轮牧频率也就相对较高。我国各草原类型适宜的轮牧频率大致如下：森林草原 3~5 次；湿润草原 3~4 次；干旱草原 2~3 次；高山草原 2~3 次；亚高山草原 3~4 次；高产人工草地 4~5 次。

小区放牧天数需同时考虑蠕虫的感染和牧草再生，一般不超过 6 d，非生长季和荒漠地区时间可适当延长。注意在初始利用的小区的牧草产量只有正常（以后）小区的 25%~40%，所以初始小区放牧的时间短。为保证第二周期再生草达到要求，另设一定的辅助小区。

放牧密度是指单位草地面积上的放牧家畜数量。放牧密度过大，不仅家畜采食与活动过程中会相互干扰，发生争斗，而且也不利于牧草的再生恢复；放牧密度过小又会使家畜对草地牧草资源利用的不充分，同时，家畜的体力消耗也过多。

轮牧的起始时间是指，在生长季中第一个轮牧小区的放牧日期或时间。轮牧起始时间的确定需要考虑以下几种因素：第一是轮牧小区中的牧草可利用产量（积累量）；第二是采食后的牧草留茬高度（对其后的牧草再生影响）；第三是放牧当年春季的水热条件（可能还有冬季的积雪情况）。在我国东北的羊草草甸草原,轮牧的起始时间是在5月下旬至6月初。

小区数的计算公式:

$$N=\frac{T}{R}+1 \qquad (1-7)$$

式中:

T——牧草再生所需时间(d),暖季(青草期):一般为25~40 d(高寒地区如青藏高原取上限,水热条件好的草甸草原取下限),冷季(枯草期):不适用轮牧(需舍饲或自由放牧);

R——每小区放牧天数(d);通常为3~7 d(避免过度践踏和选择性采食)。

各地应根据具体条件确定具体小区数目,通常状况下,温性草甸草原4~6个,高寒草原(青藏高原)6~8个,荒漠草原(新疆)8~10个。另外如果小区设置过多,资金投入加大,应适当予以考虑权衡。

$$放牧季长度 = 小区数目 \times 小区内放牧天数 \times 放牧频率 \qquad (1-8)$$

(2)轮牧小区的面积、形状和布局。小区面积取决于放牧地的生产力、放牧头数、放牧天数、家畜日食量等。

小区面积首先取决于草地生产力,其次取决于畜群头数、放牧天数及家畜的日食量。

$$小区面积(hm^2) = \frac{家畜头数 \times 日食量 \times 放牧天数}{可食牧草产量 \times 小区数目} \qquad (1-9)$$

小区形状和布局一般无严格要求。因为围栏费用较高,生产上常以自然障碍物(林带、河流、山体等)为分区边界,所以小区形状可不规则。如开阔平整的草地上以长方形,长宽比为3:1或2:1为宜。

设计划区轮牧区时,首先,应考虑靠近水源、棚圈、保证暖季冷季供水充足;其次,小区布局合理即在牧道内可直接进入各轮牧分区,不要横隔,不能距某小区(冬春)太远;再次,围栏材料要经济耐用,最好因地取材;最后,需要加强雇工及辅助设施的管理和使用。

第二节 割草地的合理利用

割草地是指牧区的草原、农区的草山草坡、沿海滩涂草地以及人工、半人工草地中能够割制干草的生产地段,它是草地的一个重要且常见的利用方式。

第一章 天然草地的合理利用

一、割草的意义

(一) 提高草地利用效率

草地刈割可以根据当地的刈割制度、当年的实际降水和管理措施进行调整，在最恰当的时期割草，使经济效益与生态效益相结合，充分体现出割草的可控性和效率。

(二) 减少牲畜的践踏

放牧牲畜的践踏造成草地土壤十分紧密而干涸，植株高大的、比较喜水植物逐渐消失，草群变得矮小。割草地提供丰足的饲草，延长了牲畜的舍饲时间，减少了牲畜对由于寻找食物在草地游走对草地的践踏破坏，特别是对近圈舍场所的草场避免了牲畜对草地的进一步践踏破坏。

(三) 调节畜草的季节不平衡

在草地生态系统中，牧草生长的季节性特点决定了家畜需求与牧草生产之间的季节不平衡性。一般来说，随着家畜个体从小到大，或者从春季到冬季，由于体重的增加而导致采食量不断加大。与此同时，草地上的牧草产量积累从春季到夏季逐渐增加，并达到高峰，在秋季就开始下降，呈现一个"抛物线"形（图1-1）。由此，形成了在草地畜牧业经营中，夏秋季饲草充足，冬春缺乏的局面。

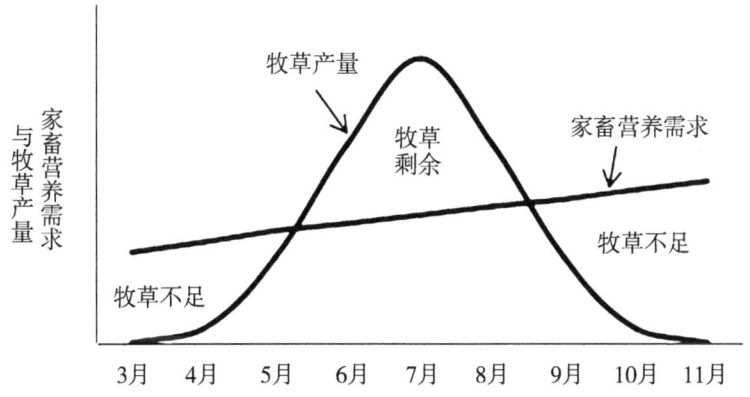

图1-1 草地上家畜的营养需求与牧草产量之间随时间的变化模式

合理和丰足的饲草供应是提高草地牲畜生产力最有力的保证，只靠一个季节的饲养很难达到高产的目的。通过割草可以平衡草地总体家畜需求与牧草生产之间的矛盾，也可以很好解决冬季和春季饲草不足问题；通过割草，能够将丰年的富余牧草制作成干草，用作歉收年的备用饲草，最终解决牧草年际间生长的不平衡性，使饲草资源得到充分利用，稳定畜牧业的生产和发展。

（四）保持草地植物的多样性

放牧时由于牲畜的选择性采食，导致植物种类减少，群落的组成结构逐渐变简单。过度放牧草地所保留的植物多为不可食植物或不喜食植物，如果放牧强度继续增大，多年生植物逐渐消失，被一年生植物所代替，这时草地的经济价值和生态价值就会降低。适度刈割能较好地保持草地原生植被（顶极群落）的多样性，对于那些利用价值不高的杂草或有毒有害植物能起到较好的控制作用。

二、割草地应具备的条件

为了保证割草地优质高产，并宜于收割、运输、管理，应在草群组成、土壤、地形等方面有一定的要求。

（一）草群组成

草群以上繁草为主，下繁草不能超过草群重量的10%。上繁草最好是由根茎禾草、疏丛禾草、根颈（轴根）型高大豆科牧草组成。天然草地割草场杂草比重不能超过20%，因高大阔叶杂草易破碎、茎秆老、叶片大、不易干燥。有毒植物不能超过1%。

（二）土壤

水、肥充足，土层深厚，富有团粒结构，土壤的通气、保水、保肥能力要好，pH值介于6~8。

（三）地形

平坦、开阔、坡度<10°，可减少地表径流和水土流失，同时有利于机械化作业。

三、适宜的刈割时期

选择合适的割草时间是草地割草管理中不可忽视的问题，它的作业质量不仅关系到当年草地收获量的高低与饲草品质，而且对以后年份草地的产量及利用年限都有重要作用。多年生产实践和实验研究表明，在我国北方地区，天然草地的最适割草期为每年的7月下旬至8月中旬，即草地主要牧草的始花期，最迟不能迟于终花期。具体草场的割草时间也应该根据地理区域、水热条件和草地群落发育水平而确定。

四、刈割次数和刈割高度

（一）刈割次数

为了维持割草地经济产出和可持续利用，必须制定适宜的割草强度。过度割草能够导致草地群落组成、结构发生改变，降低割草地牧草产量。

在我国中部和西部地区一般一年仅能刈割一次，但在东部有些地区及其水肥条件好的地区，可以进行再生草的刈割。如：河漫滩、低洼湿地、芨芨草滩以及培育的高产稳产的人工草地等。

第一次刈割可以在群落主要牧草开花之前，即禾本科牧草抽穗期、豆科牧草现蕾期刈割。在第一次刈割后牧草迅速再生，到夏末时再生草又能达到适宜的刈割高度时再考虑第二次刈割。在第一次刈割后一定要进行灌溉、施肥、加强田间管理，用轮刈方法来使草地复壮。需要注意的是，割草应该在牧草停止生长前1个月左右结束，否则将对下年产量产生不良影响。

（二）刈割高度

留茬高度是割草技术的一个重要方面，留茬的高低直接关系到干草产量和牧草损耗率。随着刈割高度的增加，优质牧草在干草中的比重减少；但留茬过低，叶片全部割去会影响植物光合以及营养物质的积累，从而影响以后各年份的产量。一般认为，大多数割草地适宜的留茬高度为5 cm。但因草地类型不同，刈割高度也不相同；如：以下繁草为主的草地，留茬3~4 cm；粗大牧草，如芦苇（*Phragmites australis*）、高大杂草留茬10~15 cm；进行第二次刈割的草地留茬高度应为6~7 cm。

五、割草制度

在大面积的割草地上，可以将割草地划分成不同刈割区。一年中，有的刈割区割草，而有的刈割区闲置恢复，这种轮换刈割区的割草方式也称作轮割制。在内蒙古典型草原上，割一年休一年或割两年休一年的轮割制度可以防止草地的严重退化，也是已退化割草地的恢复措施之一。而一年割两次和一年割一次两种割草制度，在短期内能够收获较多牧草，但是，优良牧草比例、牧草品质等特性相对较差，而且这种割草制度受短期利益驱动，会逐渐形成恶性循环，造成割草地的严重退化。

草地利用的最佳效果在于，在不破坏草地生态系统的条件下，尽可能在单位面积草地上获得较多的优质畜产品。在割草地进行刈割后，草地还有不少牧草可以被牲畜直接采食利用，此时可以进行适当强度的放牧。在刈割后的割草地上放牧家畜，一定要控制好放牧的时间和放牧的强度，需要保持草地的持续性，同时还要注意放牧的方式。

第三节 人工草地建植与合理利用

建设人工草地和饲料地与种植农作物要求基本一致。若要实现高产、稳产，势必要求精耕细作。此外，人工草地和饲料地在地段选择、种子准备、播种技术、田间管护等方面还有许多特殊要求。

一、地段选择

人工草地和饲料地建设，首先要选择好建设地段。因为地段选择是直接影响人工草地和饲料地能否建设成功的关键所在，也是决定饲草料产量高低和品质好坏的重要因素之一。地段的选择要根据该地区农牧业生产产业布局、合理规划、有计划、有步骤地进行，原则上要尽量满足牧草和饲料作物对自然条件和生产条件的共同要求，一般应考虑以下几个原则：

（1）地势平坦或稍有起伏（工程作业量不大），便于机械或人工作业；

（2）土层深厚，有机质含量高，土壤肥沃；

（3）有较丰富的水源且水质优良，能满足灌溉需要；

（4）旱作人工草地，要求在地下水位较高或天然降水较为充沛地区；

（5）无沙化危险，切忌在风口处，以免引起风蚀沙化；

（6）距离居民点及冬春营地要近，便于运输和管理；

（7）一般应有保护措施，如围栏、建防护林网等，以防人畜破坏。

二、平整土地

地块选择好以后，下一步就是平整土地，即耕翻耙耱，为牧草种子发芽、生长准备好适宜的种床。

耕地时间在春、夏、秋均可进行，但以雨季来临时最为适宜，因为此时土壤水分适当，耕地阻力小，耕作质量好。另外此时温度高、雨水多，有利于促进有机质分解。在条件较好的土地上春季开垦种植可当年见效。

耕翻深度以超过草根层 5~10 cm 为原则，一般以 20~25 cm 为宜。耕翻后要耙糖和镇压，糖碎土块，并防止透风失水。

三、种子的清选和处理

为了提高播种质量和牧草及饲料作物的出苗率，播种前要对种子进行清选和品质鉴定，根据种子纯净度和发芽率计算出种子的播种量，并进行必要的处理，如去杂、精选、浸种和消毒等。豆科牧草种子还要进行硬实种子处理和根瘤菌接种，有芒的禾本科牧草种子要做去芒处理。

（一）豆科牧草硬实种子的处理

豆科植物新生产下来的种子在播种时，大部分种子能吸水膨胀、萌发，最终生成幼苗，但也有一小部分种子既不吸水，更不萌发，始终处于干燥、坚实状态，这种种子被称为硬实种子，俗称铁豆子。新种子中铁豆子多，随着贮存时间延长，数量逐渐下降，存放时间越长，数量越少。硬实种子这种特性，叫硬实性，含有硬实种子的百分率称硬实率。

豆科植物种子的硬实性因植物不同，硬实率也不同，如紫花苜蓿（*Medicago sativa*）一般为 10%~20%，黄花苜蓿（*Medicago falcata*）一般为 30%，白花草木樨（*Melilotus albus*）为 40%，野生黄花苜蓿为 60%，红豆草（*Onobrychis viciifolia*）为 10%，新收获的紫云英（*Astragalus sinicus*）为 80%~90%。

豆科牧草种子常因种皮坚硬（硬实种子）导致吸水困难、发芽率低，需通过物理、化学或生物方法破除硬实。以下是常见方法及操作要点。

1. 物理方法

（1）机械处理。

砂纸摩擦：用粗砂纸轻磨种子表面至种皮微损［适用于紫花苜蓿、白三叶（*Trifolium repens*）等小粒种子］。

碾米机/辊筒处理：调整机器间隙，使种子通过时表皮轻微开裂［适用于红豆草、箭筈豌豆（*Vicia sativa*）等中粒种子］。

超声波处理：用超声波仪（20~40 kHz）处理 10~30 min，破坏种皮结构。

（2）温度处理。

热水浸泡：80~90 ℃ 热水浸种 2~5 min（如紫花苜蓿），迅速冷却至室温。

注意：温度过高或时间过长会烫伤胚芽。

变温处理：将种子在40 ℃（12 h）与20 ℃（12 h）交替循环3~5 d，利用热胀冷缩裂开种皮。

（3）冷冻处理。种子湿润后置于-20 ℃冷冻24~48 h，解冻后播种（适用于高寒地区豆科种子如沙打旺（*Astragalus laxmannii*）。

2. 化学方法

（1）酸蚀处理。

浓硫酸浸泡：98%浓硫酸浸种10~30 min（视种子大小调整，如苜蓿10 min，柠条（*Caragana korshinskii*）（30 min），后用清水冲洗至中性。

注意：操作需戴防护手套，避免腐蚀。

（2）碱处理。1%氢氧化钠（NaOH）溶液浸种30~60 min，软化种皮后洗净［适用于草木樨（*Melilotus officinalis*）］。

（3）有机溶剂处理。丙酮或乙醇浸泡1~2 h，溶解种皮蜡质层［适用于硬实率高的野豌豆（*Vicia sepium*）］。

3. 生物方法

（1）微生物降解。用木霉（*Trichoderma*）或根瘤菌（*Rhizobium*）发酵液浸种12~24 h，微生物分泌的酶类可分解种皮角质层。

（2）动物消化处理。让牛羊采食种子后收集粪便（种子经消化道摩擦和胃酸作用后硬实率降低），需清洗消毒后播种。

4. 综合处理（推荐）

（1）硫酸+变温组合。先硫酸处理10 min，洗净后40 ℃/20 ℃变温循环2 d，发芽率可达90%以上（适用于苜蓿）。

（2）机械+热水组合。砂纸摩擦后80 ℃热水浸泡3 min，冷却播种（适用于白三叶）。

5. 注意事项

（1）处理后需立即播种，避免种皮重新硬化。

（2）小规模预试验。不同品种/批次的硬实率差异大，建议先处理少量种子测试效果。

（3）避免过度处理。防止损伤胚芽或引发种子霉变。

（二）去芒、颖、壳

为了增加禾本科牧草种子的流动性，必须去壳、除芒、脱颖，从而保证播种质量。

1. 去壳（脱稃）方法

(1) 机械脱壳。

碾米机/砻谷机：调整辊筒间隙，轻度碾压使颖壳与种子分离（适用于黑麦草、羊茅）。

离心式去壳机：利用高速旋转离心力剥离颖壳（适用于雀麦、冰草）。

(2) 气流筛选。通过风选机（风速 5~8 m/s）将轻质颖壳与种子分离（需提前干燥种子）。

(3) 浸泡搓洗。种子清水浸泡 12 h，手工揉搓去壳（小规模处理，如草地早熟禾）。

2. 除芒方法

(1) 机械除芒。

刷式除芒机：内置旋转钢刷，摩擦去除芒刺 [适用于披碱草（*Elymus dahuricus*）、老芒麦（*Elymus sibiricus*）]。

锤片式除芒机：高速锤击打断芒和绒毛 [适用于大芒草种如针茅（*Stipa capillata*）]。

(2) 化学处理。5% 氢氧化钠（NaOH）溶液浸泡 10 min，软化芒刺后冲洗（需严格控制时间）。

(3) 冷冻破碎。种子 -20 ℃ 冷冻 24 h，芒刺变脆后机械过筛破碎（适用于高寒区草种）。

3. 脱颖（去绒毛）方法

(1) 摩擦处理。种子与粗砂混合搅拌，摩擦去除表面绒毛 [适用于猫尾草（*Uraria crinita*）]。

(2) 火焰处理。快速过火（火焰温度 300~500 ℃，接触时间 <1 s）烧焦绒毛，立即冷却（需专业设备）。

酶解处理：纤维素酶（0.5% 溶液）浸泡 2 h，降解绒毛结构（成本较高，适用于珍稀草种）。

4. 综合处理流程（以披碱草为例）

(1) 干燥。种子含水率降至 12% 以下。

(2) 除芒。锤片式除芒机处理 3 min。

(3) 去壳。离心式去壳机分离颖壳。

(4) 精选。风选+筛分（孔径 2.0~2.5 mm）去除残留杂质。

5. 注意事项

(1) 避免损伤胚芽。机械处理时控制转速（建议 200~400 r/min）和时长。

(2) 批次测试。处理前后检测发芽率（如除芒后发芽率应≥85%）。

(3) 设备选择。

小规模：选用手持式除芒刷+筛网。

大规模：工业用种子加工线（如 PETKUS 设备）。

（三）豆科牧草接种根瘤菌

豆科牧草能与根瘤菌共生固氮，当豆科牧草生长在原产地及良好的土壤条件下，在它们的根上生有一种瘤状物，叫作根瘤。只有土壤中存在某一豆科牧草所专有的细菌并达到一定数量时，这种根瘤才能形成。这种能使豆科牧草根上形成根瘤的细菌，称为根瘤菌。根瘤菌生长、繁殖依靠从根中吸收碳水化合物等营养物质，同时根瘤菌能从空气中固定游离的氮，转变成豆科牧草便于吸收利用的含氮化合物，供牧草生长之需。豆科牧草能凭借根瘤菌固定大量氮素，因此，在播种前对豆科牧草进行根瘤菌接种，可以提高豆科牧草和饲料的产量和品质。

四、种子包衣和丸衣化

用黏合剂、干燥剂、接种剂和肥料（包括微量元素）以及杀菌、杀虫剂的一种或互不影响的几种物质均匀地包在种子上，可增加种子重量（如禾本科），有利于提高播种质量和提高出苗率，同时还可增加肥力、防菌、杀虫、提高出苗率。先用黏合剂包在种子的外面，再放干燥剂滚动，使之形成包衣。如是豆科植物，应选择适宜的菌种拌种，最后再加干燥剂滚动即可。包衣后的种子尽量早播，以免包衣脱落或受潮黏结在一起，影响效果和播种质量。

五、播种

播种是人工草地建植中关键的一环，技术性较强，除了正确选用牧草种子外，还要因地制宜地采用正确的播种技术，主要包括确定最佳播种期、播种量、播种深度等。由于牧草种子小，特别是豆科牧草又是双子叶植物，顶土能力弱，更增加了播种的难度。因此，对播种牧草，一定要严格按照规程要求办，这是成功的关键。

（一）播种期

确定播种时期主要根据自然条件，如水分、温度等，但也应考虑到栽培制度、品种、劳动力、机具等情况，一般当春季土壤墒情适宜，温度上升到种子发芽所需要的最低温度时，即可播种。牧草和饲料作物播种期的确定，原则上遵循以下几点：

（1）不同种类的植物，对种子萌发的温度要求不同，要选择适宜的温度，依据温度确定播种期，一般选择在能正常出苗，早春出苗保证不受冻害。

（2）土壤墒情较好，能为种子萌发提供足够的水分。

（3）避免风吹。一是由于风能把土壤吹干，种子不能萌发；二是风能把种子吹出来。

（4）温度不能过高，否则种子萌发出苗后易被太阳的高温灼伤。

因此，春播一般在4月中旬至5月末，当土壤温度上升到5℃以上且墒情较好时即可播种。春播生长期长，可当年播种当年见效；夏季播种一般在6月至7月初，此时正赶上雨季，温度较高，有利于种子萌发、出苗、保苗，而且水热同期，幼苗生长速度也快。但夏季杂草较多，所以必须整好地，最好给牧草种子创造条件让其萌发，然后再灭草并播种牧草，也可以提前使用除草剂，待药劲过后再播牧草。复种牧草可在前茬收获后播种，套种的可在前茬生长到一定阶段，在不影响前茬并可依赖前茬保护牧草的情况下播种牧草。在土壤墒情好，保证牧草有60 d以上的生长期，即在安全越冬的前提下，在秋季也可播种牧草。此时温度适宜，杂草少，有利于牧草生长，但由于生长期短，产量不高，只能少量刈割利用或当年禁止利用。

（二）播量

牧草播量的多少因牧草的生物学特性、种子质量以及土壤肥力、整地质量和利用方式而不同。平时所说的播种量，是指其种子用价为100%者，但实际上种子用价均低于100%，所以要用种子用价进行调整。实际播种量的计算公式为：

$$实际播种量 = \frac{种子用价100\%时的播种量}{种子用价} \qquad (1-10)$$

$$种子用价 = 种子纯净度 \times 发芽率 \qquad (1-11)$$

$$种子纯净度 = \frac{试样重量 - 杂质重量}{试样重量} \times 100\% \qquad (1-12)$$

$$发芽率 = \frac{发芽种子粒数}{供试种子粒数} \times 100\% \qquad (1-13)$$

(三) 播种深度

影响播种深度的因素主要有牧草种类、种子大小、土壤含水量、土壤类型等。通常豆科牧草播种深度比禾本科牧草浅些。牧草种子小，在沙质土壤上，以2 cm深为宜；大粒种子3~4 cm；中等黏重的土壤1.5~2 cm；较黏重的土壤应更浅些，特别是豆科牧草，更不能深，否则出不了苗。

(四) 播种方法

1. 单播

单播牧草因牧草种类、土壤肥力和气候条件的不同，可采用不同的播种方式。

(1) 撒播。撒播是将种子均匀地撒在土壤表面，然后轻耙覆土，称为撒播。其优点是播种技术简单、便于推广，而且在雨前可大面积抢播。目前有人工撒播和飞机撒播两种。播前要选好地块，平整压实，然后撒上种子，用耙或镇压器轻耙镇压，以保证种床紧实、防止播种过深，要求播前清除杂草，以减轻苗期的杂草危害。

(2) 条播。每隔一定距离把种子播种成行并随播随覆土的播种方法称为条播。条播行距的大小视牧草种类与利用方式而定，一般为15~30 cm，植株高大的牧草宜宽，低矮的宜窄。在有灌溉条件的干旱地区，通常采用密条播，行距一般为15 cm，以达到充分利用土壤水分、养料和消灭杂草的目的；在没有灌溉条件的干旱及土壤瘠薄的地区，由于受水肥条件的限制，一般采用30 cm行距的条播。

收种用的牧草，一般采用45~60 cm宽的行距条播，有利于个体生长发育，种子产量高。

(3) 带肥播。这是一种比较先进的播种方法，在播种时把肥料直接施在种子下面，使幼苗在生长发育中及时吸收足够的养分，施肥和播种同时进行。施肥深度一般在种子以下的4~6 cm处，能使牧草根系直接扎入肥料区，因而幼苗长得又快又壮。带肥播不仅能减少播种量，提高出苗率，加速幼苗生长发育，还能有效地防止杂草危害。

牧草单播应精细整地，均匀下籽。多年生牧草种子细小，贮藏的营养物质不多，种子萌发及幼苗生长都很缓慢，精细整地有利于出苗、苗齐、苗壮，播后应反复镇压、耙糖、保墒，使土壤达到虚实，为种子萌发出苗创造良好的条件。种后镇压播种时要注意均匀下种，达到不漏播，抓全苗。播后要立即镇压，使种子与土壤紧密接触，以便种子吸水萌发和出苗。干旱时镇压保墒，防止失水，土壤水分过湿，不要播后镇压，以防板结，要在播后的 3~4 d 再镇压。

2. 混播

进行牧草混播，可以发挥牧草间的互补效应，提高产量，改善品质，有利于加工调制，也有利于提高土壤肥力，减轻牧草病虫害和杂草的危害。在选择混播牧草时，都应选择最适合当地土壤、气候条件的牧草，并根据利用目的和利用年限，选择 2~3 种或 4~5 种牧草组合混播。一般来说，混播牧草多由禾本科牧草和豆科牧草两大类组成。

为了确定混播牧草中各个种最适宜的理想定值比例，必须进行试验测试。目前已经被试验证明的紫花苜蓿与无芒雀麦比例为 1:2.5，紫花苜蓿与披碱草的比例为 1.5:1。表 1-1 和表 1-2 可作为确定牧草混播及上繁草和下繁草比例时参考。

表 1-1 豆科与禾本科牧草的配合比例 单位：%

利用年限	豆科牧草	禾本科牧草	在禾本科牧草中	
			疏丛型	根茎型
短期草地（2~3 年）	65~75	25~35	100	0
中期草地（4~7 年）	25~30	70~75	75~90	10~25
长期草地（8~10 年）	8~10	90~92	50~75	25~50

表 1-2 上繁草与下繁草的配合比例 单位：%

利用目的	上繁草	下繁草
割草场	90~100	0~10
放牧场	25~30	70~75
割草、放牧兼用	50~70	30~50

根据牧草的生物学特性及土壤、气候条件决定适宜的播种期。如禾本科与豆科牧草同为冬性或春性牧草，可以在秋季或春季同时播种，否则应分别秋播或春播。常见的混播方法有同行混播、交叉混播、间条混播、宽窄行相间混播等。

3. 保护播种

把多年生牧草种植在一年生作物之下，这样的播种方式叫保护播种，其优点是能减少杂草对多年生牧草的危害和防止水土流失，也能增加播种当年的收益。

保护作物应选择茎叶不甚繁茂、不倒伏、生长快的作物，如小麦、黑麦、大麦、燕麦等。多年生牧草播量不变，保护作物的播量为其单播时播量的75%或50%。播种时期，二者可同时播种，亦可把保护作物提前10~15 d播种。播种方法有同行条播、交叉条播和间行条播。目前多采用间行条播，所谓间行条播是播种一行牧草，相邻播种一行保护作物。另外要及时收获保护作物，以减少对牧草生长的抑制。

六、田间管理

有效的田间管理，是建植高产优质人工草地的必要措施，常用的措施主要包括杂草防除、灌溉、施肥和病虫害防治几方面。

（一）防除田间杂草

杂草不仅影响作物的生长，而且还影响饲草的品质。多年生牧草，早期生长缓慢，更易受杂草的危害，所以人工草地播种第一年进行田间杂草的防除是十分必要的。可以采取以下措施进行防除。

1. 调整播期

春季播种，往往杂草危害比较严重。如果条件允许的话，可以在夏季播种或秋季播种，此时杂草长势减弱，而且在播种前通过耕翻耙耱，把杂草全部翻压下去，充当绿肥，这样再播种牧草，杂草的数量会大大减少。

2. 轮作或刈割

有些杂草危害牧草有一定范围，如菟丝子对紫花苜蓿危害比较严重，而对禾本科牧草危害较轻，可以通过轮作不同牧草来减少杂草危害；在杂草种子未成熟时，连同牧草一起刈割，可以减轻杂草对下茬牧草的危害。

3. 化学防除

对于杂草比较严重地块可选用化学除草剂防除，化学药剂使用前一定要看清楚使用说明，并且请有关技术人员做指导，且必须有相应的器具。

此外，还可采取施腐熟、厩肥、精选种子等办法尽量避免杂草种子混入田间。

（二）施肥

人工草地的施肥分为两种，一种是播种前的基肥，结合整地将腐熟的农家肥施入；另一种是牧草生长期的追肥，以速效性化肥为主。

1. 基肥

基肥的施用以有机肥为主,一般要腐熟。施基肥时,应深施,分层施,多种肥料混合施。施基肥最好同秋耕结合起来施入,增产效果比春季施肥好。基肥的施入量可根据牧草的种类、肥料质量的好坏等因素确定,一般每亩1 000~2 000 kg。

2. 追肥

追肥是牧草生育期间的一种施肥形式,以速效型化肥为主。豆科牧草分枝期(分枝初期)至现蕾期是需肥关键期(此时根瘤已形成固氮能力,需补磷钾促进花芽分化)。刈割后应间隔7~10 d再追肥(避免伤口感染,待再生芽萌发后再施肥)。追肥磷钾比例:建议 P_2O_5 : K_2O 为 1 :(1~1.5)(如每亩施过磷酸钙5~8 kg+硫酸钾3~5 kg)。苗期仅在土壤贫氮时补充氮肥(每亩尿素1~2 kg),避免抑制根瘤形成。豆科牧草忌施过量氮肥(否则抑制根瘤固氮),但高产刈割草地可适当增加钾肥(每吨干草带走约20 kg K_2O)。禾本科牧草的拔节初期(拔节前10 d)至抽穗前是氮肥最大效率期(此时分蘖需氮旺盛)。刈割后应立即追肥(禾本科再生依赖氮素,延迟施肥会降低产量)。低产草地(干草<500 kg/亩)施肥量:尿素5~8 kg/亩(纯氮2.3~3.7 kg)。高产草地(干草>1 000 kg/亩)施肥量:尿素10~15 kg/亩(纯氮4.6~6.9 kg)。禾本科对氮敏感,但忌单施尿素,建议配施硫肥(如硫酸铵)以提高蛋白质含量。混合牧草地追肥应以磷钾肥为主,追肥最好分期实施,结合灌水效果更好。

(三)灌溉

灌溉是提高牧草和饲料作物产量的重要措施,人工草地的灌溉可使牧草产量提高3~10倍,甚至更高。因此,有条件的地方应尽可能对人工草地进行灌溉。人工草地灌溉的时间应以牧草种类、生育期和利用目的不同而有所不同。一般放牧或刈割用的多年生牧草,灌溉的时期是在全部牧草返青之后,可以浇一次返青水。禾草从拔节至开花甚至到乳熟期,豆科牧草以分枝后期至现蕾期,可浇水1~2次。每次刈割之后,也应灌溉一次。

(四)病虫害防治

人工草地所栽培的牧草种类繁多,其病虫害也是各种各样,必须掌握病虫害的发生、发展规律和危害对象,然后采取对症下药的办法进行有效的防治。

七、间混套作

（一）概念

1. 间作

间作是指两种或两种以上的作物或牧草在同一块土地上按照一定的行距成行（或成带）地相间种植。其播种期相同，而收获期可能相同也可能不同。例如玉米间作大豆，苏丹草间作箭苦豌豆，一年生禾谷类作物与多年生牧草间作，以达到增加当年收益或为牧草生长创造良好条件的目的。

2. 混作

混作是指在同一块地上同时在一行或一穴内混种两种生育期相似的作物或牧草，如小麦与豌豆、谷子与大豆、玉米与大豆、一年生禾谷类作物与牧草或两种不同类群的牧草混作。

3. 套作（套种）

套作是指在前作的生长后期，就把后作种植在前作的行间（或垄间），以争取时间，充分利用土地和空间，变一年一熟为一年二熟。它们的播种时间和收获期均不相同，如小麦套种绿肥、小麦套种棉花等。

（二）间混套作技术措施

1. 合理搭配牧草和作物的种类

牧草及作物的合理搭配，必须全面掌握作物的生物学特性、当地的自然条件特点。在生物学方面，要特别注意牧草和作物的株形、叶形、根系的深浅、生育期的长短以及对外界环境条件的适应能力等，并常常根据这些特点进行适当的搭配。例如：一高一矮，一肥一瘦，一圆一尖，一早一晚，一深一浅，一阴一阳，一多一少。一高一矮、一肥一瘦，是指作物的株形来说的，即高秆与矮秆，株形肥大与瘦小的搭配；一圆一尖是指叶形，即圆形叶与尖形叶的作物搭配；一早一晚是指生长期长的和短的搭配。一深一浅是指作物根系深浅的搭配；一阴一阳是指耐阴作物与喜阳作物的搭配；一多一少是指需水、肥较多的作物与需水、肥较少的作物搭配。在品种选择上要早熟高产。

混播必须选择成熟期一致的丰产品种。高秆作物植株不宜太高大，枝叶不宜太繁茂，否则会影响间混套作物的生长发育；矮秆作物结实期应一致，以便于管理和收获。套作要特别注意缩短两种作物的共生期，以便于管理为原则。多年生牧草与一年生禾谷类作物间作或混作时，要注意选择那些对多年生牧草抑制作用较轻的作物。

多年生牧草间作或混作时，除考虑上述特点外，还应根据其利用目的、利用年限、利用方式等因素，来选择牧草的种类和品种。

2. 适当配置牧草和作物的数量

正确确定间、混作中各种作物的比例，应考虑作物的主次和合理的田间结构及田间管理要求等方面。当一年生作物与多年生牧草间作或混作时，为了减少一年生作物对多年生牧草的影响，通常牧草按正常播量播种，而一年生作物的播量，常常根据种类不同而酌量减少 10%~25%。在带状间作方式下，由于间作行数增多，为了保护通风透光，发挥间套作的增产作用，宜保持适当的边行数，增加边缘效应。

3. 合理密植和播种

密植是间混套的增产中心，密植程度和土壤肥力、水分条件、作物品种和管理水平等有密切的关系，在这方面群众的经验是：有宽有窄，稀中有密，密中有稀，合理密植。为争取主副作物双丰收，必须在保护主作物适宜的密度和高产的同时，适当提高副作物密度，适宜的密度主要是通过株行距的调整实现的。

第二章　草地改良技术

草地改良是在不破坏草地植被条件下，利用生态学基本原理和方法，通过各种农艺措施，改变天然草地赖以生存的环境条件，必要时直接引入适宜当地生存的天然草种或驯化种，以增加植被密度和多样性、提高草地生产力，最终实现草地恢复的目的。草地改良措施按施用的对象基本上可以分为两大类，即草地土壤改良和植被恢复与改善。

第一节　土壤改良

草地土壤改良是通过耕作、灌溉、排水及合理施肥等措施，改善土壤的通气状况、调节土壤的水分状况、补充牧草所需的养分，使土壤中水、肥、气、热以适当的比例配合，提高土壤肥力，从而获得高产优质的牧草。

一、松土

松土改良的主要目的是调节土壤水分状况。干旱及半干旱地区，影响牧草产量的最基本因素是植物生长时可以利用的土壤有效水分。在这些地区，促进牧草生长并获得较好的产量最经济的办法是高效地利用天然降水。松土改良的基本措施是在雨季到来之前用拖拉机悬挂或牵引松土机在退化草地上作业，沿等高线进行松土。带状松土，带宽 30 m，间隔 5 m，深度 10~15 cm。尽量保留部分原生植被，防止沙化。

松土改良技术可以在降水量 250~350 mm、以丛生禾草为主的干旱草地上进行。松土后土壤含水量增加 11.1%。羊草+杂类草草甸草原增产幅度可达 174.8%，而典型草原和荒漠草原增产幅度小，仅为 37.2%。

在我国黑龙江、吉林、辽宁、内蒙古、宁夏、甘肃、青海以及新疆等半干旱区，以丛生禾草为主，兼有根茎禾草伴生的草原、草甸和沼泽植被，进行松土改良均可收到明显效果。松土改良效果的持续时间可达 5~6 年。

二、浅耕

浅耕改良主要是调节土壤空气状况。用拖拉机悬挂三铧犁或牵引五铧犁在天然草地上进行带状耕翻，沿等高线作业，深度 15~20 cm，翻后耙平闲置，待雨季来临后植被可自然恢复。浅耕改良效果显著的关键条件在于：

（1）必须选择在以根茎禾草为主的草地上进行，因为退化草地土壤紧实，抑制了根茎的伸长，而浅耕翻草地土壤变疏松，孔隙度增加，通气状况提高，土壤微生物活动加强，促进了有机物质分解，土壤有机质、氮磷钾等速效养分均明显增加；

（2）雨季到来之前作业；

（3）耕翻深度 15~20 cm，超过这个深度，植物留在土壤中的繁殖体（如根茎、种子、块根块茎等）可能会因被埋入土壤深层缺氧而死。

三、耙地

耙地是对草地进行松耙而改善草地通气状况的措施之一。生产实践证明，耙地可以消除地面上的枯枝残草，促进嫩枝和某些根茎植物的生长，有利于空气和水分的渗入、草地天然下种和人工下种、消灭杂草、匍匐性植物和寄生植物，同时可以减少水分蒸发，起到保墒作用。但是，耙地时由于拖拽作用能直接破坏许多植物的根系，耙去牧草的立枯物，使根系裸露，植物易在旱季和冬季死亡。

耙地措施适用于以根茎禾草或根茎疏丛型禾草（羊草、苔草属）为主的草地。在早春实施，可使用钉齿耙、圆盘耙、缺口耙、松土机、松土补播机等机具，耙深 6~8 cm。耙地最好与其他改良措施如施肥、补播等措施结合进行效果更好。

四、耕翻耙

相较于耙地，耕翻耙的优点是松土彻底，使土壤的通透性更好；缺点是会破坏一部分植被。而且耗费功率大，成本较高。所谓耕翻耙，就是耕翻后，再进行耙地。耕翻耙后，在第一、第二年，杂草丛生，产量下降。以后逐年增加，直至土壤紧实后产量下降。

该措施适用于以根茎禾草为主的草地。常使用五铧犁、三铧犁、双铧犁、圆盘耙等机具。翻深 15~20 cm，翻后用圆盘耙进行交叉耙地，要把土块耙碎、耙平。通常在春季土壤墒情较好时，或在6月末雨季来临之前进行。

五、灌溉

草原区大气干旱、土壤水分缺乏，天然降水无论在降水时间或降水量上，都不能完全满足植物生长发育的需求，我国广大牧区分布在干旱地区，降水少、蒸发量大，而且往往是牧草生长发育时是需水量最大的时期（季节），且缺乏水分，因此草地灌溉更具有特殊意义。

（一）地表径流的蓄积

地表径流的蓄积可通过以下五种方法进行：

1. 水平沟和鱼鳞坑

水平沟和鱼鳞坑是在我国山地和丘陵地区常用的两种蓄水方法。

水平沟：在地面较倾斜而又平坦整齐的坡面上，可挖水平沟，一般在30°左右的坡面上进行。通常沿等高线挖长4~6 m，上口宽80 cm，底宽30 cm，深40 cm，将挖出的土在沟的下方修成土埂。水平沟在坡面上呈"品"字形排列，两沟上下间距3~3.5 m，水平距离0.5~1 m，如果在放牧区，间距和水平距离可适当扩大，沟的下沿可种植树木，沟中种植牧草。

鱼鳞坑：在坡度较大且坡面不整齐的地区，可以挖鱼鳞坑来蓄水。通常挖半圆形的土坑，挖出的生土筑成弧形土埂。坑的弧幅约1 m。土埂高15~20 cm，坑按三角形排列，坑距1.5~2.5 m，坑下缘种树，坑中种草，以拦截径流，保持水土，起到蓄水作用。

2. 坎儿井

坎儿井是一种在丘陵地区、山区或山前冲积平原，由广大农牧民开采地下水的方法。

坎儿井是由很多竖井和暗沟串联成的。水流通过暗沟汇集流至明渠，再集于储水池进行灌溉。

在修筑坎儿井时应注意以下事项：

（1）在山前平原修建坎井时，进水井要修在地下水位埋藏浅的地段，井底要设在年最低水位下，保证正常出水；

（2）为增加出水量，可挖多个坎儿井，即挖到出水处后，再在水流方向垂直或斜交挖几排暗沟；

（3）如果坎儿井输水暗沟修建在沙砾石上，渗漏水量大，需要采取防漏措施，要用水管输水。

3. 筑堤蓄水

在坡地上修筑堤坝拦蓄地表径流进行草地灌溉的一种方法。分单层蓄水地和多层蓄水地两种。

单层蓄水地：适于坡度较缓的草地上，坝高1.5~3 m，长400~500 m，底宽5~6 m。

多层蓄水地：一般在坡度较大的草地上采用，沿等高线修筑若干道拦水埂，埂高50~60 cm，底宽1.5~2 cm，土埂层次的多少及层与层之间的距离视坡度而定，坡度大层次多，层与层之间的距离小，一般在60~600 m。

4. 修涝池

在山谷地形且地表径流丰富的地方，利用天然地形修涝坝进行地面径流拦截，通过渠道引水灌溉草地。

修涝池时应选择地形利于集水地段，最好要自然下凹，减小土方搬运和水面蒸发，修涝池比例的大小应以拦水坝为短边的长方形涝池为最理想，运土方便且蓄水量大。

5. 积雪

我国草原地区虽然年降水量较少，但多数地区冬季有大量降雪，积雪不但可调节草地水分保证草地春墒，还能保护牧草越冬，促进牧草春萌发。由于冬春季草原地区风大，降雪易被大风刮走，在多风的地区有30%~50%的雪被刮走。雪是无水草场人、畜饮水的重要水源，因此积雪对调节草原土壤水分，开发缺水草场具有重要意义。

（1）修雪障。可用石墙、土墙、篱笆等建成雪障。一方面可积雪，另一方面可作围栏。如用柳篱时，高为1 m，长2 m（或更长），交错竖列在草地上，各排距离为20 m左右，雪障应与主风向垂直。

（2）建雪埂。当积雪厚度达到10 cm时，选择无风天气可作业，用雪犁犁雪埂，雪埂间距5~6 cm。如果犁后再降雪可犁2次至多次。雪埂的方向与主风向垂直。雪埂可保存积雪，同时可挡住外面刮来的雪，雪在春季融化慢，可均匀地渗透入土壤。

（3）压雪。在干旱雪少的地区，为防止刚下的雪被风刮走，用马拉或机引镇压器或雪橇将雪压实。镇压器可分几组以克服地面不平的影响，碾压方向与冬季主风向垂直，但在冬春放牧地上因不利于放牧不能采用。

（4）留"漏割带"。在割草时保留一定宽度的"漏割带"，冬季可起到积雪作用，"漏割带"宽度1 m左右，带间距离10 m左右，带的走向与主风向垂直。

(二) 地下水的利用

在牧区地下水的利用方法主要是打井、掏泉和截伏流（截潜流）。

1. 打井

井的种类很多，按其结构可分为筒井、管井和筒管井三类。

(1) 筒井。农牧区常见井，一般井径在 1.5 m 左右，有的可达 7 m 以上，所以又称大口井。主要靠人工工具挖掘，如镐、锹、炸药等。筒井深一般在 0.5~15 m，水的来源是浅层潜水，是当前广大农牧区的基本水源。

(2) 管井（机井）。井的口径较小，一般在 0.5 m 以下。井壁为各种原料（如水泥、钢材）制成的管子，所以称管井。深度一般在 30~150 m，甚至更深，水的来源是深层地下水。用钻机开掘，所以又称机井。管井的出水量大，不但可满足人、畜饮水，而且还能用来灌溉草地和饲料基地。

(3) 筒管井。即上部为筒井、下部为管井，也称为联合井或子母井。有以上两种井的共同特点，打筒管井有的是为增加出水量，有的是为了便于施工，经济合算。

打井时要注意以下问题：

井的布局应合理分布，水井过于密集影响出水量；过于分散又影响家畜的生产性能。井的安排不合理同样会造成草地的退化。确定井距时要考虑家畜的饮水半径，其大小是根据牲畜往返不会疲劳和不致使畜产品下降来确定的。乳牛、母畜、幼畜饮水半径要短，冬春营地的饮水半径可长一些。一般地说：羊 2~5 km，牛 5~7 km，马 7~10 km。井距不超过饮水半径的 2 倍。

2. 截伏流（截潜流）

截伏流是牧区群众利用地下水源的一种经济有效的方法。

草原地区的一些河流因砂、砾石、卵石等长期的沉积，河床渗漏严重，除雨季和洪水季节外，多成为干河床。大部分的水流渗入地下流走，即"潜流/伏流"。所谓截伏流就是在河床或干河床上，修筑地下截水墙，拦截地下潜流，抬高地下水位，使水经过集水暗沟流到集水井中，然后用抽水机抽水利用。

该工程主要包括截水墙、集水暗沟，集水井和引水渠四个部分：

(1) 截水墙。多用黏土夯实（或用水泥），不能透水，其长度应延伸至两岸一定深处，以防墙与河岸连接处漏水，其深度视河床不透水层的深度而定，一般要与不透水层相连接。顶宽 0.5~1.0 m，底宽 3~5 m，（视修筑材料和深度而定），顶端要与河床表面平行，或高出引水渠底 0.3~0.5 m。

(2) 集水暗沟。在迎水面（来水方向）用砖或石块和有孔的管子砌成拱形或圆洞形，来汇集潜流，其尺寸的大小视集水量而定，如果是圆形，其直径 0.5~1 m，集水暗沟应有一定的坡度，以利于流水和冲砂。

(3) 集水井。其作用是蓄水待用。多用块石砌成，也要防渗漏。

(4) 引水渠。就是用土埂渠、水泥渠或暗管，将水自流引入草地或饲料基地进行灌溉。

截伏流工程是草原地区广大农牧民常用的开发地下水源的一种方法，其结构简单、技术易于掌握、投资较少、见效快、利用长久且集水量大。截伏流工程地址应选择在河床肚子大而出口小的地方，这样工程量小、造价低且截水量大；或选择在河道拐弯的地方，在拐弯的地方地下水位被抬高，往往形成地下水库，截水量较大。

（三）草地灌溉的方法

1. 漫灌

漫灌也叫浸灌，就是利用水的势能作用，通过各种方式使水流到地势比水源低的草地上，短期内浸淹草地的灌溉方式。在天然草地的灌溉中普遍使用。草原上主要利用洪水、水库泄流、引河水或提取地下水进行灌溉，其优点在于工程简单、投资少、收效大。缺点是耗水量大、灌溉不均匀，且只能在较平缓的草地上进行，同时也要修建一些土埂以便控制水流。

2. 畦灌

畦灌是灌溉人工草地和饲料基地的常用方法。

3. 沟灌

沟灌是将输水垄道（垄沟）的水引入灌水沟后，在流动过程中水分浸入灌水沟两侧的土壤及侵入沟底进而浸润土壤的灌溉方法。是一种较先进的灌溉方法。其优点在于：由于沟两侧的土壤是靠毛细管的作用浸润的，可以避免灌后地表板结、保持土壤的团粒结构；垄上土壤可以保持疏松状态，以减少蒸发、延长灌水日期降低渗漏，省水 30%~50%；也可以减少地面积水，使作物免遭浸泡，雨季还起到排水作用，但此方法多用于农田灌溉。

4. 喷灌

喷灌是利用喷灌设备将有压力的水流喷射到空中，散成水滴，喷洒草地的一种先进的灌溉技术。与漫灌相比有省水（节省 30%~60%）、省劳力、土壤不发生板结、土地利用率高（节约用地 5%~15%）等优点。但该方法受风力的影响大，成本高，一次性投资大。

第二节 植被改良

一、草地封育

草地在过度利用情况下,牧草的生长发育受阻、繁殖能力衰退,一些优良牧草从草群中消失,适口性差的植物侵入草群进而导致草地发生退化。所谓草地封育就是将草地暂时封闭一个时期,在此期间不进行放牧和割草,其目的在于给牧草提供一个休养生息的机会,使其积累足够的贮藏营养物质、恢复草地生产力、促进牧草种子繁殖和营养更新。

草地封育作为恢复草地生产力的一种改良措施,在国内外早已普遍采用。它工程简单,不需要太大投资,且在短期内能够收到明显的效果。

根据被封育草地所处的植被类型、地形条件不同,草地封育可分为封滩育草、封山育草、封沙育草三种。按其利用目的的不同,又可分为放牧、打草和放牧打草兼用的封育类型,也称封育草库伦。

草地封育时间的长短要根据自然条件和草地"退化"程度而定。在半湿润的草甸草原地区,采取分季轮封或年度轮封的短期封育就能收到较好的效果。如:夏秋季封闭,冬春利用;春夏封闭,秋季利用。在干旱缺水、风蚀沙化严重地区,封育期限可长些,一般为2~3年或更长。

草地封育如果结合补播、松土、灌溉和施肥等项技术措施,其效果更显著。目前在生产中推行的模式有:①围栏+施肥;②围栏+松土补播;③围栏+引洪灌溉;④围栏+施肥+灌溉;⑤围栏+施肥+松土补播+灌溉。

围栏可用多种材料或设施,可因时因地因需而宜。

(1) 网围栏。目前国内外使用较普遍,主要材料是钢丝及固定桩(多为角铁、水泥桩或木桩),围建比较方便,占地少、易搬迁,但成本较高。

(2) 刺铁丝围栏。国内外多数地方使用这种围栏。具有坚固耐用、防护效果好、施工简易、占地少、利用方便等优点。刺丝、支撑桩可从市场中购得,也可自行加工。刺铁丝的主线一般用12#(线径2.64 cm)铁丝,刺用14#(线径2.02 mm)铁丝控制。两根12#丝合在一起,外边每隔10 cm左右拧上刺,多数情况下需拉4~5根刺丝线。

支撑桩可用多种材料,如木桩(直径100~150 mm,长2 m左右)、角铁(3 mm×40 mm,长1.8 m)、钢筋(直径20~25 mm,长1.8 m)、钢筋混凝土桩(120 mm×120 mm,长2 m)。

安装时,线的走向尽可能要直,拐弯处要加内斜撑或外埋地锚拉线,以便加固。支撑桩必须栽直、填实,埋在土中的深度在 50 cm 以下。上面的刺丝线要拉紧并固定结实。

围栏修成后要认真管护、随时维修,使其真正起到围栏的作用。此种围栏成本也较高,但使用年限较长,因其上有刺,对家畜的阻拦效果较好。

(3) 草堡墙。在草皮、草根絮结的草地上,可就地挖生草块垒墙,墙底宽 100 cm、顶宽 50 cm、高 150~160 cm。这种方法可就地取材、成本较低,但对草地破坏较大,在潮湿多雨地区使用年限较短。

(4) 石头墙。就地取材,利用石板、石条、石块垒砌成墙,规格与草堡墙相当。优点在于材料方便,使用寿命长,垒好的石墙可使用 10 年以上。

(5) 土墙。气候较干燥、土壤黏结性较好的地方,可打土墙作围栏,土墙底宽 50~80 cm、顶宽 30~40 cm、高 100~150 cm。

(6) 开沟。在山脊分水岭或其他不易造成冲蚀的地方,可开挖壕沟对草地起围栏作用。沟深 150~200 cm,为防止倒塌,沟的上部应比底部宽些。

(7) 生物围栏。在需要围圈的地方栽植带刺或生长致密的灌木或乔木与灌木结合,待充分生长后就会形成"生物墙"或"活围栏",在风沙地区还可作防风固沙的屏障,枝叶也可作饲料。在宜林地区建造这种围栏是很有前途的。

生物围栏根据各地区自然条件不同,选择的树种和灌木种类也不同。在内蒙古干旱地区一般选用柠条、沙棘、沙枣、沙拐枣、梭梭、紫穗槐、枸杞、沙柳、旱柳等灌木类,乔木可选杨树、榆树等。栽植方式一般是将乔木栽植在内侧,灌木栽在外侧,形成乔、灌结合的生物墙。

(8) 电围栏。这是近年来国内外提倡并推广应用的一种新型围栏,电源有的用发电厂的交流电,有的用风力或太阳能发电,也有的用干电池。电围栏栏桩多用木桩,一方面绝缘性能好,另一方面也便于安装绝缘子。围栏线用光铁丝或刺铁丝均可,移动式围栏最好用光铁丝,便于搬移。电围栏对牛、马的效果较好,而对羊的效果差一些。

二、草地补播

植被的恢复与改善主要对草地植被产生影响。通过播种优良牧草以恢复逆向演替的原生植被或改变植物群落组成和结构;清除有毒有害或不理想植物,提高可利用牧草产量和质量,或减少对家畜的危害。

补播是在不破坏或少破坏原有植被的情况下，在草地上播种一些适应性强、饲用价值高的牧草，以增加植物种类和地面覆盖、提高牧草的产量与质量，是草地治标改良的一项重要措施，也是植被恢复与改良的一项有效措施。据我国各地的补播试验与生产实践表明，这一措施一般可使牧草产量提高30%~100%。

（一）补播地段的选择

补播能否成功与地段选择有很大关系，要考虑当地的降水和灌溉条件、植被类型，退化程度、地形和土壤条件及地面状况。通常在如下地段可采取本措施：原有植被稀疏或过牧退化的地段；滥垦、滥挖使植被破坏，造成水土流失或风沙危害的地段；清除了灌木、毒草及其他非理想植物的地段；原有植被饲用价值低或种类单一，需要增加豆科或其他优良牧草的地段；开垦后撂荒的弃耕地。

补播地段要求土壤质地能保证植物发芽生长、有一定的土层、年降水量不少于150 mm、播后有一定的保护与管理条件。如果土质太差、过分干旱及无法管理，则补播很难获得预期的效果。

飞机补播区的选择尤为重要，要遵循"两大、两中、两小和一急"的原则。"两大"：更新改良的草地面积大、播区有效面积要大；"两中"：播区的海拔高度、植被盖度要适中；"两小"：播区内的地形高差小、农牧和林牧矛盾小，便于播后管理。"一急"：当地领导重视，群众迫切要求治理。在规划飞播区时要考虑：

（1）选择沙化、退化严重的草地。地块要集中连片，面积不小于600 hm^2（9 000亩）。北方飞播不要选择在流动沙丘，硬结碱斑，农田插花的地块。南方不应选择在植被茂密，未经地面处理的地块上。

（2）要选择自然条件有利于种子萌发和幼苗生长的地区，如水热、土壤、植被条件，植被盖度在20%~50%。

（3）播区内高差要小，进出航两端净空条件好，无突出山峰，地势开阔。

（4）机场不宜太远，超过50 km应建临时机场。

（5）草地界限清楚，有利于播后管理和合理利用。

（二）补播前的地面处理

地面处理主要目的是减少或消除原有非理想植被的竞争，为补播的目标牧草创造必要土壤与水分条件。土壤黏重、原生植被盖度较大的地方，播前的地面处理常常是补播成功的关键。

地面处理主要采用松耙（用缺口重耙、圆盘耙等）、划破（用划破补播机、燕尾犁等）、穴垦、条垦、带垦、全垦、重牧或畜群宿营消除灌木与枯枝落叶。土块多、过于松散的新垦地最好镇压，地面的石块、枯枝树根及妨碍补播和利用的其他杂物要尽可能清除。对于北方山区，如黄土高原地区的山坡地，还可按等高线挖水平沟或反坡台地，中间保留相当于开挖部分5倍左右的原坡面，既保留原生植被，又可作为集水区，保证沟、台地处补播植物有相对多的水分，还可截留降水、防止土壤被冲刷，这是干旱与水土流失坡地地面治理的有效方法。

在有灌溉条件的干旱地带，要先行灌溉，无法灌溉而冬天有雪的地方应设法积雪，以保证必要的土壤墒情。

（三）补播牧草的选择

选择适宜的补播牧草是补播成败的重要条件之一，因补播的地区不同（如草原类型不同）、补播的目的不同和利用目的不同而异，所以选择牧草时应考虑以下几方面因素：

（1）牧草的适应性。最好选择适应于当地气候条件的野生牧草或经驯化的栽培牧草，在干草原要选择抗旱、抗寒、根深的牧草；在沙区要选择耐旱、抗逆性强牧草；在盐渍（碱）化的地区要选择耐盐的牧草；在有积水的地方要选择耐水淹的牧草。

（2）牧草的利用价值。应选择适口性好、产量高、营养价值高的牧草。

（3）草地的利用特点。各种牧草对不同的利用方式具有不同的适应性，如果在放牧场补播，选择下繁草；在割草地补播，选择上繁草；此外还要考虑牧草在冬春放牧地上的保存性。

适合我国草原地区补播用草种主要包括：

草甸地区：三叶草属、紫花苜蓿、山野豌豆（*Vicia amoena*）、赖草（*Leymus secalinus*）、鸭茅（*Dactylis glomerata*）等。

草甸草原：羊草（*Leymus chinensis*）、无芒雀麦（*Bromus inermis*）、黄花苜蓿（*Medicago falcata*）、白花草木樨（*Melilotus albus*）、山野豌豆、沙打旺等。

干草原：羊草、蒙古冰草（*Agropyron mongolicum*）、扁蓿豆（*Medicago ruthenica*）、兴安胡枝子（*Lespedeza davurica.*）、冷蒿（*Artemisia frigida*）、木地肤（*Bassia prostrata*）、草木樨（*Melilotus officinalis*）等。

荒漠草原：沙生冰草（*Agropyron desertorum*）、木地肤、驼绒藜（*Krascheninnikovia ceratoides*）、冷蒿、草木樨状黄芪（*Astragalus melilotoides*）等。

沙地：梭梭（*Haloxylon ammodendron*）、花棒（*Corethrodendron scoparium*）、沙蒿（*Artemisia desertorum*）、沙拐枣（*Calligonum mongolicum*）、沙柳（*Salix cheilophila*）、柠条锦鸡儿（*Caragana korshinskii*）、沙蓬（*Agriophyllum squarrosum*）、沙鞭（*Psammochloa villosa*）、虫实（*Corispermum hyssopifolium*）等。

南方草山草坡：白三叶（*Trifolium repens*）、红三叶（*Trifolium pratense*）、地三叶（*Trifolium subterraneum*）、百脉根（*Lotus corniculatus*）、多年生黑麦草（*Lolium perenne*）、矮柱花草（*Stylosanthes humilis*）等。

（四）补播前种子处理

牧草特别是野生牧草的种子，在适应恶劣的外部环境过程中，形成了特殊的适应形态和类型。如豆科牧草种皮坚硬（或硬实种子），禾本科牧草种子的休眠等。因此，在选好补播牧草种子后，必须进行播前处理，提高发芽率。常用的处理方法有清选、去芒、去硬实、丸衣化等。

（五）补播时间

补播时间要从原有植被的发育情况和土壤的水分状况两方面考虑。在我国广大的草原地区，春季干旱缺水、风沙大，补播有较大困难；在初夏补播比较适宜，因为这个时期植物生长发育比较弱，且雨季来临，土壤水分状况好，此时补播易成功；另外可以采用冬播，即在冬天将牧草种子撒播在草地上或雪上，待春季萌发；还可以采用封冻前的"寄子"播种，即在封冻前把种子撒到草地上，待第二年萌发。不同地方需因地制宜、合理应用。

（六）播种量

播种量与牧草种类、用途、土壤、气候等多种因素相关。在一定条件下，主要取决于种子的千粒重和单株所需要的营养面积。一般而言，禾本科牧草（种子用价为100%时），常用播量为15~22.5 kg/hm²，豆科牧草播种量为7.5~15 kg/hm²，由于种子原因出苗率低时，可加大播量（50%）；平均每平方米的成苗数在10~50株（要保证这样多的株数，每平方米需要有100~500粒有发芽力的种子）。因此，可以根据牧草的千粒重和每平方米地上所需要的有发芽能力的种子数来计算播种量。其中千粒重是已知的或可实测，每平方米所需有发芽力种子，为200~500粒，据此，每亩播量可按下式计算：

$$X = \frac{H \times N \times M}{10^6 \times A} \tag{2-1}$$

式中：X——播量（kg/亩）；

H——千粒重（g）；

N——每平方米需有发芽力的种子数（粒）；

A——种子用价，是其纯度与发芽率的乘积；

M——667 m²（即约1亩）。

（七）补播方法

（1）人工撒播。小面积播种地可以徒手撒种或最好用牧草手播机播种，这样比较均匀，速度也快，每人每天可播50亩左右。

（2）机具补播。用草原松土补播机、圆盘播种机或肥料撒播机。若土地条件好，颗粒较大的种子也可用谷物播种机。

（3）飞机补播。飞机播种是目前国内外普遍使用的补播方法，该方法具有面积大、速度快、落籽匀、成本低、作业范围广等特点。

（八）覆土

补播牧草种子的覆土是一项简单但又不易做好的工作，没有特制的专用机具，一般可采取耱地、镇压器镇压、用畜力或拖拉机拖带树枝或灌木编的拖耙拉耱、牲畜践踏等，有时也可不覆土。原则是大粒种子播的深些，小粒种子播的浅些，疏松的土壤可播的深些，而黏重的土壤上播的浅些。牧草种子多数细小，一般以浅覆土为宜，几乎所有牧草种子的覆土深度都为0.5~2.5 cm。

（九）管理

人们常说"三分种，七分管"，补播后不加管理或管理过分粗放，常会造成前功尽弃。许多地方的鼠、虫、鸟类对不覆土的种子或刚出土的幼苗伤害严重，事先用农药拌种会起到很好的防护作用。刚出苗的新播牧草因根系浅、家畜又极喜食，如过早放牧很容易连根拔出而危害其生长。对于补播牧草，凡有条件的应尽可能辅之以施肥、除杂草、灌溉等措施，既促进新播牧草生长，也为优良的原有牧草种子成熟或营养繁殖创造条件。加强补播地的管理，是补播成功的关键环节。

第三节　特殊草地培育

一、沙地草地

沙地表面覆盖大量由细小的石英等矿物组成的疏松积聚物，所以易受风、水的作用而流动。这里所称的沙地，是指分布在各地带中的沙化或沙质地，也包括荒漠的一种类型——沙漠，这些沙地改造后可变成放牧场或割草场。

沙地形成的原因很多，主要是由于人类不合理的经济活动，如盲目垦荒、滥伐森林、过度放牧等造成的，但有些地区处在大陆内部，降水极少，气候十分干旱，植被稀少，在自然力，如风的作用下也可形成沙地。

我国的沙地东起沿海地区，西至大陆中心均有分布，位于北纬35°以北、东经125°以西。其中98%以上的沙地分布在内蒙古、新疆、青海、甘肃、宁夏、陕西、辽宁、吉林、黑龙江九省区，此外沿海、沿河也有一些沙地零星分布。随着国民经济及草原畜牧业的发展，沙地草地改良和沙区畜牧业发展必将得到重视和提高。

（一）防风固沙

1. 机械固沙

机械固沙是利用柴草、枝条、石块、沥青等做成各种障碍物或平铺埋压来固沙。障碍物叫机械沙障或风障，有的地区叫风墙。机械沙障按其设置方法和作用可分为平铺式和直立式两大类。

平铺式：采用柴草、枝条、板石、泥土等铺盖在沙面上，或用沥青乳剂、聚丙烯酰胺等高分子聚合物喷洒在沙面上，把沙面表层遮盖或固结，隔绝风与松散沙面的接触，不被吹移。有的地方如河西一带常用土埋沙丘，泥漫沙丘就是这类沙障，主要作用是固定就地流沙。用黏土时，土厚6~15 cm，迎风面稍厚一些。

直立式：风沙碰到任何障碍物风速都会降低，而将携带的沙子沉积下来，大大减少了输沙量，风沙流中沙子有80%~90%是在近地表20~30 cm的气流中，因此只要设30~50 cm或更高一些的沙障就可控制其流动，使沙子留在指定的地点。所以可采用柴草、枝条、板条、篱笆等插在沙面上，或在沙面上用黏土等筑成墙堤，都有阻挡和固定流沙的作用。在直立式沙障中高出沙面50 cm以上称为高立式沙障，高出沙面50 cm以下（一般20~30 cm）称为低立式沙障。

直立式沙障的设置方向与主风向垂直，配置形式可用"一""品"和"方格式"等。一般坡度4°以下的坡地上，间距为障高的10~15倍，风力强而坡度大时，间距可适当缩小。

2. 化学固沙

除上述用障碍物固沙外，也可采用加固沙表的方法达到固沙目的。目前已采用各种胶结物增加沙粒之间的胶结力来防止风蚀。如喷洒一层用水稀释的沥青乳剂，沥青微粒停滞在表面或随水下渗而黏结了单个沙粒，在沙地表面形成一层预防风蚀的多孔的固结沙层，能抵抗 9 m/s 风速。在不受机械破坏时（如放牧践踏），沥青乳剂的坚固性可保持 2~3 年，但不影响植物发芽出土，为植物固沙创造良好条件。

沥青固沙能促进沙拐枣、沙槐等植物的发芽。近年来，也有使用泥炭石灰乳和一种含有聚丙烯酰胺的液体固沙，效果良好。

3. 植物固沙

采用乔木、灌木、草本相结合，构成一个完整的固沙体系，固沙林的配置方法有以下几种：

活沙障：是机械固沙和植物固沙的结合形式。把可以插条繁殖植物的枝条用作沙障材料。由于植物生长、成活形成植被，能较长期地固定和改造流沙。生产上应用较多的是沙柳（*Salix cheilophila*）、旱柳（*Salix matsudana*）、黑沙蒿（*Artemisia ordosica*）等植物。

乔灌草结合造林治沙：一种是乔灌草结合前挡后拉；另一种是乔灌草结合逐步推进。

所谓乔灌草结合前挡后拉是指在沙移动的前方，即背风坡坡脚和丘间低地上，先栽种沙柳 2~3 行，再种植旱柳和小叶杨（*Populus simonii*）；几年后，当沙丘移到灌木、乔木林区时，沙柳、旱柳、小叶杨就起到了前挡作用。但前挡还不能完全控制流沙，沙丘继续前移，原栽种的乔木、灌木快移到迎风坡时，在迎风坡栽植沙蒿活沙障，起到后拉作用控制沙丘移动。

所谓乔灌草结合逐步推进法是指在头年秋季预先在流动沙丘引迎风坡基部栽植 2~3 行沙蒿，一般到次年春季沙蒿的前面就形成几米宽的平坦沙地，这个地方的流沙不再移动，这时就在这块平坦的沙地上造林（乔木、灌木）。到第二年秋再在前面栽植第二次沙蒿，经一个冬春，在沙蒿的前面又形成平沙地，再进行造林，如此逐步推进 3~4 次，一个沙丘就可拉平，也可固定。

几种常见的固沙植物：沙拐枣类、白梭梭（*Haloxylon persicum*）、木蓼（*Atraphaxis frutescens*）、大籽蒿（*Artemisia sieversiana*）、黑沙蒿（*Artemisia ordosica*）、沙竹、沙米、旱柳、小叶杨、沙枣（*Elaeagnus angustifolia*）等。

（二）补播牧草与建立人工草地

补播是改良沙地草场的基本措施。要选择家畜践踏啃食较重、优良牧草稀疏的地区。选择适应当地环境条件的野生牧草种子进行播种，播种时间与当地这些野生牧草种子成熟期临近，具有费力少、见效快的特点。

补播方式以撒播较好，均匀撒播后，可轻耙一次促进种子覆土，通常在第一年秋季播种，第二年早春萌发，这段时期要实施禁牧。

建立人工草地一方面可为家畜提供大量饲草料；另一方面可用牧草强大根系和茂密的地上部分改良土壤，减少风沙危害。建立人工草地时要翻耕原始的天然草地，播种优良牧草，故要尽可能结合灌溉和施肥。选种时要根据当地自然条件和牧草特性，因地制宜地选择优良牧草。如在干草原可种植紫花苜蓿、无芒雀麦、冰草、草木樨等；在荒漠草原可种植沙生冰草、冰草、黄花苜蓿、木地肤等；在荒漠地区（无灌溉）可种植地肤属、梭梭属、猪毛菜属、蒿属等植物。

建立人工草地可以和农业生产相结合，如种植饲用甜芽、饲用瓜类、马铃薯、谷物等，从而得到各类冬季贮备饲料。

二、盐碱草地

盐碱草地的土壤中含有氯化物、硫酸盐、碳酸钠、硝酸盐等盐分。一般在地表形成松散的盐霜或盐结皮。这种盐化现象易引起草原退化并给畜牧业生产带来一定影响。因此，如何改良、利用盐碱草地问题与草原畜牧业生产有直接关系。

（一）分布及特点

盐碱土又称盐渍土，根据成分可分两大类，即盐土和碱土，按其成分和分布大致可分如下几类：

1. 盐渍化草甸土

多见于湖滩地，潜水较浅而矿化度较低。植物有赖草、水葫芦苗（*Halerpestes cymbalaria*）和委陵菜（*Potentilla chinensis*）等，盖度85%左右，土表有白色盐霜。

2. 草甸盐土

分布上述土壤外围或与其他类型的盐土交接处。潜水位 $1\sim3$ m，矿化度 $1\sim3$ g/L，随着盐分积累和水位下降有向结皮盐土发展的趋势。

3. 结皮盐土

分布在潜水矿化度高的地区，有时分布在草甸盐土上或沼泽盐土外围，植被有盐爪爪（*Kalidium foliatum*）、盐角草（*Salicornia europaea*）、碱蓬（*Suaeda glauca*）、西伯利亚白刺（*Nitraria sibirica*）等，土表有 $1\sim2$ cm 结皮。

4. 沼泽盐土

在沙地、湖盆中有分布，水位较高，有时有少量的地表积水，矿化度较高、植被覆盖度小，在矿化度较低的地段分布有芦苇等植物。

5. 碱化盐土

又称黑碱土，盐碱化程度较严重。主要是碱化程度较重，常常为不生长任何植物的裸地。

（二）危害

盐碱对植物生长有很大危害，当土壤含盐量达到0.2%~0.3%时，植物生长受影响，含盐量再高时植物就受危害。如苜蓿、高粱在含盐量为0.55%时不出苗。盐碱对植物的危害主要表现在：

1. 抑制根生长

当土壤中积累一定的可溶性盐后，土壤溶液浓度大于根系细胞液的浓度，造成细胞水分外渗，使根尖、新根呈黑褐色，严重时根会发黑霉烂、失去活力以致死亡。

2. 影响植物生长

植物吸收营养时将大量盐分吸入体内，细胞中盐分过多，氮素代谢和叶绿体内蛋白质合成遭到破坏、光合作用受阻、代谢减弱，加之根受抑制，使整个植株变小、叶子不能展开、缺绿、枯黄，严重时会发生死亡。

3. 对植物间接危害

盐渍化使土壤的理化性状发生改变，地表板结形成盐结皮，通透性变差、肥力减弱，"湿时一团糟，干时一把刀"，难以耕作，妨碍种子发芽和出苗，危害植物生长发育。

（三）培育措施

1. 水利措施

通过水利工程设施来淋洗土壤盐分、降低地下水位、排除高矿化度的地下水。如排水洗盐就是在地下水位高、含盐量大时，采取开沟排水、竖井排水等办法降低地下水位、消除涝渍、减少地面盐分。在可能的情况下排灌结合，效果更好；另外利用降水、灌溉水下渗作用洗盐，还可利用深井水（特别上层水质差，下层水质好的地区）起到上灌下排，洗碱排盐的作用。

2. 农业措施

通过合理的耕作、种植、合理放牧、牧草、增施有机肥等来改善土壤结构、提高肥力、增加地面覆盖、减少蒸发、防止返盐。适时耕作可使耕层疏松，减少土壤水分和地下水蒸发同时防止底层盐分向上层积累。增施有机肥料可增加养分，也可改变土壤的物理性质，加强淋盐作用，减少蒸发抑制返盐。有机肥料对土壤中盐分起缓冲作用，可减弱盐分对植物危害。有机肥还可以降低土壤碱性。另外合理轮作与套种等方式对盐碱地都有改良效果。

3. 生物措施

利用植物和微生物活动增加土壤有机质和养分，改善土壤通气性。如种植绿肥牧草、耐盐和积盐植物。绿肥牧草枝叶茂密覆盖地面，使地表蒸发量减少从而抑制土壤返盐，强大根系可吸收水分使地下水位下降，有效地防止盐分向地表积累。豆科牧草与禾草混播对改善土壤结构和通透性效果更显著。

4. 化学措施

施用化学改良剂或矿质肥料，使其和土壤中有害盐分反应，消除或减少盐碱危害。对重度碱化草地土壤，可配合施用化学物质，如石膏、磷石膏、亚硫酸钙、硫酸亚铁等。化学措施和水利、施有机肥等其他措施结合作用更大、效果更快。

第三章　草地保护

第一节　草地鼠害及其防治

一、鼠类（啮齿动物）对天然草地的危害

天然草地是畜牧业的主要饲草生产基地，草地生产力的高低直接影响着畜牧业的发展。鼠类在种群数量激增之后，对草原造成多方面的危害。

（一）啃食优良牧草

鼠类动物主要是草食性动物，生活在天然草地的鼠类大都以禾本科、莎草科、豆科和杂类草中的优良牧草为主要食物。

（二）挖掘活动损伤牧草

挖洞、穴居是草地鼠类的生活习性，挖洞会切断或损伤植物根系，影响植物的生长发育，甚至导致植物死亡。

（三）挖洞成丘、覆压牧草、降低土壤肥力

春季牧草返青后，一般鼠类的挖掘活动较为频繁，挖洞时把大量的下层土壤推到地面，在洞口前形成大小不一的土丘，在土丘覆压下，一些出土力弱的优良牧草均黄化而死亡；土丘覆压为杂草滋生创造了条件，从而降低草地的生产力；另外，肥力最丰富的土壤层是 A 层和 B 层上部，是草原植物的养料源泉，而鼠类多在这一沃土层挖洞，把肥沃的土壤翻到地面，形成土丘，在干旱多风的季节，这些疏松的土丘往往随风飘起，最终导致土壤肥力的大量损失。

（四）植被盖度降低，促使土壤水分蒸发

由于鼠类的挖掘活动，形成土丘、鼠坑等次生裸地，这些疏松次生裸地的土壤水分极易蒸发。

(五) 改变植被组成，引起群落逆向演替

由于鼠类的活动，使优良牧草减少或消失，而适口性差或有毒植物则得以保存并大量滋生，使原有植物群落的种类和数量都发生了变化，甚至失去了互相依赖和制约的关系，处于不稳定的状态，并向新的稳定方向发展，从而导致植物群落的演替。

(六) 传播疾病，危及人类安全

鼠类疾病可通过其体外寄生节肢动物的叮咬或其他途径传播给人，引起发病、流行。

二、草原地区常见有害啮齿动物

(一) 草兔 (*Lepus capensis*)

别名：蒙古兔、野兔、兔子

形态特征：体形中等大小，体长 410~480 mm，耳甚长，前折时明显地超过鼻端且耳尖具窄而明显的黑色。毛色随季节变化差异较大，夏毛毛色较深，呈淡棕色，冬毛长而蓬松，背部为沙黄色，并有间断而不甚明显的黑色波纹，臀部为沙灰色。体侧具黑尖的毛渐少，而具浅棕色毛尖的毛增多。腹部和后腿前部均为白色。颈下方和四肢外侧为浅棕黄色。前后肢均发达。

生态特性：草兔的栖息环境十分广泛，常栖息于山坡和灌木丛中，特别喜居于柳树、芨芨草滩以及干涸的泥沼地带。草兔一般没有固定的洞穴，但雌兔在产仔和哺乳期间有较固定的洞穴，而这些洞穴大多数是利用狐、獾等动物的废弃洞。草兔以植物为食，作物种子、地下块茎、青草、树皮和嫩枝等是食物中的主要成分。一般不结群，单独活动，活动常常有固定路线。常见天敌有猛禽中的苍鹰、兽类中的狐和狼以及鼬科动物等。

分布：分布较为广泛，自北部的黑龙江与内蒙古向南可达长江流域，甚至云南和贵州也发现有草兔的分布。

(二) 达乌尔鼠兔 (*Ochotona daurica*)

别名：蒿兔子、鸣声鼠、啼兔、蒙古鼠兔

形态特征：体形短粗，四肢短小，外形似无尾之小兔，体长 125~185 mm，后足略长于前肢，具四趾，前肢较短，具五趾。无尾，耳大，呈椭圆形，有明显的白色边缘，吻部上下唇为白色。冬毛较长，头顶至体背沙黄褐色，杂以黑褐色细纹，夏毛背侧棕褐色，杂有黑色细毛，耳内侧被以褐色

短毛。

生态特征：达乌尔鼠兔为典型的草原动物，一般栖息于沙质或半沙质的山坡、小丘和平原。无冬眠习性。鼠兔主要食植物的绿色部分，亦食植物的种子、嫩茎和根芽。在内蒙古地区，夏季主要吃冷蒿、其次是锦鸡儿及一些禾本科和莎草科植物。春季食物种类较多，各种植物的新生幼芽均被采食，在其洞口常可见到被咬断的植物茎叶。达乌尔鼠兔有贮草习性，依靠秋天采集的干草渡过严冬。多白天活动，性好集群。常见天敌有猛禽、香鼬、黄鼬、石貂、艾虎、荒漠猫、沙狐等。

分布：分布于内蒙古、河北、山西、陕西、青海、西藏等地。内蒙古广泛分布于呼伦贝尔草原和锡林郭勒草原；在荒漠草原主要分布于苏尼特右旗、四子王旗、达茂联合旗、向西至乌拉特后旗。

（三）中华鼢鼠（*Myospalax fontanieri*）

别名：原鼢鼠、瞎老鼠、瞎瞎、瞎鼢、瞎狯、仔隆（藏语）

形态特征：体形粗短肥硬，呈圆筒状。体长 146～250 mm，一般雄性大于雌性。头部扁而宽，吻端平钝，无耳壳，耳孔隐于毛下，眼极细小，因而得名瞎老鼠。四肢较短，前肢较后肢粗壮。全身有天鹅绒状的毛被，毛色呈灰褐色。

生态特征：中华鼢鼠主要栖息于我国华北、西北各省区的农田、山林及草原中，特别喜欢在低洼土壤疏松湿润而且食物比较丰富的地段栖息。垂直分布可达 3 800～3 900 m 的高山草甸，高山灌丛较少。通常分布在同地的阴坡、阶地和沟谷地等处退化的杂类草草地上。鼢鼠在地下活动，根据其在地面上活动留下的痕迹，如土丘、隆起的土峄和土花来判断它的生活规律性。挖掘活动在春、夏、秋季均有，但以春、秋季最为频繁，特别是在春季。鼢鼠无冬眠习性，冬季栖居于老窝中，除取食外不大活动。鼢鼠昼夜都会有活动，具封洞习性。主要采食植物性食物，只在个别个体的胃内发现有昆虫的残肢。它特别喜食植物的多汁部分，如地下根、茎等；有时亦将地上部分的茎、叶和种子拖入洞内取食。其食性很广，而且因时因地而异。

分布：分布于甘肃、青海、宁夏、陕西、山西、河北、内蒙古、四川、湖南等省区。

（四）草原鼢鼠（*Myospalax aspalax*）

别名：地羊、瞎老鼠、外贝加尔鼢鼠

形态特征：体形粗壮短肥硬，呈圆筒状，体长 145～230 mm，尾较长。

前足的爪极粗大，第三趾上的爪长 16~20 mm。眼小，耳隐于毛被下方。身体背面毛被浓密而柔软，毛色因地区环境不同有较大差异。背腹部的毛色之间无明显分界线。吻端白色，额部有白色斑点。

生态特性：草原鼢鼠栖息于各种土质较为松软的草原地区，在灌木丛及半荒漠地区的草地上也有少量分布。常地下生活，较少来到地面，但也有夜间爬出地面活动的。不冬眠。春末夏初活动较为频繁，其他季节活动较少。草原鼢鼠主要采食植物根部，夏季也吃绿色的营养枝叶。

分布：主要分布在呼伦贝尔市、兴安盟、通辽市、赤峰市、锡林郭勒盟和乌兰察布市的商都等地。

（五）黑线仓鼠（*Cricetulus bcrabensis*）

别名：背纹仓鼠、花背仓鼠、仓鼠、腮鼠

形态特征：黑线仓鼠是小型种类，体长 70~105 mm，吻短，颊部因有颊囊而显得比较臌大；耳圆。尾部短小，约占体长的 1/4。身体背面从头到尾，颊部体侧和四肢背面均为黄褐色。背部中央有一黑色纵纹，并在额顶部增宽形成一个黑色小区。

生态特性：栖息环境十分广泛，草原、半荒漠、山地、农田、林缘、灌丛中均可栖息。在高山岩石带、沙地和砾石多的田埂则找不到它们的踪迹。在半荒漠地区，通常栖息于有较高蒿草的地方或水塘附近。在草原地区常见于土质松软，植物茂密的草场，如锦鸡儿灌丛草场和芨芨草甸。洞穴结构比较简单，分临时洞和居住洞，临时洞仅有一个洞口，居住洞可有 1~3 个洞口。黑线仓鼠的繁殖力强，3—10 月为繁殖期，每窝产仔 4~8 只。黑线仓鼠为夜出性种类，有较为严格的夜出活动，白天居巢中，很少外出活动，以黄昏和清晨为活动高峰，夜间外出活动时，其半径约 200 m。其食性很杂，农区以作物的种子为食，草原则食草籽，有时也吃少量昆虫。不冬眠，但冬季活动较少，主要以贮粮过冬。

分布：在甘肃、宁夏、陕西、山西、河北、山东、河南、江苏、安徽、辽宁、吉林和黑龙江等省区都有分布记录，内蒙古各地几乎遍及。

（六）短尾仓鼠（*Cricetulus eversmanni*）

别名：搬仓

形态特征：中小型仓鼠，体长 90~130 mm，尾极短，其长度接近于后足长，约为体长的 1/5，尾之基部很粗，整尾呈楔形。体背自鼻至尾基为沙黄白色，毛基黑灰色，上段沙白色，毛尖褐黄色，且杂少数全黑色长毛；头面部毛色稍浅，眼外侧为纯沙黄白色；体侧下部，腹面、四肢外侧为白色；背腹毛在体侧呈波状嵌镶，界限十分清楚；颏为纯白色；足掌裸露，前后足背面被白毛，耳壳内外侧长有白色短毛；尾毛白色。

生态特征：栖息于多砾石半荒漠和半荒漠草原，数量极少，为稀有种。营夜间生活。以植物种子和绿色部分为食。亦吃昆虫。

分布：分布于内蒙古、宁夏。

（七）三趾跳鼠（*Dipus sagitta*）

别名：跳鼠、沙跳、跳兔。

形态特征：体形较大，体长 120~180 mm。头圆吻钝，尾很长，约超过体长的 1/3。头大，眼大，但耳短。前折时不超过眼的前缘。口须长；门齿唇面橘黄色，有一沟，牙露于口外。前肢短小，5 趾，除第一指爪外，各爪均为尖利；后肢长，3 趾，侧扁而强，拇指和第五趾退化消失了，尾极长，末端有黑白两色长毛形成的毛束。背毛深黄色或沙黄色，整个腹面连同下唇和尾基部纯白色，背毛在体侧截然分界，后肢背面棕黄色；尾背土黄色，腹面灰白，末端 1/4 处有黑圈，簇毛丛白色。

生态特性：栖息范围很广，主要生活在荒漠、半荒漠地带的固定或半固定沙丘上。在生长着柽柳、梭梭等植物和沙质荒漠上数量较多。三趾跳鼠夜间活动，白天藏身在洞中，用洞里抛出的细沙把洞口虚掩起来，然后卧于其中呈半睡眠状态，以冬眠形式度过严冬。

分布：分布于青海柴达木盆地、山西、陕西、河北北部、内蒙古、宁夏、新疆、吉林、辽宁西部等地。内蒙古地区除呼伦贝尔市和兴安盟的林区，以及东乌珠穆沁旗、西乌珠穆沁旗、大青山以南的呼和浩特平原外，全区各地几乎都有分布。

（八）五趾跳鼠（*Allactaga sibirica*）

别名：跳鼠

形态特征：为跳鼠科中体形最大的 1 种，成体体长超过 130 mm。吻长眼大，耳长大，其长超过或接近颅全长。后肢长为前肢长的 3~4 倍。后肢 5 趾，第一、第五趾趾端不达其他三趾基部。尾长，末端有黑白长毛组成的毛束，端部毛束发达。体背棕黄色，毛基灰色；腹毛及四肢内侧为纯白色；尾上方棕黄色，下面污白色，末端为黑色、白色长毛组成的毛束。

生态特征：栖息于山前草原和以梭梭为主的荒漠半荒漠生境中，适应性强，活动范围广，不集群居住，夜间外出觅食。跳鼠主食植物种子及茎叶，亦食昆虫。在非繁殖期单鼠独居，并经常更换住处。天敌有猫头鹰、鼬、野猫等。

分布：分布于黑龙江、吉林、辽宁三省的西部、内蒙古、河北、宁夏、陕西北部、青海、新疆。

(九) 蒙古黄鼠 (*Citellus dauricus*)

别名：达乌尔黄鼠、豆鼠、大眼贼、草原黄鼠

形态特征：蒙古黄鼠体长约 200 mm，尾短，不超过体长的 1/3，尾毛蓬松，眼大而圆，故有大眼贼的称号。耳壳小，爪黑色，除前足拇指的爪较小外，其余各指的爪正常。背毛深黄带黑褐色，毛基灰黑色，毛尖褐黑色。体侧、前肢外侧和腹毛均为黄色，基部灰色，毛尖沙黄，后肢外侧同背色。夏毛颜色比冬毛深，多为黑灰黄。眼眶四周有白圈，自嘴侧到眼，眼后到耳基部以及耳后部均为灰黄色，耳壳为黄色。

生态特性：蒙古黄鼠是干草原和半荒漠草原的主要鼠种。喜散居，对环境有一定的选择性，在草原多栖居于低矮禾草，禾草-蒿草草地，更喜欢居于畜圈和大量放牧的地方，在高草丛和植被稠密的地方很少。洞穴可分为冬眠洞和临时洞两类。冬眠洞深且复杂，临时洞浅而简单。蒙古黄鼠的食物主要是各种植物绿色部分，食物不足时吃谷子、大豆等种籽，并捕食金龟子、步行蝉和蚁科类昆虫。黄鼠不喝水，它的代谢用水取之于食物。黄鼠具有冬眠习性，每年繁殖一次，每胎平均产仔数 5~6 个，其寿命可长达 7 年。

分布：广泛分布于我国北部的草原和半荒漠等干旱地区，如东北、内蒙古、河北、山东、山西、陕西、宁夏和甘肃等省区。内蒙古地区除呼伦贝尔市、兴安盟的林区和阿拉善盟荒漠地带外几乎遍及全区。

(十) 长爪沙鼠 (*Meriones unguiculartus*)

别名：黄耗子、白条子、黄尾巴鼠

形态特征：体长 100~130 mm。头尖眼大，耳明显，尾巴的长度略短于体长，被密毛，末端逐渐加长而形成毛束，头和背毛土黄色，常带黑色毛尖，口角至耳后有一灰白色杂纹，腹面污白色，腹毛基部灰色等。爪黑褐色，弯曲而且锐利。

生态特征：长爪沙鼠喜居于干旱沙质土壤地区，常见于荒漠草原，但也分布于干草原和农业地区。在疏松的沙质土壤，背风向阳，坡度不大并长有茂密的白刺、滨藜及小画眉等植物的环境条件下，常常可成为它们栖息的最适环境。长爪沙鼠以雾冰藜 (*Grubovia dasyphylla*)、猪毛菜 (*Kali collinu*)、

虫实、大籽蒿和白刺（*Nitraria tangutorum*）等植物及其种子为食。

分布：长爪鼠是荒漠草原的典型鼠种，但它的分布却十分广泛，分布于吉林、辽宁、内蒙古、河北、山西、陕西北部、青海、宁夏。

（十一）布氏田鼠（*Microtus brandtii*）

别名：沙黄田鼠、草原田鼠、白蓝其田鼠、布兰德特田鼠

形态特征：体长 90~135 mm，尾和四肢较短，尾长 18~28 mm，为其体长的 1/5~1/4。夏毛体背沙黄色，毛基黑灰色，毛尖沙黄色，杂以少量黑毛。体侧毛色略浅，但与背部界线不清，腹面乳灰而稍带淡黄色，毛基灰色，毛尖乳白色，背部和尾部均为浅黄色。

生态特性：布氏田鼠为内蒙古中部和东部干草原的主要群居性鼠种之一。常见于针茅草原，尤喜栖居在植被盖度为 15%~20% 的冷蒿、多根葱及隐子草的草场。布氏田鼠的洞系大体上可分为三种类型：越冬洞、夏季洞及临时洞。在植物的生长季节，布氏田鼠主要采食植物的绿色部分，在其洞口附近常可发现羊草、针茅、苔草、冷蒿、多根葱（*Allium polyrhizum*）、隐子草（*Cleistogenes serotina*）、狭叶锦鸡儿（*Caragana stenophylla*）和冰草等植物的残余。布氏田鼠有迁移习性，迁移距离可达 4~10 km。

分布：主要在内蒙古的东部和中部地区。

（十二）普通田鼠（*Microtus arvalis*）

别名：田老鼠

形态特征：体型较小，体长约 37 mm，尾长小于体长一半，占体长的 30%~40%。尾外被以稀疏短毛，四肢短小，后足长约 13 mm。后足具趾垫 6 个。体背黄褐色或深棕灰色，毛基灰黑色，毛尖棕黑色，体两侧毛色稍淡；腹面毛色污白沾乳黄色，毛基深灰色，毛尖白色；体侧与腹面毛分界较清楚；头至臀部为纯黑褐色；后足上面黑棕色，且覆霜样毛尖；尾上下两色，上面纯黑，下面灰白沾黄，且较腹部毛色浅。

生态特征：栖息于草原、草甸草原、山麓地带，除分布在荒野之外，亦居住在农田，有时亦可以进入人类住宅及其他建筑物内。性喜潮湿。挖洞穴居，单居住或营群体生活。洞道比较浅，但分支很多，洞道内有许多小室，洞口多个。以植物的绿色部分为食，尤其喜食禾本科和豆科植物的绿色部分。营昼夜活动生活方式，一年繁殖 3~4 次，每胎 4~5 仔。幼鼠当年即可达性成熟，并参与繁殖。

分布：分布于内蒙古、黑龙江、新疆。

三、草地鼠害防治

鼠害是草地退化的重要因素之一，目前，我国草地已查明的害鼠种类有140余种，均为陆生、洞居，以植物的根、茎、枝叶、籽实为食，特点是个体小，繁殖率高，种群数量大，危害严重。灭鼠方法很多，可分为物理灭鼠法、化学灭鼠法、生物灭鼠法和生态控制法四大类。它们各有特点，使用时互相搭配，充分发挥各自的长处，以期获得较好的效果。

（一）物理灭鼠方法

采用简单机械的捕鼠器捕鼠，对人和牲畜无危害，在城市和农村应用广泛。常用的工具有弓形鼠夹、弹簧鼠夹、刺鼠弓箭、捕鼠活套、捕鼠网等。但由于此类方法费时、费工、效率较低，在天然草地上大面积灭鼠时应用不多。

（二）化学灭鼠方法

采用有毒化学药剂灭鼠的方法，称为化学灭鼠法。化学灭鼠是快速控制种群密度的有效手段，但需严格遵循安全、精准、低残留原则。用于灭鼠的化学药剂一般分为杀鼠剂（胃毒剂、熏杀剂）、绝育剂和驱避剂。草地化学灭鼠，因草地面积广大，鼠穴构造复杂，一般采用投放毒饵效果较好，常用胃毒剂有磷化锌、敌鼠钠盐、灭鼠优、灭鼠灵、灭鼠迷、氯鼠酮等；熏蒸剂有氯化苦、磷化铝等。化学灭鼠方法具有灭效快的优点，但它的成本高、灭效率低，使用不当时，对人畜都会造成一定的危害，甚至死亡，并且二次中毒现象严重。

1. 毒饵法

根据不同鼠类对饵料喜食程度选取饵料，常用于配制毒饵的饵料有燕麦、青稞、小麦、蔬菜、青草、青干草等。常用的粘附剂为青油和面糊等。

2. 用药量

根据药物的毒性、饵料性质、杀灭鼠类种类、使用季节进行取舍。常用计算公式为：

$$原药剂有效用量 = 所配毒饵量 \times \frac{所配毒饵浓度}{原药剂浓度} \quad (3-1)$$

$$稀释剂用量 = 原药剂重量 \times \frac{原药剂浓度 - 所配药剂浓度}{所配药剂浓度} \quad (3-2)$$

药剂投放量以每份毒饵具有几个致死剂量为原则。一般速效药物投放量每次 0.5 g 左右，缓效药物投放量每次 3 g 左右。

3. 投放饵料的方法

投饵方法依鼠类觅食规律、数量分布特点决定。一般应投放到洞内、洞口或洞旁等鼠类容易取食的地方。面积大、鼠类密度高的区域，用飞机或投药机投药；一般地域可人工投药。人工投饵时，应在统一指挥下，沿规划线一字排队，每人间隔 3~4 m，见鼠洞投放毒饵，每个有效洞口投放毒饵 10~15 粒，要求不漏投、不重投、保证质量。

4. 灭鼠季节

毒饵投放时间宜根据害鼠种类、活动规律决定。原则上以春秋两季鼠类活动高峰时期为主，即每年的 4—5 月和 9—10 月。毒饵法消灭鼠兔的最适时期是冬春季节（1—3月），此外，雪后灭鼠灭效也很好。

5. 熏杀剂

主要成分包括毒药、助燃剂、燃料等。毒药种类为硫黄、磷化铝、辣椒等，含量 20%~40%；助燃剂为硝酸钾、黑火药，含量 30%~40%；燃料为煤粉、木炭、牛粪末，含量 20%~40%。以上材料研细过筛后，均匀混合，以每份 15~20 g 装入纸筒并插入引信，封口后即可使用。此方灭效一般，且对环境污染大，原则上不提倡使用。

6. 注意事项

杀鼠剂的选择和管理必须严格依照《中华人民共和国农药管理条例》（2022修订）有关条款执行。杀鼠剂必须具有"农药登记证""产品标准""生产许可证"（或"准产证"），产品具有高效、低毒、低残留、经济、对人畜安全等特点。正规杀鼠剂的使用说明书具有人畜误食或接触中毒后的急救措施与特效急救药等说明。严禁使用有二次中毒和可能造成严重环境污染的杀鼠剂。

（三）生物灭鼠方法

利用微生物制剂或鼠类天敌，抑制啮齿动物种群数量，从而达到消灭害鼠目的。这种方法技术环节错综复杂，操作难度较大，涉及多学科的综合应用。目前仅限于科学试验和小面积试用，尚未得到大面积推广。

1. 利用天敌防治

内蒙古鸟类中的猛禽鹰、猫头鹰等是鼠类的天敌。资料显示，在它们的食物中鼠类的遇见率高达 75%。一只成年鹰每日可捕食 20~30 只野鼠。捕食范围可达 600 m 以上，几个月内能把 1 km^2 范围内的鼠捕尽。因此，在我国北方草原地区架设人工鹰架对于防治草原鼠害具有重要意义。

(1) 鹰架的设计。

鹰架：采用钢筋混凝土结构，呈"丁"字式直立。架杆规格为 0.15 m× 0.10 m×3.50 m，顶部横梁规格为 0.80 m×0.10 m×0.05 m。

鹰墩：墩高 5.0~6.0 m，呈圆锥形，锥底直径为 1.5 m。采用石块泥砌 3.0~4.0 m 后，上竖 2.0 m 高的混凝土直杆，顶端固定一"十"字架，规格为 0.50 m×0.05 m×0.05 m。

(2) 地段选择。架设鹰架的地段应选择在地面平坦、开阔、离山及道路远、草地植被稀疏、植株低矮、草地退化、鼠害较严重的地段为佳，鹰架的设立应选在鼠类最适宜生存的地段，使其生活习性与生态要求一致，恢复和维持生态平衡，最终达到控制鼠害的目的。

(3) 架间有效距离。设立鹰架能有效地控制草原害鼠的种群密度，减轻鼠类对草地的危害。天然草地防治鼠害，鹰架间距以 500 m 为宜，距离过短，不能发挥最大的经济效益。若太大，防治效果会相对降低。但在地形复杂的地段，鹰架间距可以缩小到 250 m 左右，地形极为开阔的地带可扩大到 600 m。

2. 利用生物灭鼠剂防治

从 20 世纪 90 年代初期开始，内蒙古引进生物灭鼠剂（C 型肉毒梭菌杀鼠素）进行大面积天然草地灭鼠试验、推广获得成功。

(1) 药物机理。C 型肉毒梭菌杀鼠素是一种嗜神经性麻痹毒素。鼠类进食毒饵，毒素由胃肠道吸收进入血液循环，作用于颅脑神经和外周神经肌肉麻痹。表现为精神萎靡、食欲废绝、全身瘫痪，最后死于呼吸麻痹。死亡时间与毒素中毒量有关，一般进食后的第 3~6 d 死亡。毒性强、适口性好、中毒作用缓慢、死亡速度适中，而对人、畜则较安全，不伤害鼠类的天敌和其他动物，无二次中毒，不污染环境，属于理想的高效、安全、无残留毒的生物灭鼠剂。

(2) 毒饵的配制。不同鼠类应配制不同含量的毒饵，如配制 100 kg 含毒量为 0.1% 的燕麦毒饵时，先将 100 mL 毒素液倒入 8 kg 冷水中稀释，将稀释液再倒入 100 kg 燕麦中反复搅拌均匀后，使每粒饵料都粘有毒素液，然后堆积并盖塑料布，闷置 12 h 后即可投饵灭鼠。毒素液、水、饵料的配比为 1∶80∶1 000。每亩施毒饵约 750 g。

(3) 配制毒饵注意事项。

配料用水：河水、自来水均可，但忌用碱性水，略偏酸性为好，必须用冷水。

水的用量：一般为饵料的6%~8%，不同的饵料用水量也有差别，拌制成的毒饵不能太湿或太干。

C型肉毒梭菌杀鼠素宜与燕麦（*Avena sativa*）、青稞（*Hordeum vulgare var. coeleste*）、小麦（*Triticum aestivum*）等谷物配制毒饵。拌制、投饵及灭鼠人员要戴口罩、手套，切忌用手接触毒剂、毒饵。操作完后做好自身消毒。配制毒饵要专人加工配制，要严格按规定的比例进行，不要在住房、畜圈、水渠、水井附近拌制，不许畜禽和无关人员靠近。

（4）毒饵的投放。

C型肉毒梭菌杀鼠素毒饵残效期短，因此，在投毒饵时，一定要做到随拌随投。拌制的毒饵最好在3 d内用完。投饵方法及质量与灭鼠效果关系极大。投放毒饵方法与化学药物毒饵投放方法基本相同。

（四）生态防治

啮齿动物之所以能够生存并大量繁殖，与外界具备了适宜的生活环境和充足的生活条件有着极密切的关系。生态防治通过破坏啮齿类动物的生活环境和食物条件，从而抑制其数量的增加。

草原鼠害生态防治的主要措施有：以草定畜，确定适宜的载畜量，防止超载过牧；合理利用天然草地，合理分配季节牧场，采取轮牧制度；已退化的草原采取禁牧，进行人工补播及灌溉、施肥等措施，促进植被恢复；将退化严重及因鼠害形成的寸草不生的"黑土滩"等不能再行放牧的草原区域改造成各种人工草地（如刈用型、放牧型、刈牧兼用型等）；在消除鼠害的同时，结合草原的建设与改良，才能提高草原的生产力。

第二节 草地虫害及其防治

一、草原地区常见害虫

草地害虫种类繁多，其中昆虫类占绝大多数。按昆虫学分类，主要分属鞘翅目、半翅目、膜翅目、直翅目、同翅目、鳞翅目及复翅目等不同科、属、种，如蝗虫、象甲、椿象、草地螟、草地毛虫、苜蓿蚜、大青叶蝉、广肩蜂等。按口器与危害方式分类，主要分为咀嚼式口器，如蝗虫、金龟子等，咬食牧草根、茎、叶、花、果，造成牧草断枝、缺刻、光杆、洞孔；刺吸式口器。如蚜虫、叶蝉等，像针一样，吸食牧草汁液，造成卷叶、枯萎、白斑、秕谷等。

（一）蝗虫类

直翅目蝗科蝗虫属的害虫，种类多、分布广、食性杂。危害天然草地的重要蝗虫有十几种，在草甸草原造成严重危害的蝗虫有白边雏蝗和西伯利亚蝗；在典型草原和干草原造成严重危害的蝗虫有亚洲小车蝗和小翅雏蝗；在山坡丘陵草地发生严重的蝗虫有宽翅曲背蝗、大赤翅蝗等。在低湿草地发生数量较大的有大垫尖翅蝗和小垫尖翅蝗。

1. 亚洲小车蝗（*Oedaleus decorus asiaticus*）

属直翅目，丝角蝗科，属于中国发生的三大飞蝗之一，分布于内蒙古和新疆大部分牧区与半农半牧区，主要危害禾本科、莎草科、鸢尾科等牧草。

亚洲小车蝗一年发生一代，以卵在土中过冬。蝗蝻雄性4龄，雌性5龄。5月下旬至6月上旬越冬开始孵化，6月下旬大部分为2~3龄，7月中、下旬为成虫盛期，7月下旬至8月上旬开始产卵。雌性成虫较雄性成虫个体大。体长：雄性 21~24.7 mm，雌性 31~37 mm。前翅长：雄性 20~24.5 mm；雌性 28.5~34.5 mm。体绿色或灰暗色。后缘呈弧形或钝角形，前胸背板中部明显缩狭，背面有不完整的"><"形淡色斑纹，在沟后区与沟前区几乎等宽。前翅超过后足腿节顶端，后翅粗大，中部的暗色横带纹距翅缘较远。翅顶无暗色；基部黄色或黄绿色。

亚洲小车蝗为地栖性蝗虫。适合生存于板结的沙质土，植物稀疏、地面裸露的向阳坡地等地面温度较高的环境，有明显的向热性。每天以中午活动最盛，阴雨大风天不活动，成虫都有趋光性。

亚洲小车蝗是典型的禾草取食者，在典型草原地带是最喜食羊草、隐子草、针茅、冰草和洽草等。

2. 狭翅雏蝗（*Chorthippus dubius*）

属直翅目，网翅蝗科。分布在青海、甘肃、内蒙古、新疆、河北、东北等地区。主要危害禾本科、莎草科牧草。狭翅雏蝗对牧草的危害主要在高龄蝻及成虫期，大发生年份，其危害是相当严重的。

成虫个体较小，头部较短；颜面倾斜度大，头顶与颜面相接处狭长。前胸背板后横沟接近中部，侧隆线在沟前区向内弯曲。雌雄两性前胸背板沿侧隆线具2条浅色条纹；前翅不超过后足股节端部，到达或仅超过腹端；缘前脉域在基部明显扩大。雄性前翅在顶端较狭，最宽处等于或略大于肘脉域的最宽处。后足股节内侧基部有暗色斜纹，其端部色淡。体长：雄性 12.5~14.5 mm，雌性 14~18.5 mm；前翅长：雄性 7.3~10.2 mm，雌性 8~10.5 mm。蝗蝻雌雄皆为4龄。在内蒙古一年发生一代，雌虫产卵于土下

1~3 cm，以卵在土中越冬。一般在6月上旬开始孵化，7月开始羽化，8月是成虫活动盛期，通常在9月初大批产卵。蛹期发育为29 d，成虫寿命45 d左右。

狭翅雏蝗主要发生在植被较稀疏的禾本科草地上，覆盖度低于85%的莎草科草场也少量分布。喜食植物有禾本科的碱茅、针茅、早熟禾、扁穗冰草、垂穗披碱草、赖草、狐茅，莎草科的薹草、蒿草，豆科的黄芪、苜蓿、三叶草、草木樨，十字花科的莞根，蔷薇科的委陵菜，菊科的蒲公英、紫菀、光沙蒿等。不喜食小麦苗，对玉米幼苗基本不取食。

国内外多采用预防与灭杀相结合的方式进行蝗虫的综合防治。如草地封围、划区轮牧、科学施肥、合理灌溉、适时刈割等，均能改善草地生态环境，使蝗虫失去产卵与栖息场所，抑制其发生与发育。化学灭杀，以广谱、低毒、低残留农药毒杀。常用药剂有：①40%乐果乳油，有效用量300~450 g/hm^2；②50%马拉松乳油，有效用量450~700 g/hm^2；③5%稻丰散乳油，有效用量300~450 g/hm^2；④80%敌敌畏乳油，有效用量450~600 g/hm^2。

防治方法：根据虫口密度、危害面积等分别采用人工、机械或飞机喷药。喷药时间以无风晴天的7：00—10：00或14：00—16：00为宜。

此外，我国新疆、内蒙古等地草原牧区，在蝗虫高发期和高发地用放牧母鸡方法消灭蝗虫，达到养鸡、治虫双重目的。

（二）草地螟（*Loxostege sticticalis*）

属鳞翅目，螟蛾科，别名黄绿条螟、甜菜网螟、网锥额蚜螟。分布在吉林、内蒙古、黑龙江、宁夏、甘肃、青海、河北、山西、陕西、江苏等省区。食性杂，可危害30多个科，近90种植物，几乎各种牧草均可取食，是内蒙古草地最重要的害虫之一。

草地螟成虫体长8~12 mm，翅展24~26 mm；体、翅灰褐色，前翅有暗褐色斑，翅外缘有淡黄色条纹，中室内有一个较大的长方形黄白色斑；后翅灰色，近翅基部较淡，沿外缘有两条黑色平行的波纹。卵椭圆形，0.5 mm×1 mm，乳白色，有光泽，分散或2~12粒覆瓦状排列成卵块。老熟幼虫体长19~21 mm，头黑色有白斑，胸、腹部黄绿色或暗绿色，有明显的纵行暗色条纹，周身有毛瘤。以老熟幼虫在土壤表层内结茧越冬，初孵幼虫取食叶肉，残留表皮，长大后可将叶片吃成缺刻或仅留叶脉，使叶片呈网状。在内蒙古地区，一年发生两代，越冬代成虫始见于5月中、下旬，6月初为盛发期，7月上旬为末期，第二代幼虫在8月上旬至9月下旬发生，幼虫期为17~25 d，一般危害不大，陆续入土越冬。草地螟成虫多发生在低洼草滩、地埂、荒地和灰菜较多的地段。成虫白天一般潜伏在草丛及作物田间，受惊时短距离飞行。地面温度在30 ℃以上时，也可近地面飞翔，傍晚和夜间觅食活动最盛。

鉴于草地螟幼虫的严重危害性，一要严密监测虫情，加大调查力度，增加调查范围、面积和作物种类，发现低龄幼虫达到防治指标时，要立即组织开展防治。二要认真抓好幼虫越冬前的跟踪调查和普查。

由于此虫食性杂，应及时清除田间杂草，可消灭部分虫源，秋耕或冬耕还可消灭部分在土壤中越冬的老熟幼虫，或者在幼虫为害期喷洒50%辛硫磷乳油1 500倍液或2.5%保得乳油2 000倍液，效果较好。

（三）蛴螬

蛴螬是鞘翅目金龟总科幼虫的通称，有40余种。按其食性可分为植食性、粪食性、腐食性三类。其中植食性蛴螬食性广泛，危害多种农作物、经济作物和花卉苗木，喜食刚播种的种子、根、块茎以及幼苗，是世界性的地下害虫，危害很大。此外某些种类的蛴螬可入药，对人类有益。

蛴螬是重要的地下害虫，各地由于气候、土壤不同，在不同的草地和草坪类型上，发生危害的种类有一定差异，一般同一地区往往多种混合发生。主要危害的牧草有苏丹草、羊草、披碱草、狗尾草、猫尾草、燕麦、早熟禾、黑麦草、羊茅、狗牙根、剪股颖、苜蓿、红豆草、三叶草等。成虫、幼虫均能危害，而以幼虫危害最严重。幼虫栖息在土壤中，取食萌发的种子，造成缺苗断垄；咬断根茎、根系，使植株枯死，且伤口易被病菌侵入，造成植物病害。

蛴螬体肥大，体型弯曲呈"C"形，多为白色，少数为黄白色。头部褐色，上颚显著，腹部肿胀。体壁较柔软多皱，体表疏生细毛。头大而圆，多为黄褐色，生有左右对称的刚毛，刚毛数量的多少常为分种的特征。如华北大黑鳃金龟的幼虫为3对，黄褐丽金龟幼虫为5对。蛴螬具胸足3对，一般后足较长。腹部10节，第10节称为臀节，臀节上生有刺毛，其数目的多少和排列方式也是分种的重要特征。

蛴螬有假死和趋光性，并对未腐熟的粪肥有趋性。白天藏在土中，20：00—21：00进行取食等活动。蛴螬始终在地下活动，与土壤温湿度关系密切。当10 cm土温达5 ℃时开始上升土表，13~18 ℃时活动最盛，23 ℃以上则往深土中移动，至秋季土温下降到其活动适宜范围时，再移向土壤上层。因此蛴螬的危害主要是春秋两季最重。

蛴螬种类多，在同一地区同一地块，常为几种蛴螬混合发生，世代重叠，发生和危害时期很不一致，因此只有在普遍掌握虫情的基础上，根据蛴螬和成虫种类、密度、作物播种方式等，因地因时采取相应的综合防治措施，才能收到良好的防治效果。可采用如下方法防治：

① 农业防治：实行水、旱轮作；在玉米生长期间适时灌水；不施未腐熟的有机肥料，以防止招引成虫来产卵；精耕细作，及时镇压土壤，清除田间杂草；大面积春、秋耕，并跟犁拾虫等。发生严重的地区，秋冬翻地可把越冬幼虫翻到地表使其风干、冻死或被天敌捕食，机械杀伤，防效明显。

② 土壤处理：用50%辛硫磷乳油每亩200~250 g，加水10倍喷于25~30 kg细土上拌匀制成毒土，顺垄条施，随即浅锄，或将该毒土撒于种沟或地面，随即耕翻或混入厩肥中施用；用2%甲基异柳磷粉每亩2~3 kg拌细土25~30 kg制成毒土；用3%甲基异柳磷颗粒剂、3%呋喃丹颗粒剂、5%辛硫磷颗粒剂或5%地亚农颗粒剂，每亩2.5~3 kg处理土壤。

③ 拌种：用50%辛硫磷、50%对硫磷或20%异柳磷药剂与水和种子按1∶30∶（400~500）的比例拌种；用25%辛硫磷胶囊剂或25%对硫磷胶囊剂等有机磷药剂或用种子重量2%的35%克百威种衣剂包衣，还可兼治其他地下害虫。

④ 毒饵诱杀：每亩地用25%对硫磷或辛硫磷胶囊剂150~200 g拌谷子等饵料5 kg，或50%对硫磷、50%辛硫磷乳油50~100 g拌饵料3~4 kg，撒于种沟中，亦可收到良好防治效果。

⑤ 物理方法：有条件地区，可设置黑光灯诱杀成虫，减少蛴螬的发生数量。

⑥ 生物防治：利用茶色食虫虻、金龟子黑土蜂、白僵菌等。

（四）地老虎（*Agrotis ypsilon*）

属鳞翅目，夜蛾科。俗名地蚕、切根虫、土蚕等。夜蛾科幼虫常生活在地下，危害植物的根茎部，统称为地老虎。地老虎种类很多，主要有小地老虎、黄地老虎、白边地老虎等。小地老虎属于世界性大害虫，分布最广，几乎遍及全国各地，危害最重。黄地老虎分布也相当普遍，以北方各省较多。主要危害地区在雨量较少的草原地带，如新疆、华北、内蒙古部分地区，甘肃河西以及青海西部常造成严重危害。白边地老虎是黑龙江、内蒙古、新疆等地的主要危害种类。地老虎成虫口器发达，多为植食性害虫，危害各种农作物、牧草及草坪草。常切断幼苗近地面的茎部，使整株死亡。

小地老虎成虫较大，体长16~32 mm，深褐色，前翅由内横线、外横线将全翅分为3段，具有显著的肾状斑、环形纹、棒状纹和2个黑色剑状纹；

后翅灰色无斑纹。黄地老虎体型较小，体长 14~19 mm，体色较鲜艳，呈黄褐色，前翅黄褐色，全面散布小褐点，肾纹、环纹和剑纹明显，且围有黑褐色细边，其余部分为黄褐色；后翅灰白色，半透明。

小地老虎老熟幼虫体长 41~50 mm，灰黑色，体表布满大小不等的颗粒，臀板黄褐色，具 2 条深褐色纵带。黄地老虎较短，体长为 33~43 mm，头部黄褐色，体淡黄褐色，体表颗粒不明显，体多皱纹而淡，臀板上有两块黄褐色大斑，中央断开，有较多分散的小黑点。

成虫白天栖息在杂草、土堆等荫蔽处，夜间活动，趋化性强，喜食甜酸味汁液，对黑光灯也有明显趋性，在叶背、土块、草棒上产卵，在草类多、温暖、潮湿、杂草丛生的地方，虫头基数多。幼虫夜间危害，白天栖在幼苗附近土表下面，有假死性。

该虫在防治过程中可利用黑光灯、配制糖醋液等方法诱杀成虫。糖醋液配制方法：糖 6 份、醋 3 份、白酒 1 份、水 10 份、90%万灵可湿性粉剂 1 份调匀，在成虫发生期设置某些发酵变酸的食物，如甘薯、胡萝卜、烂水果等加入适量药剂，诱杀成虫；也可以采用化学方法进行防除，在地老虎 1~3 龄幼虫期，采用 48%地蛆灵乳油 1 500 倍液、48%乐斯本乳油或 48%天达毒死蜱 2 000 倍液、2.5%劲彪乳油 2 000 倍液、10%高效灭百可乳油 1 500 倍液、21%增效氰·马乳油 3 000 倍液、2.5%溴氰菊酯乳油 1 500 倍液、20%氰戊菊酯乳油 1 500 倍液、20%菊·马乳油 1 500 倍液、10%溴·马乳油 2 000 倍液等地表喷雾。

（五）蝼蛄（*Gryllotalpidae*）

属直翅目，蝼蛄科，生活在地下的土栖昆虫。体狭长，圆柱形，头小，圆锥形。复眼小而突出，单眼 2 个。前胸背板椭圆形，背面隆起如盾，两侧向下伸展，几乎把前足基节包起。前足特化为粗短结构，基节特短宽，腿节略弯，片状，胫节很短，三角形，具强端刺，便于开掘。触角短于体长，前足开掘式，适于铲土，体被绒状细毛。有翅，夜间可出洞。产卵管不突出。产卵于土穴内，穴内存放植物作为孵出若虫的食物。蝼蛄在表土层来往穿行，形成很多隧道，由于幼苗和土壤分离，使幼苗干枯而死。

一般于夜间活动，但气温适宜时，白天也可活动。土壤相对湿度为 22%~27%时，华北蝼蛄危害最重。土壤干旱时活动少，为害轻。成虫有趋光性。夏秋两季，当气温在 18~22 ℃，风速小于 1.5 m/s 时，夜晚可用灯光诱到大量蝼蛄。蝼蛄能倒退疾走，在穴内尤其如此。成虫和若虫均善游泳，母虫有护卵哺幼习性。蝼蛄的发生与环境有密切关系，常栖息于平原、轻盐碱地以及沿河、临海、近湖等低湿地带，特别是砂壤土和多腐殖质的地区。蝼蛄都营地下生活，吃新播的种子，咬食作物根部，对作物幼苗伤害极大，是重要地下害虫。

（六）金针虫

属鞘翅目叩头虫科幼虫的总称，别名铁丝虫、姜虫、金齿耙等，危害植物根部、茎基，取食有机质。危害牧草的主要种类有沟金针虫、细胸金针虫、宽背金针虫、褐纹金针虫。沟金针虫的主要危害区南达长江流域沿岸，北至东北地区南部和内蒙古，西至甘肃、陕西、青海。尤以旱地有机质较缺乏，土质较疏松的砂壤土地带发生较重。细胸金针虫的分布危害区南达淮河流域，北至东北以及西北地区，但以水浇地、低洼过水地、淤地及有机质较多的黏土地带危害较重。宽背金针虫西达新疆，北至内蒙古、黑龙江以及宁夏、甘肃等省区都有分布危害，沿河流开放草原、退化淋溶黑钙土、栗钙土地带发生严重。褐纹金针虫在华北地区常与细胸金针虫混合发生，其分布特性相似，以水浇地发生较多。

成虫叩头虫一般颜色较暗，体形细长或扁平，具有梳状或锯齿状触角。胸部下侧有一个爪，受压时可伸入胸腔。当叩头虫仰卧，若突然敲击爪，叩头虫即会弹起，向后跳跃。幼虫圆筒形，体表坚硬，蜡黄色或褐色，末端有两对附肢，体长 13~20 mm。根据种类不同，幼虫期 1~3 年，蛹在土中的土室内，蛹期大约 3 周。

金针虫食性很杂，其成虫叩头虫在地上部分活动的时间不长，只能吃一些禾谷类和豆类等作物的绿叶，并无严重的危害。幼虫长期生活于土壤中，主要危害的牧草有禾本科的猫尾草、看麦娘、无芒雀麦、狐茅草、鸡脚草以及豆科的苜蓿、三叶草等。幼虫能咬食种子，食害胚乳而不能发芽，如已出苗可危害须根、主根或茎的地下部分，使幼苗枯死。金针虫的活动与土壤温度、湿度、寄主植物的生育时期等密切相关。其上升至表土为害的时间与春玉米的播种至幼苗期相吻合。

二、草地虫害防治

草地害虫与其他昆虫一样，一般要经过卵、幼虫、蛹、（若虫）成虫几个发育阶段。其对草地的危害，随种类、密度、发育阶段不同而不同，因此虫害防治必须在调查研究的基础上，具备科学性与合理性。

害虫的防治方法，按所采用的技术措施归类，可分为农业防治法、物理防治法、生物防治法、化学防治法和遗传防治法。不同的防治方法的相对效用，因经济、社会环境方面的可接受性，寄生植物的特点、害虫的生活习性和发育条件等而变化。通常总是因时、因地制宜采取综合防治措施。

综合防治法是一种害虫的科学管理体系，是指从生物与环境的整体观点出发，本着预防为主的指导思想和安全、有效、经济的原则，因地制宜合理运用农业的、化学的、生物的、物理的方法，以及其他生态学手段，把害虫控制在经济允许水平以下，使各种防治方法对草地生态系统所造成的不良影响限制在最低，以达到增加植物性生产目的。将害虫的管理纳入整个草地管理的工作中，一是要选择农药的种类、剂型、施药方式和时间。二是要加强科学研究和开展预报预测工作。对重要害虫种群生物学及生态学特性要了解。在防治时，要掌握防治时期，选择适宜的防治手段，达到保护环境、控制害虫、维护长效的目的。三是要保护和利用天敌资源。内蒙古地区草原的昆虫天敌资源极为丰富，还有许多食虫鸟兽等。这就需要我们在防治害虫的同时，注意保护这些天敌资源并加之人为合理利用。

第三节　草地有毒有害植物及其防治

一、草原地区常见有毒有害植物

在草原上除了有价值的饲用植物外，还混生着一些家畜不采食、有毒有害的植物，这些植物统称为草原杂草。草地上部分主要有毒有害植物如下。

(一) 北乌头 (*Aconitum kusnezoffii* Rehder)

形态特征：多年生草本，高 80~150 cm，通常分枝。块根圆锥形或胡萝卜形，长 2.5~5 cm。叶片纸质或近革质，五角形，长 9~16 cm，宽 10~20 cm，三全裂；叶柄长约为叶片的 1/3~2/3。顶生总状花序具 9~22 朵花；萼片紫蓝色；花瓣距长 1~4 mm，向后弯曲或近拳卷。蓇葖果直，长 1.2~2 cm。花期 7—9 月。

分布：分布于东北、华北；生于山坡、草甸或疏林中。

危害：全草有毒，块根毒性最大。各种家畜采食后均会出现中毒现象。

(二) 醉马草 [*Achnatherum inebrians* (Hance) Keng ex Tzvelev]

形态特征：多年生草本，高 60~100 cm；节下贴生微毛。叶片较硬，卷折。圆锥花序紧缩近穗状；小穗灰绿色，成熟后变为褐铜色或带紫色；芒长约 1 cm，中部以下稍扭转。颖果圆柱形。花期夏秋季。

分布：分布于内蒙古、宁夏、甘肃、青海、新疆、四川等省区。

危害：全草有毒，马、骡采食鲜草达体重 1% 时，在 30~60 min 后即可出现中毒症状。

（三）小花棘豆 [*Oxytropis glabra* (Lam.) DC.]

形态特征：多年生草本，茎匍匐或斜升，多分枝，被白色平伏短毛。奇数羽状复叶，互生，小叶 9~13，长椭圆形、卵状椭圆形至卵状披针形，先端急尖或钝，具小尖头，基部圆形，两面被灰色平伏柔毛，背面稍密；托叶卵形至狭卵形，具狭膜质边。总状花序叶腋生，较叶长，具花约 30 朵；苞片披针形，疏被白色毛；花萼钟形，萼齿锥形；花冠蓝紫色，蝶形，龙骨瓣顶端具短喙；二体雄蕊；子房具短柄，被毛。荚果下垂，披针状椭圆形，膨胀，密被白色短伏毛。花期 7—8 月，果期 9 月。

分布：生长在沙漠地区的河流滩地、湖盆、草滩及盐碱化土壤上。分布于内蒙古、陕西、甘肃、宁夏、青海、新疆、山西等地。

危害：各种家畜采食后均会出现中毒现象，对马的危害最大。

（四）狼毒（*Stellera chamaejasme* L.）

形态特征：多年生草本，丛生，高 20~50 cm，头状花序。花冠背面红色，腹面白色。叶互生，无柄，披针形至卵状披针形，全缘，无毛。

分布：生长于草原和高山草甸。东北、内蒙古、西北广大干燥草原、退化草地上大量分布。

危害：家畜不采食，但误食后会出现严重中毒现象。

（五）唐松草（*Thalictrum aquilegiifolium* var. *sibiricum* Regel & Tiling）

形态特征：多年生草本，叶为掌状三出复叶，仅有 3 片小叶着生在总叶柄的顶端，且 3 小叶柄等长，小叶厚膜质，倒卵形或近圆形，3 浅裂，全缘或具疏粗齿。夏天开花，复单歧聚伞花序，萼白色或带紫色，宽椭圆形，无花瓣。瘦果倒卵形，具 3~4 条纵翅，基部突变狭长成细柄，9 月成熟。

分布：适应性强，喜阳又耐半阴。生长在林下或草甸的潮湿环境。对土壤要求不严，但排水需良好。较耐寒，分布在海拔 1 000 m 以上山地。

危害：茎叶中含有氢氰酸，各种家畜采食后均会引起中毒。

（六）毛茛（*Ranunculus japonicus* Thunb.）

形态特征：多年生草本，茎高 20~60 cm，有伸展的白色柔毛。基生叶和茎下部叶有长柄，长可达 20 cm，叶片五角形，长 3~6 cm，宽 5~8 cm。深裂，中间裂片宽菱形或倒卵形，浅裂，疏生锯齿，侧生裂片不等地 2 裂，茎中部叶有短柄，上部叶无柄，深裂，裂片线状被针形，上端有时浅裂成数齿。花序具数朵花。花黄色，直径约 2 cm；萼片船状椭圆形，外有柔毛；花瓣 5，也有 6~8，少数为 6~8，少数为重瓣，圆状宽倒卵形，基部蜜腺有鳞片；雄蕊和心皮均多数。聚合果近球形，长 2~3 mm，两面突起，边缘不显著，有短喙稍向外曲。花期 3~5 个月。

分布：广布各地，生于田野、路边、沟边、山坡杂草丛中；东北至华南都有分布。

危害：有毒成分为白头翁素，牛羊较易中毒，马次之。

（七）翠雀（*Delphinium grandiflorum* L.）

形态特征：多年生草本，高 35~65 cm。全株被柔毛。茎具疏分枝。叶互生，掌状深裂，基生叶和茎下部叶具长柄；叶片圆肾形，三全裂，长 2.2~6 cm，宽 4~8 cm，裂片细裂，小裂片条形，宽 0.6~2.5 mm。总状花序具 3~15 花，轴和花梗具反曲的微柔毛；花左右对称；小苞片条形或钻形；萼片 5，花瓣状，蓝色或紫蓝色，长 1.5~1.8 cm，上面 1 片有距，先端常微凹；花瓣 2，较小，有距，距突伸于萼距内；退化雄蕊 2，瓣片宽倒卵形，微凹，有黄色髯毛；雄蕊多数；心皮 3，离生。蓇葖果 3 个聚生。花期 8—9 月，果期 9—10 月。

分布：原产于欧洲南部，我国分布在云南、山西、河北、宁夏、四川、甘肃、黑龙江、吉林、辽宁、新疆、西藏等地，各省区均有栽培。生于山坡、草地、固定沙丘。喜凉爽、通风、日照充足的干燥环境和排水通畅的砂质壤土。

危害：有毒成分为翠雀碱，除山羊外，其他家畜采食后均会出现中毒现象，尤其以牛表现最为突出，马次之。

（八）芹叶铁线莲（*Clematis aethusifolia* Turcz.）

形态特征：多年生草质藤本，幼时直立，以后匍伏，长 0.5~4 m。根细长，棕黑色。茎纤细，有纵沟，微被柔毛或无毛。二至三回羽状复叶或羽状细裂，连叶柄长达 7~10 cm，稀达 15 cm，末回裂片线形，宽 2~3 mm，顶端渐尖或钝圆，背面幼时微披露毛，以后近于无毛，具一条中脉，在表面下陷，在背面隆起，小叶柄短或长 0.5~1.0 cm，边缘有时具翅；小叶间隔 1.5~3.5 cm，叶柄长 1.5~2 cm，微被绒毛或无毛。聚伞花序腋生，常 1~3 花；苞片羽状细裂；花钟状下垂，直径 1~1.5 cm；萼片 4 枚，淡黄色，长方椭圆形或狭卵形，长 1.5~2 cm，宽 5~8 mm，两面近于无毛，外面仅边缘上密被乳白色绒毛；内面有三条直的中脉能见，雄蕊长为萼片之半，花丝扁平，线形或披针形，中部宽达 1.5 mm，两端渐窄，中上部被稀疏柔毛其余无毛；子房扁平，卵形，被短柔毛，花柱被绢状毛。瘦果扁平，宽卵形或圆形，成熟后棕红色，长 3~4 mm，被短柔毛，宿存花枝长 2~2.5 cm，密被白色柔毛。花期 7—8 月，果期 9 月。

分布：在我国分布于青海东部、甘肃、宁夏、陕西、山西、河北、内蒙古。生于山坡及水沟边。蒙古国、俄罗斯也有分布。

危害：全株有毒，各种家畜采食后均会中毒。

（九）狼毒大戟（*Euphorbia fischeriana* Steud.）

形态特征：多年生草本，高 40 cm，有白色乳液；根肥厚肉质，圆柱形，外皮土褐色，含黄色汁液。茎基部的叶多鳞片状，向上逐渐增大，互生，披针形或卵状披针形，中上部的叶有时为 3~5 轮生。花序呈伞状，有 5 数伞梗，每梗再二叉分枝，每一分枝基部有 2 枚对生苞片；杯状花序，花单性同株。蒴果。花期 4—5 月，果期 5—6 月。

分布：分布于黑龙江、吉林、辽宁、内蒙古、河北、河南、山西、陕西、宁夏、甘肃、山东、江苏、安徽、浙江等省区；蒙古国、西伯利亚地区也有分布。

危害：全株有毒，根毒性大。各种家畜采食后均会出现中毒现象。

（十）苍耳（*Xanthium sibiricum*）

形态特征：菊科苍耳属一年生草本植物。苍耳茎被灰白色糙伏毛；叶三角状卵形或心形，边缘有不规则的粗锯齿，下面苍白色；雄头状花序球形，雄花多数，花冠钟形，雌头状花序椭圆形，内层囊状，绿、淡黄绿或带红褐色；具瘦果的成熟总苞卵形或椭圆形；瘦果，倒卵圆形。花期 7—8 月，果期 9—10 月。

分布：产于中国黑龙江、辽宁、内蒙古及河北，日本及印度尼西亚也有分布。

危害：果实钩刺损伤羊口腔、蹄部，引发感染；混入饲草降低适口性。

（十一）蒺藜（*Tribulus terrestris*）

形态特征：一年生草本；茎平卧，偶数羽状复叶；小叶对生；枝长20~60 cm，偶数羽状复叶，长1.5~5 cm；小叶对生，3~8对，矩圆形或斜短圆形，长5~10 mm，宽2~5 mm，先端锐尖或钝，基部稍偏科，被柔毛，全缘；花腋生，花梗短于叶，花黄色；萼片5，宿存；花瓣5；雄蕊10，生于花盘基部，基部有鳞片状腺体，子房5棱，柱头5裂，每室3~4胚珠；花期5~8月；果有分果瓣5，硬，长4~6 mm，无毛或被毛，中部边缘有锐刺2枚，下部常有小锐刺2枚，其余部位常有小瘤体；果期6—9月。

分布：生长于田野、路旁及河边草丛。各地均产。主产河南、河北、山东、安徽、江苏、四川、山西、陕西。

危害：刺伤牲畜蹄底，导致跛行；种子混杂羊毛，影响纺织品质。

（十二）紫茎泽兰（*Ageratina adenophora*）

形态特征：多年生草本植物，又名破坏草。茎直立，分枝对生，斜上；叶对生，质地薄，卵形、三角状卵形或菱状卵形；管状花两性，淡紫色；瘦果黑褐色，长椭圆形；冠毛白色，纤细，与花冠等长。

分布：常生于潮湿地或山坡路旁，有时可依树而上，或在空旷荒野可独自形成成片群落。在云南、贵州、四川、广西、重庆等地广泛分布。

危害：分泌化感物质抑制牧草发芽，草场利用率下降70%；争夺养分，使优质牧草减产50%；家畜误食引发肝坏死。

（十三）豚草（*Ambrosia artemisiifolia*）

形态特征：一年生草本植物。豚草茎直立，上部有圆锥状分枝，有棱；下部叶对生，具短叶柄，上部叶互生，无柄，羽状分裂；雄头状花序半球形或卵形，总苞宽半球形或碟形，总苞片全部结合；瘦果倒卵形，无毛，藏于坚硬的总苞中。花期8—9月，果期9—10月。

分布：分布于辽宁、吉林、黑龙江、河北、山东、江苏、浙江、江西、安徽、湖南、湖北。

危害：花粉致人畜过敏性哮喘；与作物争水争肥，它释放出多种物质对栽培作物及野生植物，都有明显的抑制作用，可以迅速压倒本地一年生植物。

二、有毒有害植物防除

在我国辽阔富饶的草原上，不仅生长着家畜非常喜食的优良牧草，也混生许多牲畜不喜食,甚至有毒有害的植物,它们的存在会对家畜生产造成严重损害。如内蒙古草原上的狼毒、醉马草,青海高寒草原上的醉马草和黎芦等,会对家畜的消化系统、神经系统和呼吸系统造成代谢紊乱和失调,严重时会造成家畜死亡。清除有毒有害或不良牧草是指通过物理、生物和化学手段,直接减少或抑制植被中的这些不良成分,提高牧草的竞争优势,或清除某些有害植物种,降低对家畜的危险,并间接地提高草地的载畜量。清除或控制这些非理想植物是草地管理和利用中的一项重要任务。目前常采用的方法有如下几种:

(一) 生物防除

生物防除是利用生物间的相互作用,如有益植物竞争、天敌昆虫、病原微生物或家畜选择性采食等,抑制或消除有毒有害植物的方法。相较于化学和机械防除,生物防除具有生态友好、可持续性强、成本较低等优势,尤其适用于生态敏感区和长期治理。

1. 竞争替代

通过种植竞争力强的优良牧草或本地优势植物,与有毒有害植物争夺光照、水分和养分,逐步抑制其生长。

措施:补播高竞争力牧草如垂穗披碱草（*Elymus nutans*）、中华羊茅（*Festuca sinensis* Keng ex E. B. Alexeev）,密度≥30株/m^2,形成密集植被层。

混播搭配:禾本科+豆科组合,提高土壤肥力,增强竞争优势。

2. 天敌昆虫控制法

引入专一性天敌昆虫或病原微生物,靶向抑制特定有毒植物。

措施:泽兰实蝇（*Procecidochares utilis*）:专食紫茎泽兰（*Ageratina adenophora*）的茎秆,使其生长受阻。

象甲类昆虫:可控制棘豆属植物扩散。

微生物制剂:如镰刀菌（*Fusarium* spp.）喷施于醉马草（*Achnatherum inebrians*）叶片,致其枯萎。

3. 家畜调控法

利用家畜选择性采食习性,控制有毒植物的生长和繁殖。

措施:山羊控草:山羊喜食灌木和阔叶杂草,可用于抑制狼毒、乌头等。

季节性放牧:在有毒植物幼苗期（如春季）放牧绵羊,减少其生长机会。

4. 植物化感作用利用

某些植物能分泌化感物质（如酚酸、萜类）,抑制周边有毒植物发芽和生长。

措施：种植化感植物：如黑麦草（*Lolium perenne*）分泌物质可抑制苍耳（*Xanthium sibiricum*）萌发。

秸秆覆盖：将化感植物残体（如燕麦秸秆）覆盖于毒草滋生区，减缓其扩散。

（二）物理防除

人工和机械防除：利用人力和简单工具，将杂草及毒害草除去的方法，即机械除草法。这种方法比较笨拙，并要花费大量劳力，所以一般只能在小面积的草场上进行。一般机械除草必须注意：

(1) 连根铲除，或破坏所有萌生的部位，以免再次生长。

(2) 选择雨后进行，土壤比较疏松，容易铲除。

(3) 必须在杂草或毒害草结实前进行。

(4) 若采用全面刈割法来抑制杂草生长，则刈割高度以不伤害优良牧草为原则。

在实践中，当草场放牧利用后，刈割残存的杂草及毒害草是机械除草最有效的方法。

（三）化学防除

利用化学药剂清除杂草的方法，即化学除草法。凡是能杀死杂草的化学药剂，统称为除草剂。化学除草比人工或机械铲除经济、省力、采用选择性除草剂可使有价值的牧草不受损伤，这种方法不受地形条件限制，有利于水土保持。

在草地上多用叶面处理的方法，即用水将药剂稀释到规定浓度，用各种方式将药物喷洒到植物叶面使之受害，达到清除杂草或有毒、有害植物的目的。地面土壤处理方法主要采用土拌或药拌，直接撒播或将一定浓度药液喷洒在土壤表面达到防除效果。

（四）综合防除

天然草地上有毒、有害植物生长与生态环境密切相关，不同类型的草地，由于生境条件不同，有毒、有害植物分布和数量也不同。生产实践证明，有毒有害植物的生长跟草地不合理利用状况也有关系，随着草地退化的加剧，有毒有害植物也在增多。因此，许多草场合理利用与改良的方法都抑制有毒有害植物的生长，使其从草群中消失。综合防除方法效果通常比较缓慢，但运用方便，无须花费成本。

第四章 饲草料类别

第一节 粗饲料

粗饲料是饲草料中重要的组成部分，通常指天然水分含量低于45%、粗纤维含量高于18%，且体积大、营养价值相对较低的植物性饲料。其主要来源包括干草（如苜蓿干草、燕麦干草）、农作物秸秆（如玉米秸、小麦秸、稻草）、秕壳（如豆荚、谷壳）、青贮饲料（经发酵保存的玉米青贮、牧草青贮）以及部分灌木枝叶等。这类饲料的共同特点体现在以下几个方面：首先，粗纤维含量高（20%~50%），木质素比例较大，导致消化率普遍偏低，反刍动物对其消化率通常不超过50%，单胃动物利用率更低。其次，能量密度较低，干物质中可消化能值多低于10 MJ/kg，需配合精饲料使用以满足动物能量需求。第三，蛋白质含量差异显著，豆科类粗饲料（如苜蓿干草）粗蛋白可达15%~20%，而禾本科秸秆仅3%~5%，且氨基酸组成不均衡。第四，矿物质含量以硅酸盐为主，钙磷比例失调，常需额外补充矿物质。第五，物理特性突出，具有较大的体积和硬度，能有效填充动物消化道，刺激反刍动物瘤胃蠕动，维持消化系统正常功能，但过度使用可能引起消化负担。此外，粗饲料普遍存在适口性差异，青贮饲料通过乳酸发酵可改善适口性，而未经处理的秸秆适口性较差。现代畜牧业中，粗饲料通过物理（切短、粉碎）、化学（氨化、碱化）或生物（微生物发酵）处理可提高营养价值，其中氨化处理可使秸秆粗蛋白含量提升至8%~10%，纤维素分解率提高15%~20%。作为反刍动物日粮的基础组分，粗饲料不仅能降低饲养成本（占日粮成本的30%~60%），还能促进瘤胃微生物生态平衡，对维持反刍动物健康和生产性能具有不可替代的作用，在资源化利用农业副产物、推动畜牧业可持续发展方面具有重要意义。

干草是青饲料在非草生季节的一种延续利用形式，也是牧区和半农半牧区畜牧业发展的主要物质基础。秸秕类粗饲料是我国广大农区草食动物的主要饲草资源。中原地区用稻草和麦秸喂牛,北方地区用麦秸、谷草(粟秸)和玉米秸喂马和牛,一直延续至今,不容忽视。

一、青干草

青干草是以天然牧草或人工栽培的豆科、禾本科牧草为原料,在植物营养价值较高的生长阶段(如豆科牧草初花期、禾本科牧草抽穗期)通过人工或自然干燥方式快速脱水,使其水分含量降至15%~17%以下而制成的粗饲料。其制作过程需在尽量减少养分损失的前提下,通过晾晒、风干或机械烘干等方式保留植物的青绿色泽、营养成分及芳香气味,是畜牧业中重要的优质粗饲料资源。青干草在反刍动物日粮中常作为核心粗饲料,既能满足基础营养需求,又能降低饲养成本,尤其在提升乳蛋白率、改善畜产品品质方面具有独特优势,是农牧结合地区实现草畜平衡的重要载体。

(一)青干草的种类

青干草的种类按原料的不同可分为栽培青干草和天然草地青干草两大类。栽培青干草又分豆科青干草(苜蓿、草木樨、长柔毛野豌豆等)和禾本科青干草(燕麦、青稞、苏丹草等)。天然草地青干草主要是禾本科的羊草、芨芨草、披碱草、冰草及少量的豆科、莎草科、菊科牧草。天然草地干草按刈割调制的季节不同,又分为"伏草""秋草"和"霜黄草"。伏草为立秋以前,牧草处于抽穗、开花期调制的干草;秋草为下霜以前,牧草处于结实期或种子成熟期调制的干草;霜黄草为下霜以后,牧草开始枯黄,但植株茎部仍保持绿色时调制的干草。按干燥方式不同,还可分为自然干燥青干草和人工干燥青干草。此外,有些高寒地区还有冻干草。

(二)几种常用青干草的营养特点

1. 天然草地青干草

我国西北、东北地区的天然牧草中,能供调制干草的植物以禾本科的芨芨草、冰草、垂穗披碱草、鹅观草、羊草等为主。其次是豆科、莎草科、菊科等牧草,但它们占的比例较小,植株较低,调制时叶片易脱落,营养物质损失较多。如以全干物质计,天然草地青干草含消化能为2.76~6.07 MJ/kg,粗蛋白为5%~13%(豆科青干草中较高),粗纤维为30%~38%,无氮浸出物约为40%。矿物质中钙多于磷。

2. 栽培草地青干草

主要有豆科青干草及禾本科青干草两大类。豆科青干草以紫花苜蓿、草木樨、箭筈豌豆、长柔毛野豌豆等为主。它们的营养价值一般较禾本科干草高，并含有各种必需氨基酸。禾本科青干草以青燕麦、青稞草、苏丹草干草等为主。它们的营养价值比豆科干草低。

3. 青草粉

(1) 青草粉的营养特点。优质青草粉营养丰富，含可消化粗蛋白为 16%~20%，各种氨基酸占 6%。如三叶草草粉所含的赖氨酸、色氨酸、胱氨酸等，比玉米粉高 3 倍，比大麦高 1.7 倍。从蛋白质和氨基酸的含量上看，优质干草粉接近于动物性蛋白质饲料；粗纤维含量不超过 22%~35%；此外，还含有叶黄素、维生素 C、维生素 K、维生素 E、B 族维生素，微量元素及其他生物活性物质等。故称青草粉为蛋白质、维生素补充饲料，其作用优于精饲料，是畜、禽配合饲料不可缺少的组成部分。在配合饲料中加入一定比例的青草粉，具有营养成分齐全、生物学价值高等特点，对畜、禽健康和生产性能都有较好的效果。青草粉在国际市场上的价格比黄玉米高 20%左右。

(2) 青干草和青草粉的质量标准。目前我国尚未制定出青干草和草粉的统一标准，下面仅介绍国外标准供参考（表 4-1，表 4-2）。

表 4-1 草粉等级标准

营养成分	等级				
	一	二	三	四	五
胡萝卜素（mg/kg）（最高值）	230	180	150	120	80
粗蛋白（%）（最低值）	20	16	15	14	12
纤维素（%）（最高值）	22	24	27	30	35

表 4-2 干草等级标准（干草的特性和标准）

干草组成	人工豆科干草			人工禾本科干草			豆科、禾本科混播			天然刈草场		
	1级	2级	3级	1级	2级	3级	1级	2级	3级	1级	2级	3级
豆科（不低于）	90	75	60	—	—	—	50	35	20	—	—	—
禾本科豆科（不低于）	—	—	—	90	75	60	—	—	—	80	60	40

（续表）

干草组成	人工豆科干草			人工禾本科干草			豆科、禾本科混播			天然刈草场		
	1级	2级	3级	1级	2级	3级	1级	2级	3级	1级	2级	3级
有毒有害植物（不低于）	—	—	—	—	—	—	—	—	—	0.5	1	1
粗蛋白（不低于）	14	10	8	10	8	6	11	9	7	9	7	5
胡萝卜素（不低于）	30	20	15	20	15	10	25	20	15	20	15	10
纤维素（不高于）	27	29	31	28	30	33	27	29	32	28	30	33
矿物质（不高于）	0.3	0.5	1	0.3	0.5	1	0.3	0.5	1	0.3	0.5	1
水分（不高于）	17	17	17	17	17	17	17	17	17	17	17	17

注：不高于或不低于该干草的百分比（%）。

二、秸秕饲料和高纤维糟渣类

秸秕饲料主要包括农作物秸秆（如玉米秸、小麦秸、稻草）和秕壳（如豆荚、谷壳）等农业副产物，其核心特点是粗纤维含量高（30%~45%），木质化程度显著，导致消化率较低（反刍动物消化率通常低于40%），且蛋白质含量极低（3%~6%），矿物质中硅酸盐比例偏高，钙磷比例失衡。这类饲料体积膨松、适口性差，但能通过填充消化道促进反刍动物瘤胃蠕动，常需经氨化、碱化或微生物处理以降解木质素、提升粗蛋白含量（如氨化后可达8%~10%）及消化率。而高纤维糟渣类饲料（如酒糟、醋糟、果渣、豆渣）属食品工业副产品，粗纤维含量相对较低（15%~30%），但兼具纤维与剩余养分特性，例如啤酒糟粗蛋白可达20%~25%，且含酵母等活性成分；甜菜渣含果胶质，可改善饲料适口性。此类饲料水分含量高（60%~80%），易腐败，需干燥或青贮保存，部分糟渣含抗营养因子（如酒精残留），需控制饲喂量以防中毒。两者均属低成本粗饲料，秸秕饲料以提供纤维结构为主，糟渣类则兼具能量与蛋白补充功能，合理利用可显著降低养殖成本，同时实现农业废弃物资源化，但需结合加工处理与营养配比以规避其局限性，在反刍动物及部分单胃动物日粮中具有重要应用价值。

(一) 秸秕类饲料

1. 秸秆类

秸秆类主要有稻草、玉米秸、麦秸、豆秸、高粱秸和谷草等。这类饲料不仅营养价值低，消化率也低。

(1) 稻草。是我国南方农区主要的粗饲料来源，其营养价值低于谷草。水稻是我国第一粮食作物，因而稻草的利用尤其值得重视。稻草对牛、羊的消化率为50%左右。据测定，稻草含粗蛋白3%~5%，含粗脂肪1%左右，其消化能牛为8.33 MJ/kg、羊为7.61 MJ/kg。稻草灰分含量较高，但钙、磷所占比例较小。磷含量为0.02%~0.16%，低于反刍家畜生长和繁殖的需要（牛、羊对磷的需要约为日粮的0.3%）。稻草中缺钙，因此，在以稻草为主的日粮中应补充钙。

(2) 玉米秸。玉米秸具有光滑外皮，质地坚硬，不仅难以消化，而且会损伤家畜消化系统。反刍家畜对玉米秸粗纤维的消化率在65%左右，对无氮浸出物的消化率在60%左右。玉米秸青绿时，胡萝卜素含量较多，为3~7 mg/kg。

生长期短的春播玉米秸比生长期长的春播玉米秸粗纤维少，易消化。同一株玉米，上部比下部营养价值高。叶片较茎秆营养价值高，易消化。牛、羊较为喜食。玉米梢的营养价值又稍优于玉米芯，和玉米苞叶营养价值相仿。

由于饲喂需要或因生产季节的限制，未等玉米籽粒成熟即行青刈，称之为青刈玉米。青刈玉米青嫩多汁，适口性好，适于作牛、羊的青饲料。青刈玉米可鲜喂，也可制成干草或青贮供冬、春饲喂。

(3) 麦秸。麦秸属于典型的农作物秸秆类粗饲料，其营养价值总体较低且存在显著局限性。营养价值方面，麦秸粗纤维含量高达35%~45%，其中木质素占比12%~18%，导致结构致密、消化率低下（反刍动物有机物消化率通常不足40%）；粗蛋白含量极低，仅为3%~5%，且以非蛋白氮为主，缺乏必需氨基酸（如赖氨酸、蛋氨酸）；能量密度低，干物质中可消化能6~7 MJ/kg，显著低于优质牧草；矿物质以硅酸盐为主（灰分含量6%~10%），钙、磷比例严重失衡（钙0.3%~0.5%，磷0.1%~0.3%），并缺乏微量元素。主要缺点包括：①高木质化纤维结构阻碍瘤胃微生物分解，直接饲喂易导致动物采食量低、消化负担加重；②适口性差，天然质地坚硬且缺乏风味，需切短或粉碎才能提高利用率；③矿物质中硅酸盐比例过高，长期大量饲喂可能引发反刍动物瘤胃功能紊乱或泌尿系统结石；④易受储存条件影响，若晾晒不充分或保存不当，易霉变产生黄曲霉毒素等有害物质，威胁动物健康。目前，麦秸常通过氨化（提高粗蛋白至8%~10%）、碱化（破坏木质素结构）或与高蛋白饲料（如豆粕）混合青贮等方式改良，但其应用仍需严格控制日粮比例（反刍动物中一般不超过粗饲料总量的30%），并搭配矿物质预混料以弥补营养缺陷，从而实现农业废弃物的资源化安全利用。

（4）豆秸。收获的大豆、豌豆、豇豆等茎叶，都是豆科作物成熟后的副产品，叶子大部已经凋落，即使有一部分叶子，也已经枯黄，维生素已经分解，蛋白质减少，茎也木质化，质地坚硬。与禾本科秸秆比较，豆科秸秆的粗蛋白含量和消化率都较高。

风干大豆秸含消化能：牛为 6.82 MJ/kg、绵羊为 6.99 MJ/kg，所以大豆秸等豆科秸秆适于喂反刍家畜，特别适于喂羊。大豆秸上如带豆荚（籽实脱出），营养价值提高。在大豆籽粒成熟前约 10 d，采摘豆叶晒干，可作良好饲料。当大豆植株下部茎叶快变黄时，把豆叶全部采摘下来，不影响产量。青刈的大豆茎叶，营养价值接近紫花苜蓿。在有条件的地方，可密植青刈大豆，以解决蛋白质饲料的不足。

在豆秸中，蚕豆秸和豌豆秸蛋白质含量最高。但是新豌豆秸水分较多，容易腐败，变成黑色。所以，应及时晒干贮存。由于豆秸含粗纤维较多，质地坚硬，要很好加工调制，以保证充分利用。通常，豆秸要搭配其他粗饲料混合粉碎饲喂。

（5）谷草。粟的秸秆通称谷草，粟又称谷子，其脱离后的副产物，是有价值的粗饲料，质地柔软厚实，营养丰富，可消化粗蛋白，可消化总养分均较麦秸、稻草为高。在禾谷类秸秆中，谷草的品质好，是马、骡的优良粗饲料，还可铡碎喂牛、羊，与野干草混喂，效果更好。

谷草主要的用途是制备干草，供冬、春两季饲用。在开始抽穗时收割的干草含粗蛋白9%~10%、粗脂肪2%~3%，质地柔软，适口性好。但单独喂羊效果不好，因有致泻作用。谷草是马的好饲料，但长期饲喂对马的肾脏有害，导致关节肿胀、跛行、骨质疏松，适量饲喂，无不良影响。

2. 秕壳类饲料

秕壳类饲料是农作物籽实脱壳的副产品，包括谷壳、高粱壳、花生壳、豆荚、棉籽壳、秕谷以及其他脱壳副产品。一般来说，荚壳的营养成分高于秸秆（稻壳、花生壳例外）。

荚主要是指豆类的荚，最具有代表性的就是大豆荚，是一种比较好的粗饲料。豆荚含无氮浸出物 12%~50%、粗纤维 33%~40%、粗蛋白 5%~

10%，饲用价值较好，适于反刍家畜利用。

谷类的皮壳营养价值仅次于豆荚，但数量较大、来源广，值得重视。稻壳的营养价值很差，对牛的消化能最低，仅能勉强用作反刍家畜的饲料，较适于养羊。稻壳经过适当处理，如氨化、碱化、高压蒸煮或膨胀软化可按10%的比例喂反刍家畜。另外棉籽壳、玉米芯等经过适当粉碎，不仅可以喂一般反刍动物，也可以喂奶牛。棉籽壳含少量棉酚（约0.068%），喂时要防止棉酚中毒。

（二）高纤维糟渣类

高纤维糟渣类主要有甘蔗渣、甜菜渣、蚕豆粉渣、马铃薯粉渣、红薯粉渣等，都是制糖或制粉的副产品。这类饲料的粗纤维含量高达30%～40%，蛋白质、可溶性碳水化合物极低，钙较丰富，钙多于磷，其营养特点及饲用价值基本上等同于秸秕类饲料。但此类饲料对牛、羊等反刍动物来说，消化率可高达80%，故为牛、羊等反刍动物较好的粗饲料。

第二节 青饲料

一、青饲料的种类及营养特点

（一）青饲料的种类

青饲料主要包括天然牧草、人工栽培牧草、叶菜类、根茎类、水生植物等，按饲料的分类，该类饲料主要包括饲料中自然水分含量大于45%的青绿多汁饲料。

（二）青饲料的营养特点

1. 含水量高

陆生植物的水分含量在75%～90%，而水生植物在95%左右。因此，鲜草的热能值较低。陆生植物饲料每千克鲜重的消化能在1.20～2.50 MJ。如以干物质基础计算，由于粗纤维含量较高（18%～30%）其热能营养价值也较能量饲料低，其能量含量为10 MJ/kg左右，约接近麦麸所含的能值。

2. 蛋白质含量较高

青饲料中蛋白质含量丰富，一般禾本科牧草和蔬菜类饲料的粗蛋白含量在1.5%～3%，豆科青饲料在3.2%～4.4%，按干物质计算前者为13%～15%，后者可达18%～24%。含赖氨酸较多，可补充谷物饲料中赖氨酸的不足。青饲料蛋白质中氨化物（游离氨基酸、酰胺、硝酸盐等）占总氮量的30%~60%。氨化物中游离氨基酸占60%~70%，对单胃动物来说，其蛋白质的营养价值接近纯蛋白质，对反刍动物可由瘤胃微生物利用转化为菌体蛋白质。生长旺盛期植物的氨化物含量高，但随着植物的生长、纤维素的增加，而逐渐减少。

3. 粗纤维含量较低

青饲料含粗纤维较少、木质素低、无氮浸出物含量较高。青饲料干物质中粗纤维不超过30%，叶、菜类不超过15%，无氮浸出物在40%~50%。粗纤维的含量随着植物生长期延长而增加，木质素含量也显著地增加。一般来说，植物开花或抽穗之前，粗纤维含量较低。木质素增加1%，有机物质消化率下降4.7%。猪对未木质化的纤维素消化率可高达78%~90%，对已木质化纤维素消化率仅有11%~23%，绵羊可达32%~58%。

4. 钙、磷比例适宜

青饲料中矿物质占鲜重的1.5%~2.5%，是矿物质的良好来源，见表4-3。

表4-3 牧草重要矿物质元素含量范围（占干物质%）

元素	低	正常	高
K	<1.0	1.2~2.8	>3.0
Ca	<0.3	0.4~0.8	>1.0
Mg	<0.1	0.12~0.26	>0.3
P	<0.2	0.2~0.35	>0.4

由表4-3可知，在正常含量范围内钙的含量比较适宜，特别是豆科牧草含量一般较高。因此，以依靠青饲料为主的动物不易缺钙。相对而言，青饲料的钙磷比例比较适宜。

5. 维生素含量丰富

特别是胡萝卜素含量较高，每千克饲料中含50~80 mg。在正常采食情况下，放牧家畜采食的胡萝卜素可超过家畜需要量的100倍。B族维生素、维生素E、维生素C、维生素K含量较多，但维生素B_6（吡哆醇）很少，缺乏维生素D。豆科牧草中胡萝卜素高于禾本科植物。青苜蓿中核黄素含量为4.6 mg/kg，比玉米籽实高3倍，尼克酸18 mg/kg、硫胺素1.5 mg/kg，均高于玉米籽实。

综上所述，对于动物营养来说，青饲料是一种营养相对平衡的饲料，在动物饲料方面，青饲料与由它调制的干草是可以长期单独组成草食动物日粮，保证生产性能的发挥。

(三) 青饲料的合理利用

1. 青饲料的利用特点

青饲料的利用特点和营养价值的高低，主要取决于青饲料的种类及生长时期。一般是随着植物的逐渐成熟，茎叶迅速变粗变硬，利用价值也随之下降。为了保证青饲料有良好的品质，必须适时收割，饲喂牛、羊、马的宜在盛花期收割。

青饲料的利用方式有青刈和放牧两种，前者适于人工栽培牧草及饲用作物，后者是草原、草山、草坡的主要利用方式。无论青刈或放牧，都必须注意做到青饲料轮供，并在青饲料生产旺季加工贮藏，不致因生产过剩而造成浪费，或因青饲料缺乏而影响生产。青饲料在利用上最好采取青刈和放牧相结合的方法，以使利用更合理，即用青刈补充放牧的不足，以放牧增加舍饲家畜的运动量，二者相互促进，增进家畜健康和提高生产能力。

2. 青饲料在动物日粮中的用量

青饲料在动物日粮中的用量通常受动物种类的限制。反刍动物可以大量利用青绿多汁饲料，而单胃动物则不能。对反刍动物而言，青饲料可以作为唯一的饲料来源而并不影响其生产力（对高产乳牛例外）。

3. 利用青饲料时应注意的问题

（1）防止亚硝酸盐中毒。在青饲料中，例如蔬菜、饲用甜菜、萝卜叶、芥菜叶、油菜叶中都含有硝酸盐，硝酸盐本身无毒或毒性很低，只有在细菌作用下，使硝酸盐还原为亚硝酸盐时才具有毒性。

青饲料堆放时间过长，发霉腐败，或者在锅里加热或煮后焖在锅或缸里过夜，都会促使细菌将硝酸盐还原为亚硝酸盐。青饲料在锅里煮熟焖在锅里保存 24~48 h，亚硝酸盐的含量可达 200~400 mg/kg。

亚硝酸盐中毒发病很快，多在 1 d 内死亡，严重者可在半小时内死亡。发病症状表现为动物不安、腹痛、呕吐、流涎、吐白沫、呼吸困难、心跳加快、全身震颤、行走摇晃、后肢麻痹，体温无变化或偏低、血液呈酱油色。可注射1%美蓝溶液，每千克体重为 0.1~0.2 mL。也可用甲苯胺蓝药物治疗，用量每千克体重为 5 mg。还可用维生素 C 加到 5%~10%葡萄糖注射液中注射，羊 1 g 以上，马、牛 5 g 以上。

(2) 防止氢氰酸（HCN）和氰化物 [（NaCN、KCN、Ca（CN)$_2$）] 中毒。氰化物是剧毒物质，即使在饲料中含量很低也会造成中毒。在青饲料中一般不含氢氰酸，但在高粱苗、玉米苗、马铃薯幼芽、木薯、亚麻叶、蓖麻籽饼、三叶草、南瓜蔓等中含有氰苷配糖体。含氰苷的饲料经过堆放发霉或霜冻枯萎，在植物体内特殊酶的作用下，甚至无需特殊酶的作用，仍可使氰苷和氰化物分解而形成氢氰酸。玉米、高粱收割后的再生苗，经霜冻后危害更大。氢氰酸中毒的主要症状为腹痛或腹胀、呼吸困难，呼出气体有苦杏仁味，行走站立不稳。可见黏膜由红色变为白色或带紫色，肌肉痉挛，牙关紧闭，瞳孔放大，最后卧地不起，四肢划动，呼吸困难，麻痹死亡。可注射1%亚硝酸钠液，每千克体重用量为 1 mL。也可用 1%~2%美兰溶液，每千克体重 1 mL。

(3) 草木樨中毒。草木樨本身不含有毒物质，但含有香豆素，当草木樨发霉腐败时，在细菌的作用下，可使香豆素变为双香豆素，其结构式与维生素 K 相似，二者有拮抗作用。

双香豆素中毒主要发生于牛，其他动物发生很少，中毒发生缓慢，通常饲喂草木樨 2~3 周后发病。牛中毒症状表现为食欲变化不大、机体衰弱、步态不稳、运动困难，有时发生跛行、体温低、发抖、瞳孔放大。该病特有症状是血凝时间变慢，在颈部、背部，有时在后躯皮下形成血肿，鼻孔可流出血样泡沫，奶里也可出现血液。此病可用维生素 K 治疗。要注意预防，饲喂草木樨时应逐渐增加喂量，不能突然大量饲喂，不喂发霉变质的草木樨。

(4) 防止农药中毒。蔬菜园、棉花地、水稻田刚喷过农药后，及其临近的杂草或蔬菜不能用作饲料，等下过雨后或隔 1 个月后再割草利用，谨防引起农药中毒。

(5) 防止其他有毒植物的中毒。如夹竹桃、嫩栎树芽、青枫叶等有毒植物的中毒。

二、生产上常用的青饲料

（一）天然牧地青饲料

天然牧地的牧草种类很多，其中主要的是禾本科、豆科、菊科、莎草科四大类，它们的干物质中无氮浸出物的含量在 40%~50%，粗蛋白含量以豆科牧草较高，为 15%~20%，莎草科次之，为 13%~20%，菊科与禾本科为

10%~15%。

(二) 栽培牧草与青饲作物

1. 豆科饲草饲料

我国栽培豆科牧草历史悠久。2 000多年前,紫花苜蓿已在西北各地普遍栽培。草木樨在西北黄土高原既是水土保持植物,又是饲料作物,也是解决"三料"(饲料、肥料、燃料)的理想植物,种植广泛。绿肥植物中的苕子、紫云英、蚕豆等在我国南北方地区普遍栽种,也兼作饲料。

(1) 紫花苜蓿。紫花苜蓿是我国目前栽培最多的苜蓿属牧草,主要分布于北方各省区。苜蓿质地好,产量高而稳定,在良好的管理条件下,一年能收获3~5茬,水肥条件较好,可每年每公顷产青饲料75 000 kg以上,但管理粗放时一般每公顷产37 500~45 000 kg,如以45 000 kg计,粗略估算约可获得粗蛋白2 025 kg,无论从产量或营养物质来看,都大大超过粮食作物,是很值得推广的优良饲料。

紫花苜蓿的营养价值与收割时期关系很大。幼嫩时含水分多,粗纤维少;收割过迟,茎增加,叶占比重下降,饲用价值降低(表4-4)。

表4-4 不同生长阶段紫花苜蓿营养成分的变化 单位:%

生长阶段	干物质	占鲜重					占干重				
		粗蛋白质	粗脂肪	粗纤维	无氮浸出物	灰分	粗蛋白质	粗脂肪	粗纤维	无氮浸出物	灰分
营养生长期	18.0	4.7	0.8	3.1	7.6	1.8	26.1	4.5	17.2	42.2	10.0
花前期	19.9	4.4	0.7	4.7	8.2	1.9	22.1	3.5	23.6	41.2	9.6
初花期	22.5	4.6	0.7	5.8	9.3	2.1	20.1	3.1	25.8	41.3	9.3
1/2盛花期	25.3	4.6	0.9	7.2	10.5	2.1	18.2	3.6	28.5	41.5	8.2
花后期	29.3	3.6	0.7	11.9	10.9	2.2	12.3	2.4	40.6	37.2	7.5

紫花苜蓿是各类家畜的上等饲料,不论青饲放牧还是调制成干草,适口性均好,营养丰富。青饲时紫花苜蓿是草食家畜的主要饲料。幼嫩苜蓿是幼畜的最好蛋白质饲料。在放牧条件下,苜蓿对各种家畜的饲养效果都较高。但放牧时,要防止反刍家畜的臌胀病。

(2) 红豆草。红豆草品质优良,具有优异的饲用价值,是世界著名的牧草之一。盛花期到结荚初期刈割,粗蛋白含量15.12%,粗脂肪含量1.98%,无氮浸出物含量42.97%,钙和磷的含量也很高,是种畜、幼畜、乳畜和病畜的好饲料,尤其种籽中含粗蛋白含量26.82%,无氮浸出物含量

44.71%，是很好的精饲料。

(3) 箭筈豌豆。也称春巢菜、春苕子等，全国种植较普遍，为优良牧草和重要青饲料。箭筈豌豆的营养价值高，茎枝柔嫩，生长茂盛，叶多，适口性好，是各类家畜喜食的优质牧草，可作青饲料、青干草及青贮饲料。鲜草中粗蛋白等养分含量与紫花苜蓿、三叶草相近。籽实中粗蛋白高达30%，但因含有生物碱和氰苷（氰苷经水解后释放出氢氰酸）易引起中毒，因此饲用前必须浸泡、淘洗、磨碎、蒸煮，同时要避免大量、长期、连续使用，以免中毒。

(4) 紫云英。我国南方各地种植广泛，是水稻产区的冬季绿肥牧草。紫云英产草量高，蛋白质、矿物质、维生素含量丰富，幼嫩多汁，适口性好。现蕾期的干物质中，粗蛋白含量可高达31.76%，粗纤维只有11.82%，开花期品质仍属优良，盛花期后则较差，但现蕾期产量仅为盛花期的53%，故就总营养物质而言，则以盛花期刈割为佳。紫云英青饲、青贮、制干草粉均可。

(5) 草木樨。我国种植的主要是白花草木樨及印度草木樨。草木樨营养价值高，含粗蛋白23.35%。草木樨含有香豆素，初喂时家畜不习惯，可与苜蓿、谷草等混喂，使之逐渐适应。

2. 禾本科饲草饲料栽培

用作青饲或放牧用的禾本科植物有青刈玉米、青刈高粱、苏丹草、燕麦等，主要用于饲喂草食家畜。本类饲料富含碳水化合物，蛋白质含量较低，粗纤维含量随生长阶段的进展而增加，一般适口性较好。

(1) 青刈玉米。在习惯上通常是以玉米成熟后的籽实作为精饲料，而不在玉米乳熟、蜡熟时刈割作青饲料。实际上玉米青刈在单位面积上所获得的总营养物质比成熟后收割者高15%，胡萝卜素高20倍以上；青刈使收割期提早20 d左右，增加土地利用率，提高复种指数；青刈玉米的营养成分及消化率比成熟玉米高；青刈玉米产量高，播种期长。

青刈玉米的营养特点是：富含碳水化合物，有较多的易溶糖类，稍有甜味，家畜喜欢采食，如能与豆科青草混合饲喂，则效果更佳。青刈玉米可青饲，也可制成优质的青贮饲料。

(2) 青刈高粱。高粱青刈时由于茎矮分蘖多，营养价值高，在籽实成熟时，茎叶绿色部分含糖量仍有10%左右，适口性好，家畜喜采食。但新鲜高粱茎叶中含有氰苷配糖体，尤以出苗后2~4周含量较高，成熟时大部消失，生长期高温干燥时含量较高，土壤中氮肥多时含量也多。这些氰苷配糖体于堆放发霉或霜冻枯萎时，在植物体内特殊酶的作用下，被水解而形成氢氰酸，或在瘤胃微生物、胃酸（单胃家畜）的作用下，将其转变为氢氰酸而使家畜吸收中毒。所以利用新鲜青刈高粱作为饲料时应注意防止家畜中毒。高粱也是很好的青贮作物。

（3）青刈燕麦。燕麦主要分布在西北、东北、华北的山区及高寒地带，青刈时可随割随喂，也可制成干草。青刈燕麦茎叶营养丰富，适口性好，各种家畜都喜采食，是营养价值较高的饲用作物。

（4）苏丹草。是一种很有价值的高产优质青饲料作物，适应性广，适口性好，再生能力强。苏丹草宜在抽穗到盛花期刈割。由于茎叶比玉米、高粱柔软，故饲养效果好。但饲喂中应注意防止氢氰酸中毒。

3. 其他科饲草饲料

（1）聚合草。以产量高、生长快、蛋白质含量高而享有盛名。鲜草干物质中粗蛋白17%~23%，粗纤维只有10%~15%。牛、猪都可饲用。其缺点是灰分含量高，且茎叶多刚毛，适口性差。聚合草在开花时刈割，可单独或与禾本科饲草混合青贮，制成优质青贮料，亦可制成干草粉，作为蛋白质和维生素补充饲料。

（2）苋菜。也称千穗谷、西番谷。茎叶比较柔软，营养价值较高，以株高1 m左右的开花前刈割利用较好，否则消化率下降，很不经济。苋菜在现蕾期风干物质中含粗蛋白8.50%、粗脂肪1.80%、粗纤维38.70%、无氮浸出物35.30%。

（3）串叶松香草。也称松香草、法国香槟草、菊花草。串叶松香草营养价值高，其干物质中含粗蛋白23.6%左右，赖氨酸含量为0.4%~1.16%。叶的适口性好，但刈割太晚，茎秆粗硬。鲜喂、晒制干草、调制青贮料均可。

（4）苦荬菜。也称良麻、苦麻菜、山莴苣、八月老。苦荬菜适口性好，易消化，营养丰富。苦荬菜干物质中含粗蛋白17%~26%，粗脂肪约15.5%，粗纤维约14.5%。苦荬菜柔嫩多汁，味稍苦，能促进食欲，帮助消化；能防止猪的便秘，去毒泻火；能促进仔畜生长和母畜泌乳。主要是鲜喂。

（三）非淀粉类块根块茎饲料

1. 胡萝卜

产量高，易栽培，营养丰富，是各种畜禽冬春季的重要饲料。胡萝卜的营养价值很高，尤其无氮浸出物含量多，并含有蔗糖和果糖，故具甜味，蛋白质含量也较其他块根为多，胡萝卜素含量更高，少量喂给，便可满足各种畜禽对胡萝卜素的需要。胡萝卜适口性好，各种家畜都喜食，在奶牛的饲料中如有胡萝卜，则有利于提高产奶量和改善乳的品质，应生喂，贮存时应防冻害。

2. 甜菜

生产上用作饲料的甜菜有糖甜菜、半糖甜菜和饲用甜菜三种，糖甜菜含糖多，干物质含量为20%~22%，但总收获量低；饲用甜菜为大型种类，总收获量高，但干物质含量低为8%~11%，粗蛋白含量较糖用甜菜高。

3. 菊芋

也称洋姜，是优质高产的饲料作物，其茎、叶和块茎都是好饲料。菊芋产量高，适应性强，营养价值高，富含蛋白质、脂肪和碳水化合物，尤其菊糖的含量在13%以上，其茎叶的饲用价值也高于马铃薯和向日葵茎叶，而块茎脆嫩多汁，营养丰富，适口性好，宜作肉畜、乳畜的多汁饲料。

第三节 青贮饲料

青贮饲料就是把青饲料填入密闭的青贮窖（或壕塔）中经过微生物的发酵作用而调制成的柔软多汁、气味芳香、营养丰富、容易贮藏、可供冬春季饲喂家畜的多汁饲料。它是贮存和调制青饲料的好方法，基本上保持了青饲料原有的一些营养特点。

一、青贮饲料的优越性

（一）有效地保存青绿植物的营养成分

一般青绿植物在成熟晒干之后，营养价值降低30%~50%，但青贮后，只降低3%~10%。青贮尤其能有效地保存青绿植物中蛋白质和胡萝卜素。例如，新鲜的甘薯藤，每千克干物质中含有158.2 mg的胡萝卜素，青贮8个月，仍然保留90 mg，如果晒成干草则只剩2.5 mg，损失达98%以上。

（二）保持原料青绿时的鲜嫩汁液

干草含水量只有14%~17%，而青贮料含水量达70%，适口性好，消化率高。

（三）扩大饲料资源

畜禽不喜欢采食或不能采食的野草、野菜、树叶等无毒青绿植物，经过青贮发酵，可以变成畜禽喜食的饲料。例如向日葵、菊芋、蒿草、玉米秸等。有的在新鲜时有臭味，有的质地较粗硬，一般家畜多不喜食或利用率很低。如果把它们调制成青贮饲料，不但可以改变口味，并且可软化秸秆，增加可食部分的数量。

（四）保存饲料经济而安全的方法

青贮饲料比贮藏干草需用的空间小，一般每立方米的干草垛只能垛70 kg左右的干草，而1 m³的青贮窖就能贮藏含水青贮饲料450~700 kg，折成干草也能贮藏100~150 kg。青贮饲料只要贮藏合理，可以长期保存，既不因风吹日晒引起变质，也不会有火灾等事故的发生。

（五）青贮可以消灭害虫及杂草

很多为害农作物的害虫，多寄生在收割后的秸秆上越冬，如果把这些秸秆粉碎做青贮，由于青贮料里缺乏氧气，并且酸度较高，可将许多害虫的幼虫杀死。还有许多杂草的种子，经青贮后便可失去发芽能力，如将杂草及时青贮，不仅给家畜贮备了饲草，也对减少杂草的滋生起到一定的作用。

二、青贮饲料的取用

（一）取用青贮饲料

一般在调制后30 d左右即可开窖饲用。一旦开窖，最好天天取用，要防雨淋或冻结。取用时应逐层或逐段，从上往下分层利用，每天按畜禽实际采食量取出，切忌全面打开或掏洞取用，尽量减少与空气的接触，以防霉烂变质。已经发霉的青贮饲料不能饲用。结冰的青贮饲料应慎喂，以免引起消化道疾病或母畜流产。

（二）喂法

青贮饲料适口性好，但多汁轻泻，应与干草、秸秆和精饲料类搭配使用。开始饲喂青贮饲料时，要有一个适应过程，喂量由少到多逐渐增加。

（三）喂量

每种动物每日每头青贮饲料喂量大致如下：妊娠成年母牛50 kg、产奶成年母牛25 kg、断奶犊牛5~10 kg、种公牛15 kg、成年绵羊5 kg、成年马10 kg。

第四节 能量饲料

能量饲料是指以提供碳水化合物和脂肪为主，粗纤维含量低于18%、粗蛋白含量低于20%的一类饲料，其核心功能是为家畜代谢与生产活动提供基础能量。主要成分包括谷物（玉米、小麦、大麦等）、块根块茎（甘薯、马铃薯）及其加工副产品（米糠、麸皮），以及部分动植物油脂。其能量密度高，易被家畜消化吸收，是日粮配方中占比最高的组分。能量饲料通过优化家畜能量代谢，直接关联生长速度、产肉率及繁殖效率，是现代化集约养殖中不可或缺的营养基础。

一、谷实类饲料

谷实类饲料指禾本科植物成熟的种子，主要有玉米、高粱、大麦、燕麦等。

（一）谷实类饲料的营养特点

（1）能量含量高富含无氮浸出物，占干物质的71.6%~80.3%（燕麦为66%），而且其中主要是淀粉，占无氮浸出物的82%~92%，故其消化能很高。

（2）粗纤维含量低一般在5%之内，只有带颖壳的大麦、燕麦等粗纤维可达10%左右。

（3）蛋白质和必需氨基酸含量不足，蛋白质为8%~11%，赖氨酸、蛋氨酸、色氨酸、胱氨酸较少。

（4）矿物质营养方面表现为缺钙而多植酸磷，对单胃动物来讲磷的利用率很低，但大麦含锌多，小麦含锰多，玉米含钴多。

（5）维生素黄色玉米维生素A较为丰富，其他谷实饲料（如白玉米）含量则极微。谷实类饲料富含维生素B_1和维生素E，但含维生素B_2、维生素C和维生素D少，所有谷实类饲料均不含维生素B_{12}。

（6）脂肪含量此类饲料含脂肪3.5%左右，其中主要是不饱和脂肪酸，亚油酸和亚麻酸的比例较高，这对于保证猪、鸡的必需脂肪酸供应有一定好处。

（二）几种主要的谷实类饲料

1. 玉米

玉米的有效能值高，故习惯上有"饲料之王"之称。玉米含无氮浸出物74%~80%，主要是易消化的淀粉，这不同于饼粕类（含聚糖类多）的无氮浸出物，其消化率达90%以上。玉米中蛋白质含量低且品质差，玉米含粗蛋白7.2%~8.9%，其中，赖氨酸、蛋氨酸、色氨酸及胱氨酸较缺，因而蛋白质的生物学价值较低。无鱼粉日粮需增加赖氨酸或蛋氨酸用量，提高预混料中烟酸用量，以提高色氨酸的利用率。玉米中不饱和脂肪酸含量较高，其中主要是油酸和亚油酸等，比如玉米中的亚油酸含量达2%，为谷实类之首。因其脂肪含量高，故粉碎后的玉米粉易酸败变质，不宜久贮。黄玉米中还有维生素A原，1 kg黄玉米中含1 mg左右的β-胡萝卜素及22 mg叶黄素，这是麸皮及稻谷无法比拟的。玉米含脂率较高，饲料中使用过多易造成软脂肉。粉碎后玉米易酸败、霉变被污染，而产生黄曲霉毒素。黄曲霉毒素是一种强致癌物质，对人畜危害极大。

2. 高粱

高粱的籽实是一种重要的能量饲料。去壳高粱与玉米一样，主要成分为淀粉，粗纤维少，可消化养分高。粗蛋白与其他谷物相似，但质量较差。含钙量少，含磷量较多。胡萝卜素及维生素D的含量少，B族维生素含量与玉米相当，烟酸含量多。

高粱中含有单宁，有苦味，家畜不爱采食。单宁主要存在于主壳部，色深者含量高。所以在配合饲料中，色深者只能加到10%，色浅者可加到20%。若能除去单宁，则可加到70%。

高粱对于乳牛有近似玉米的饲用价值。一般以粉碎后喂给为好，否则可能有一半左右不能被畜体吸收利用。饲喂肉牛，效果良好，其饲用价值相当于玉米的90%~95%。不同品种的高粱，对于肉牛的营养价值无区别。用高粱饲喂肉牛，可以带穗粉碎。

3. 大麦

大麦是一种重要的能量饲料，粗蛋白含量比较多，约12%，同时其质量也较高，赖氨酸含量0.52%以上，这在谷实类中不多，可消化养分比燕麦高。无氮浸出物含量多，粗脂肪含量少于2%，不及玉米含量的一半，钙、磷含量比玉米高。胡萝卜素和维生素D不足，硫胺素多，核黄素少，烟酸含量丰富。

乳牛、肉牛可大量饲喂大麦，饲喂时稍加粉碎即可，粉碎过细，影响适口性，整粒饲喂不利于消化，造成浪费。

4. 燕麦

燕麦是一种很有价值的饲料作物，可用作能量饲料青干草和青刈饲料。

其籽实中含有较丰富的蛋白质，在10%左右，粗脂肪含量超过4.5%。燕麦壳占谷料总重的25%~35%，粗纤维含量高，能量少，营养价值低于玉米，适于饲喂牛、马等大牲畜。

一般饲用燕麦主要成分为淀粉，因麸皮（壳）多，其粗纤维含量在10%以上，可消化总养分比其他麦类低。蛋白质品质优于玉米，含钙量较少，含磷量较多。其他无机物与一般麦类相近。维生素D和烟酸的含量比其他麦类少。

燕麦粗纤维含量高，仅作其配合饲料的组成部分，是乳牛、肉牛的极好饲料，喂前适当粉碎可提高其消化率。一般成熟的籽实含有的无氮浸出物在谷实中最少，约66%。这是由于燕麦的外壳占整粒籽实重量的比例达25%~35%，所以燕麦的营养价值在谷类籽实中最低。由于其外壳所占的比重大，其蛋白质含量较高，所以燕麦便成为马属动物的标准饲料。马属动物自由采食燕麦不容易引起疝痛等消化道疾病。

5. 荞麦

荞麦属于蓼科植物，与其他谷实类不同科。荞麦不仅籽实可以作为能量饲料，绿色体也是优良的青饲料。它的籽实也有一层粗糙的外壳，约占重量的30%。故粗纤维含量较高，12%左右。但其他方面的营养特性均符合谷实类饲料的通性，故其能量价值仍然较高。消化能的含量对牛为14.64 MJ/kg。不过荞麦籽实含有一种物质——感光咔啉，当动物采食以后白色皮肤部分受到日光照射即发生过敏，并出现红斑点。严重时能影响生长及肥育效果。这种感光物质在外壳中含量特别多。荞麦的蛋白质品质较好，含赖氨酸0.73%、蛋氨酸0.25%。

二、糠麸类饲料

糠麸类饲料包括碾米，制粉加工的副产品，主要有稻糠、小麦麸等。

（一）糠麸类饲料的营养特点

(1) 无氮浸出物比谷实少，占40%~50%，与豌豆和蚕豆相近。

(2) 粗纤维含量比籽实高，约占10%。

(3) 粗蛋白的数量与质量均介于豆科与禾本科籽实之间。

(4) 米糠中粗脂肪含量达13.1%，其中不饱和脂肪酸含量高。

(5) 矿物质中磷多（1%以上），钙少（0.11%），且磷多以植酸磷的形式存在。

(6) 维生素 B_1、烟酸及泛酸含量较丰富，其他均缺少。生长快或生产水平高的畜禽应少用或不用这类饲料。

（二）几种常见的糠麸类饲料

1. 稻糠

稻谷脱壳后精磨制米的副产物，也称细米糠。其营养价值依加工程度而异。加工的精米越白，则进入米糠的胚乳越多，其能值越高。米糠约含 13% 的粗蛋白和 17% 的粗脂肪，有效能值仅低于稻谷；含有较多的含硫氨基酸，且含铁、锰、锌丰富；含磷量高于钙 20 倍。

米糠适于饲喂各种家畜，但由于其油脂含量较高，易氧化酸败不宜贮存，在饲粮中配比过高会引起腹泻及体脂肪发软。一般乳牛和肉牛饲粮中可用 20% 左右。

2. 小麦麸

俗称麸皮，是面粉加工过程的副产物。粗蛋白 12%~16%，粗纤维 10% 左右。并含有较多的 B 族维生素（如维生素 B_1、维生素 B_2、烟酸和胆碱等）和维生素 E。麸皮质地轻松，适口性好，具有轻泻性，因能量水平低，做育肥饲料时用量不宜大，乳牛饲料使用 30% 左右。

三、淀粉质块根块茎及瓜类饲料

这类饲料的最大特点是干物质中淀粉含量特别高，常见的主要有甘薯、马铃薯、木薯及瓜类等。

（一）淀粉质块根块茎及瓜类饲料营养特点

根茎瓜类最大的特点是水分含量很高，达 75%~90%，去籽南瓜高达 93.6%，干物质含量很少。这就使它们的每单位重量的鲜饲料中所含营养成分降低，1 kg 鲜样中含消化能为 1.80~4.69 MJ，南瓜只有 1.05 MJ，因而也属于大容积饲料。

就干物质而言，它们的粗纤维含量较低，有的在 2.1%~3.24%，有的在 8%~12.5%。无氮浸出物含量很高，达 67.5%~88.1%，而且大多数是易消化的糖分、淀粉或聚糖，故它们含有的消化能较高，1 kg 干物质含有 13.81~15.82 MJ 的消化能。但是它们也具有能量饲料的一般缺点，其中有些甚于谷实类。如甘薯、木薯的粗蛋白含量只有 3.3%~4.5%，而且其中有相当大的比例是属于非蛋白质态的含氮物质。一些主要矿物质与某些 B 族维生素的含量也不够。南瓜中核黄素、胡萝卜素含量都很高，此外，块根与块茎饲料中富含钾盐。

（二）常见淀粉质块根块茎及瓜类饲料

1. 甘薯

干物质达25%~30%。干物质中淀粉占85%以上，高于其他块根类。生熟均可，但熟喂时其蛋白质的消化率较高，且饲料利用率也较高，采食量增加10%~17%。甘薯保存不当时，碰伤处易受微生物侵染而出现黑斑或腐烂。黑斑甘薯有毒，家畜食后有腹痛和喘息症状，重者致死。用病薯制粉或酿酒后的糟渣也含有毒物黑斑酶酮，不能饲用。将甘薯切片晒干和粉碎后可作为配合饲料组分，替代部分玉米等籽实料。

2. 马铃薯

马铃薯，东北俗称土豆，关内则称为洋芋或山药蛋，是北方地区、东北、内蒙古、宁夏等省区的重要早熟高产作物，既是人的菜食，又是家畜饲料，同时也是淀粉加工的重要原料。马铃薯含干物质约25%。主要成分是淀粉，占干物质的80%以上。鲜马铃薯中维生素C含量丰富，但其他维生素贫乏。钙和磷以及其他矿物元素也有限。马铃薯对反刍动物可生喂。马铃薯耐贮藏，当贮藏温度较高时也会发芽而产生有毒的龙葵素。阳光直射能使马铃薯表皮变绿。芽、芽眼和绿色表层的龙葵素含量高，大量采食可导致家畜消化道炎症和中毒，甚至死亡。煮熟的发芽马铃薯，相当量的龙葵素溶于水中，可降低其毒性。

3. 南瓜

南瓜产量高，营养丰富，便于贮藏和运输，是奶牛、肉牛、羊的优质饲料。南瓜肉质致密、富含淀粉质。南瓜不论是果实还是藤蔓，所含营养成分均很丰富。南瓜干物质中含粗蛋白12.90%、粗脂肪6.45%、粗纤维11.83%、无氮浸出物62.37%。

南瓜可粉碎后饲喂家畜；南瓜藤叶切短后直接饲喂牛、羊。南瓜及其藤叶，适宜与豆科牧草、青玉米秸、各种野青草和叶菜等混合、切碎后青贮。

第五节 蛋白质饲料

蛋白质饲料亦称蛋白质补充饲料，主要有植物性蛋白质饲料，动物性蛋白质饲料，单细胞蛋白质饲料及非蛋白氮饲料。其中在生产实践中大量使用的是植物性与动物性蛋白质饲料。这类饲料对于提高动物的生产能力有着十分重要的现实意义。

一、动物性蛋白质饲料

(一) 动物性蛋白质饲料的营养特点

动物性蛋白质饲料主要有初乳、常乳、脱脂乳、鱼粉、肉骨粉、血粉、羽毛粉、皮革粉、蚕蛹粉等。其共同的营养特点有以下几点：

(1) 干物质中粗蛋白含量可达50%~80%。蛋白质所含必需氨基酸齐全，比例接近畜禽的需要，是为各类畜禽配制平衡日粮的优质蛋白质补充饲料。

(2) 除乳外，其他类饲料含碳水化合物极少，且一般不含纤维素，消化率高。

(3) 含能量略低于能量饲料。

(4) 钙、磷含量较高，比例适当，利用率也高，如秘鲁鱼粉含钙达4%以上，磷3%左右。还含有丰富的硒等微量元素及一定量食盐。

(5) 富含B族维生素，其中核黄素、维生素B_{12}为最多。其品质一般优于植物性蛋白质饲料。

(二) 常用动物性蛋白质饲料

1. 鱼粉

鱼粉是鱼类加工食品剩余的下脚料或全鱼加工的产品。一般国产鱼粉粗蛋白含量为40%~60%，而优质产品的粗蛋白可达63%以上。秘鲁鱼粉的品质属上乘，蛋白质可达62%或更高。粗脂肪7%~10%，水分10%，食盐4%以下。好的鱼粉是优质蛋白质补充料，不仅蛋白质含量高，而且赖氨酸、含硫氨基酸和色氨酸等必需氨基酸含量均丰富；富含B族维生素，尤其是维生素B_{12}、核黄素、烟酸以及维生素A、维生素D和所谓"未知生长因子"。鸡饲料中加入适量鱼粉，能显著提高饲料转化率及日增重。各类畜禽饲粮中鱼粉用量宜控制在1%~3%，使用时应注意鱼粉是否掺假，感官性状是否正常，脱脂效果以及蛋白质含量等。鱼粉带入配合饲料中的氯化钠应视为添加的食盐。对生长后期或非生长期的畜禽可少用或不用鱼粉。鱼粉用量过多或使用劣质鱼粉，不仅抑制畜禽生长，降低产品产量，引起疾病，而且使畜产品质量降低。另外，与其他动物性饲料一样，鱼粉并非必须使用的饲料。

2. 肉骨粉和肉粉

这类饲料是不能用作食品的畜禽下水及各种废弃物或畜禽尸体经高温、

高压脱脂干燥而成的产品。含骨量大于 10% 的称为肉骨粉，其蛋白质含量随骨的比例提高而降低。一般肉骨粉含粗蛋白 35%~40%，进口肉骨粉粗蛋白含量可达 50% 以上。肉粉的粗蛋白含量为 50%~60%，牛肉粉可达 70% 以上。赖氨酸和色氨酸含量低于鱼粉，适口性也略差。某些肉粉由于高温熬制使部分蛋白质变性，消化率降低。尤其赖氨酸受影响较严重。肉骨粉作为饲料的组分可替代部分或全部鱼粉。但在操作时需注意：为平衡移去鱼粉后所缺乏的那部分养分，肉骨粉用量可略高于鱼粉，并适量添加调味剂，以防畜禽出现厌食现象。劣质品不宜使用。

二、植物性蛋白质饲料

植物性蛋白质饲料主要包括豆类籽实、饼粕类及加工副产品。

（一）豆类籽实

1. 豆类籽实的共同营养特点

蛋白质含量高，为 20%~40%，蛋白质的氨基酸组成也较好，其中赖氨酸丰富，而蛋氨酸等含硫氨基酸相对不足。无氮浸出物明显低于能量饲料。大豆和花生的粗脂肪含量甚高，超过 15%，因此日粮或配合饲料中大豆籽实可提高其有效能值，但同时也会给畜产品带来不饱和脂肪酸所具有的软脂性影响。豆类的矿物质元素和维生素类与谷实类饲料相仿。钙的含量稍高，但仍低于磷。

未经过加工的豆类籽实中含有多种抗营养因子，最典型的是胰蛋白酶抑制因子、凝集素等。因此，生喂豆类籽实不利于动物对营养物质的吸收。蒸煮和适度加热，可以钝化或破坏这些抗营养因子，而不再危害动物消化。通常以脲酶活性的大小衡量对抗营养因子的破坏程度。

豆类籽实经膨化之后，所含的抗胰蛋白酶等抗营养因子大部分被灭活，可消除大豆对幼龄动物的抗原性，适口性及蛋白质消化率明显改善，在肉用畜禽和幼龄畜禽日粮中，使用效果颇佳。

2. 常用豆类籽实

（1）大豆。富含蛋白质及脂肪，无氮浸出物也较多，但蛋白质中含蛋氨酸、色氨酸、胱氨酸较少，故最好与禾本科籽实饲料混合饲喂。大豆熟饲，既可破坏其所含的抗胰蛋白酶，且增加适口性，从而提高蛋白质的消化率及利用率。以干物质计，大豆含消化能 12.30~15.98 MJ/kg，代谢能 7.20~13.18 MJ/kg，粗蛋白 34.9%~50%，营养价值很高。

(2) 豌豆。蛋白质及无氮浸出物含量与蚕豆接近，以干物质计，豌豆含消化能 13.85～15.40 MJ/kg，代谢能 9.67～12.30 MJ/kg，粗蛋白 20.6%～31.2%。

(二) 饼粕类

是榨油的副产品，用压榨法得到的叫油饼，用浸提法得到的叫油粕。

1. 饼粕类的营养特点与合理利用

饼粕类由于原料种类、品质及加工工艺不同，其营养成分差别较大。饼粕类饲料通常含蛋白质较多（30%～45%），且品质优良；脂肪含量由于加工方法不同差别较大，通常土榨、机榨、浸提的含油量分别为 10%、6%、1%；含磷较多，富含 B 族维生素，缺乏胡萝卜素。但杂粕（饼）有四个主要缺陷：①氨基酸平衡性差，有效氨基酸含量低；②有效能值低；③含有毒素；④有时粗纤维含量高，有效养分含量变异大。使用时，针对上述四点可采用真可利用氨基酸和有效能含量设计配方，补充氨基酸和油脂、多种饼粕搭配使用、必要时进行脱毒处理等。

2. 常用饼粕类饲料

(1) 大豆饼（粕）。大豆饼（粕）是我国最常用的一种植物性蛋白质饲料，其蛋白质含量为 40%～45%，去皮豆粕可高达 49%，蛋白质消化率达 80% 以上。大豆饼粕的代谢能也很高，达 10.5 MJ/kg 以上。大豆饼粕含赖氨酸 2.5%～2.9%、蛋氨酸 0.50%～0.70%、色氨酸 0.60%～0.70%、苏氨酸 1.70%～1.90%，氨基酸平衡较好。大豆饼粕的适口性很好，各种动物都喜欢采食，甚至肉食动物等全价日粮中也常使用。

大豆饼粕中缺乏蛋氨酸，饲喂动物时应注意补加，生大豆饼粕尚含有抗营养物质（如抗胰蛋白酶、甲状腺肿因子、皂素、凝集素等），它们影响豆类饼粕的营养价值。这些抗营养因子不耐热，适当的热处理（110 ℃，3 min）即可灭活，但如果长时间高温作用，就会降低大豆饼粕的营养价值（赖氨酸的有效性降低），通常以脲酶活性大小衡量豆粕的加热程度。

(2) 棉籽饼（粕）。棉花籽实脱油后的饼粕因加工条件不同，营养价值相差很大，主要影响因素是棉籽壳是否去掉。完全脱了壳的棉仁所制成的饼粕叫棉仁饼粕，含蛋白质 40% 以上，甚至可达 46%，代谢能 10 MJ/kg 左右。棉籽饼粕的主要特点是，赖氨酸不足，精氨酸过高。棉籽饼粕中蛋氨酸含量也低，约为 0.4%。棉籽饼粕中含有棉酚，游离棉酚对动物有很大的危害，反刍动物对棉酚毒性的忍耐性较强。

(3) 菜籽饼（粕）。菜籽饼（粕）的可利用能量水平较低，适口性也差，不宜作为单胃动物的单一蛋白质饲料。菜籽饼粕的蛋白质含量中等，在36%左右。其氨基酸组成特点是蛋氨酸含量较高，在饼粕中仅次于芝麻饼粕，居第二位。赖氨酸含量2.0%~2.5%，在饼粕类中仅次于大豆饼粕，居第二位。菜籽饼粕中硒含量高，达1 mg/kg，其中磷的利用率也较高。

菜籽饼（粕）具有辛辣味，适口性不好。菜籽饼粕中含有硫代葡萄糖苷、芥酸、异硫氰酸盐和噁唑烷硫酮等有毒成分，一般在单胃动物及禽类日粮中限量饲喂，用量一般不超过10%，幼龄动物用量更少。

(4) 亚麻饼（粕）。俗称胡麻饼（粕），含粗蛋白32%~36%，粗纤维为7%~11%，其蛋白质品质不如豆粕和棉粕，赖氨酸和蛋氨酸只有1.2%和0.45%，但色氨酸较高。亚麻饼粕中含有亚麻苷、乙醛糖酸和维生素B_6因子等抗营养因子。

三、微生物蛋白质饲料

本类饲料是由各种微生物体制成的饲用品，包括酵母、细菌、真菌和一些单胞藻类，通常也叫作单细胞蛋白质饲料（SCP）。微生物蛋白质饲料具有一般常规饲料所没有的优越性。它生产周期短，酵母和细菌繁殖增量比动物生长要快千倍以上，它可以实现工业化生产，不与农业争地，也不受气候条件限制。原料来源广，可充分利用工农业废物。因此，微生物蛋白质饲料的前景是非常诱人，应及早规划开发这一前途广阔的饲料资源。微生物蛋白质饲料粗蛋白含量可高达50%以上。在氨基酸组成上，不缺乏赖氨酸，但缺少蛋氨酸。且B族维生素含量较丰富。

液态发酵分离干制的纯酵母粉含粗蛋白40%~50%，而固态发酵制得的酵母混合饲料因培养底物不同而有较大的差别，一般含粗蛋白在20%~40%。但用富含蛋白质的饼、粕类作原料生产的酵母混合饲料，再掺入皮革粉、羽毛粉或血粉之类的高蛋白饲料，也可使产品的蛋白质含量提高到60%以上。各地出现的所谓可代替鱼粉的"生物活性酵母"就是这样的产品。

真菌蛋白质饲料是真菌类的培养产物，从分类角度看酵母亦属本类。另有白地霉既可供人的食品又可用作饲料。此外，用糠、麸等农副产品培养菇类的副产物——带有大量菌丝体的培养基，经干燥而成的粉状饲料，品质虽然不及纯微生物蛋白质饲料，但也是可利用的蛋白质饲料资源。这类产品粗纤维含量较高，粗蛋白含量较低，有时因培养基原料关系，粗蛋白甚至低于20%。

藻类中的小球藻、螺旋藻、蓝藻等也是繁殖很快、营养价值很高的微生物蛋白质饲料来源。藻类培养可借光合作用利用简单的培养基生成营养价值高的碳水化合物、蛋白质和脂肪。粗蛋白可占干物质的50%以上，氨基酸组成也较为平衡。目前，研究性试验生产已完成，但因成本较高，尚不能被饲料和畜牧行业所接受。

四、非蛋白氮饲料

非蛋白氮（NPN）泛指供饲料用的氨、铵盐，尿素、双缩脲及其他合成的简单含氮化合物。这类化合物不含能量，只能借助反刍动物瘤胃中共生的微生物的活动，作为微生物的氮源而间接地起到补充动物蛋白质营养的作用。因此，其饲用对象主要是各种成年反刍动物。使用非蛋白氮作为反刍动物蛋白质营养的补充来源，已在全世界普遍采用，取得了极明显的效果。在人口多、耕地少的我国和各发展中国家，为节约常规的蛋白质饲料，学术界和生产企业都在关注开发、推广这类饲料。

第六节 矿物质饲料

矿物质饲料为动物提供必需矿物元素，是维持生理代谢、骨骼发育及生产性能的核心。常量元素（钙、磷、钠等）构成骨骼与体液，钙磷比例失衡易引发佝偻病；微量元素（铁、锌、硒等）参与酶活性和免疫调控，如铁铜协同促进血红蛋白合成。应用需精准匹配动物需求：反刍动物补硫增强纤维消化，缺硒地区饲料需强化亚硒酸钠。有机矿物质（蛋氨酸锌、酵母硒）生物利用率较无机盐高20%~40%，减少环境污染；缓释技术（如包被铜）降低添加量并延长作用时间。当前面临环保法规限制（如欧盟禁用高剂量氧化锌），推动纳米矿物质（纳米氧化锌）及基因定制营养研发。科学应用需平衡元素拮抗（高钙抑制锌吸收）与协同效应，结合精准饲喂技术实现健康养殖与资源高效利用。

一、提供钠、氯的矿物质饲料

（一）氯化钠

通常使用的是食盐。植物性饲料中钠和氯的含量很少，而含钾很丰富。为了保证动物的生理平衡，以植物性饲料为主的动物应补充食盐。食盐还可以改善口味，增进食欲，促进消化。目前使用的加碘食盐，碘含量在70 mg/kg左右。一般食盐在牛、羊、马等草食动物日粮中占日粮风干物质的1%为宜。确定食盐添加量时，还应考虑动物体重、年龄、生产力、季节、水及饲料中（特别是鱼粉中）盐的含量。

（二）碳酸氢钠

俗称小苏打。采用食盐供给动物钠与氯时，食盐中含钠40%，含氯60%，氯多钠少。碳酸氢钠，除提供钠离子外，还是一种缓冲剂，可缓解热应激，改善蛋壳强度，保证瘤胃正常pH值。

（三）无水硫酸钠

俗称元明粉或芒硝，具有泻药的性质，除补充钠离子外还兼具其他生理功能。

二、含钙饲料

（一）饲用石粉

主要指石灰石粉，为天然的碳酸钙，含钙34%~39%，是补钙来源最广、价格最低的矿物质原料。天然的石灰石只要镁、铅、汞、砷、氟含量在卫生标准范围之内均可使用。

（二）贝壳粉

本品为各类贝壳外壳（牡蛎壳、蚌壳、蛤蜊壳等）经加工粉碎而成的粉状或颗粒状产品，一般含钙不低于33%，主要成分为碳酸钙。贝壳内部残留有少量的有机物，因而贝壳粉还含有少量的粗蛋白及磷，制作饲料配方时，这些蛋白与磷通常不计。贝壳粉内常夹杂碎石和砂砾，使用时应予以检查并注意贝壳内有无残存的生物尸体的发霉、发臭情况。

（三）蛋壳粉

由蛋品加工厂或大型孵化场收集的蛋壳，经灭菌、干燥、粉碎而成，不过孵化后的蛋壳钙含量极少。新鲜蛋壳制粉时应注意消毒，避免蛋白质腐败，甚至带来传染病。蛋壳粉含粗蛋白12.4%，钙24%~27%。

（四）石膏

其化学式是$CaSO_4 \cdot 2H_2O$，灰色或白色结晶性粉末。含钙量范围变动大，一般为20%~30%。如果是磷酸制造工业的副产品，含氟量往往超标，使用此类石膏时应高度重视。供钙的饲料还有白垩、滤泥和木灰等。

钙源饲料很便宜，但不能过量使用。否则会影响钙、磷平衡，影响钙和磷的消化、吸收及代谢。微量元素预混料常使用石粉作稀释剂和载体，使用比例较大，配料时应将其含钙量计算在内。

三、含钙含磷饲料

（一）骨粉类

以动物骨骼加工而成，化学式为 $3Ca_3(PO_4)_2 \cdot Ca(OH)_2$。骨粉含氟量低，只要杀菌消毒彻底，便可安全使用。骨粉类饲料钙多磷少，比例平衡。

使用骨粉时，要注意氟中毒。有些骨粉品质低劣，有异臭，灰泥色的骨粉，常携带有大量致病菌，引起产蛋量下降或死亡。更有的兽骨收购场地，为避免蝇蛆繁殖，喷洒敌敌畏等药剂，致使骨粉带毒。

（二）磷酸盐

最常用的是磷酸氢钙。我国饲料级磷酸氢钙的标准为：含磷不低于16%，钙不低于21%，砷不超过0.003%，铅不超过0.002%，氟不超过0.18%。水产动物对磷酸二氢钙的吸收率比其他含磷饲料高，因此磷酸二氢钙常用作水产动物饲料的磷源。

（三）磷矿石粉

为磷矿石粉碎之后的产品，常常氟超标，并有铅、砷、汞等其他杂质，应慎用。

（四）液体磷酸

有腐蚀性青贮饲料时可喷加，但在配合饲料生产中使用不方便。

四、其他天然矿石及稀释剂与载体

（一）沸石

沸石是一种天然矿石，其分子结构为开放型，有许多空隙与通道，其内有金属阳离子和水分子，这些阳离子和水分子与阴离子骨架联系较弱。沸石的这种特性是沸石具有吸附气体（如氨气），离子交换和催化作用的性质，因此有很多饲料厂使用沸石作为畜禽的生长促进剂，有的直接添加于日粮，有的用作饲料添加剂的载体和稀释剂。日粮中使用少量沸石，可以提高动物的生产性能，减少肠道疾病，降低畜舍臭味。反刍动物日粮中含非蛋白氮饲料时，添加沸石粉，可提高非蛋白氮的安全性和利用率。沸石用作畜禽饲料时，粒度一般为 0.216~1.21 mm，沸石中还含有大量的微量元素。

（二）麦饭石

麦饭石在我国医药中曾作为一种"药石"，用于防病治病。麦饭石有多孔性，具有很强的吸附性，与活性炭一样有一定的收敛作用，能吸附像氨、硫化氢等有害、有臭味的气体和一些肠菌，如大肠杆菌、痢疾杆菌等。在消化道内，麦饭石能释放出铜、铁、锌、锰、钴、硒等微量元素，延长饲料在消化道滞留时间，提高饲料中营养物质的消化吸收率，改善畜禽的生产性能。

（三）海泡石

属特种稀有非金属矿石，具有特殊的层链状晶体结构，对热稳定，有很好的阳离子交换、吸附和流变性能，可吸附氨，消除排泄物臭味。常用作饲料的成分，也可作微量元素的载体、稀释剂及颗粒饲料黏合剂。

（四）膨润土

以蒙脱石为主要组分的黏土，具有阳离子交换、膨胀和吸附性，能吸附大量的水和有机质。膨润土中含磷、钾、钙、锰、锌、铜、钴、镍、钼、钒、锶、钡等动物所需的微量及常量元素，常作微量元素的载体或稀释剂，也可作颗粒饲料的黏合剂。

此外，凹凸棒石、稀土、白陶土、水氯镁石等，均可作为动物的矿物质饲料加以开发与利用。

第七节　饲料添加剂

一、饲料添加剂及其分类

饲料添加剂是指为了某种目的而以微小剂量添加到配合饲料中物质的总称。使用饲料添加剂的目的：改善饲料的营养价值，提高饲料利用率，促进动物生产；改善饲料的物理特性，增加饲料耐贮性；增进动物健康，改善畜产品品质等；最终达到提高动物生产性能，降低生产成本的目的。饲料添加剂的使用剂量通常以 mg/kg 或 g/t 计，部分添加剂的添加量按百分含量计。

（一）饲料添加剂的分类

符合上述概念的物质种类繁多，性能各异，按其作用分类如图4-1所示。

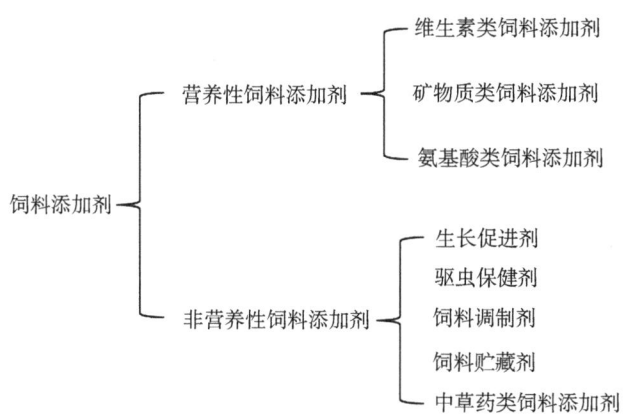

图4-1　饲料添加剂的分类方法

（二）饲料添加剂的基本条件

(1) 长期使用不应对畜禽产生急性、慢性中毒和不良影响。
(2) 必须具有切实的经济效益和生产效果。
(3) 在饲料与动物机体中应有较好的稳定性。
(4) 不影响饲料的适口性。
(5) 在畜产品中残留量不超过规定标准，不影响畜产品质量和人体健康。
(6) 所有化工原料，其中所含有毒金属不得超过允许限度。
(7) 不影响种畜生殖生理或胎儿的健康。
(8) 不得超过有效期或失效。
(9) 不污染环境，有利于畜牧业的可持续发展。

二、营养性饲料添加剂

营养性饲料添加剂是指用于补充饲料营养成分的少量或微量物质，包括饲料级氨基酸、维生素、矿物元素等。

（一）矿物元素类饲料添加剂

此类饲料添加剂多为各种微量元素的无机盐类或氧化物。近年来微量元素的有机酸盐和螯合物以其生物效价高和抗营养干扰能力强而受到重视，但因质量不稳定和价格昂贵而使其在生产上大范围的使用受到限制。常用的补充微量元素类有铁、铜、锌、锰、钴、碘、硒等，钼、镍、铬、钒、钛等元素虽已证明是动物营养所需，但因天然饲料中含量不明和对其需要量研究太少而未能普遍使用。确定微量元素添加剂原料时，应注意三个问题：①微量元素化合物及其活性成分含量；②微量元素化合物的可利用性；③它们的规格（包括细度、卫生指标及某种化合物的特殊特点等）。

微量元素添加剂的原料基本上采用饲料级微量元素盐，一般不采用化工级或试剂级产品，因为前者没有通过微量元素预处理工艺，产品中水分多，粒度大，杂质高，而后者价格昂贵，不经济。

(二) 氨基酸类饲料添加剂

1. 蛋氨酸饲料添加剂

饲料工业中广泛使用的蛋氨酸有两类，一类是 DL-蛋氨酸，另一类是 DL-蛋氨酸羟基类似物（液体）及其钙盐（固体）。目前国内使用最广泛的是粉状 DL-蛋氨酸，含量一般为 99%。后者虽没有氨基，但含有转化为蛋氨酸所特有的碳架，故具有蛋氨酸的生物活性，其生物活性相当于蛋氨酸的 88% 左右。蛋氨酸羟基类似物对反刍动物还具有过瘤胃保护作用，因此不会发生本身的脱氨基作用。蛋氨酸及其同类产品在饲料中的添加量，一般按配方计算后，补差定量供给。D 型与 L 型蛋氨酸的生物利用率相同。

2. 赖氨酸饲料添加剂

生产中常用的商品为 98.5% 的 L-赖氨酸盐酸盐，其生物活性只有 L-赖氨酸的 78.8%。天然饲料中赖氨酸的 ε-氨基比较活泼，易在加工、贮藏中形成复合物而失去作用，故可利用氨基酸一般只有化学分析值的 80% 左右。此外，还有一种赖氨酸添加剂为 DL-赖氨酸盐酸盐，其中的 D 型赖氨酸是发酵或化学合成工艺中的半成品，没有进行或没有完全进行转化为 L-型的工艺，价格便宜，使用时应引起注意，因为动物体只能利用 L-型赖氨酸。

除以上两种外，还有色氨酸、苏氨酸、甘氨酸与谷氨酸等氨基酸饲料添加剂。

(三) 维生素类饲料添加剂

常见的有维生素 A、维生素 D、维生素 E、维生素 K_3、维生素 B_1、维生素 B_2、维生素 B_6、维生素 B_{12}、烟酸、生物素、叶酸、胆碱、维生素 C 等维生素类饲料添加剂。

为了生产中使用方便，预先按各类动物对维生素的需要，拟制出实用型配方，按配方将各种维生素与抗氧化剂和疏散剂加到一起，再加入载体和稀释剂，经充分混合均匀，即成为多种（复合）维生素预混料，使用十分方便。

三、非营养性饲料添加剂

非营养性饲料添加剂是指为保证或者改善饲料品质、提高饲料利用率而掺入到饲料中的少量或微量物质。

（一）微生态制剂

微生态制剂也叫益生素、竞生素或生菌剂。动物消化道内存在的正常微生物群落对宿主具有营养、免疫、生长刺激和生物拮抗等作用，如乳酸杆菌能抑制有害微生物而起到屏障作用或生物保护作用，据此，人工分离并将正常的菌落制成某种活菌制剂以达到防病治病、促进生长的目的。这类产品在国内外均已开始使用。常用的活菌剂有：乳酸杆菌制剂、枯草杆菌制剂、双歧杆菌制剂、链球菌属、酵母菌等。

微生态制剂不会使动物产生耐药性，不会产生残留，也不会产生交叉污染，因此，是一种可望替代抗生素的绿色添加剂。

（二）酶制剂

酶是生物体内代谢的催化剂，种类很多，作用选择性专一。作为饲料添加剂的多是一些帮助消化的酶类，主要有蛋白酶类、淀粉酶类、纤维素分解酶类、胰酶、糖类分解酶类等单一酶制剂和复合酶制剂。酶本身是一种特殊的蛋白质，贮存和使用酶制剂时必须注意影响酶活力的各种因素，如环境最适 pH、温度、金属离子、光照等，选用酶制剂时需考虑到动物种类、动物年龄、日粮类型、添加量等。

（三）畜禽产品品质改良剂

主要是着色剂。为改善畜产品的外观，提高畜产品的商品价值，有些饲料中常添加着色剂。着色剂可以改变饲料的颜色，刺激动物的食欲。通常用作饲料添加剂的着色剂有两种，一种是天然色素，主要是类胡萝卜素及叶黄素类；另一种是人工合成的色素如胡萝卜素醇。前者有松针粉、苜蓿、蓝藻、辣椒、黄玉米、万寿菊、虾蟹壳粉、紫菜、橘皮等，后者有 β-阿朴-8-胡萝卜素、斑蝥黄、茜草色素、露康定和柠檬黄等。

（四）饲料保存剂

为了保证饲料的质量，防止饲料品质的下降或提高饲料调制的效果，有必要在饲料中添加各种饲料保存剂，如抗氧化剂、防霉防腐剂、青贮饲料添加剂和粗饲料调制剂等。

1. 抗氧化剂

添加抗氧化剂的目的是阻止或延迟饲料氧化，提高饲料稳定性和延长贮存期。常用的抗氧化剂有乙氧基喹啉、二丁基羟基甲萘、丁基羟基茴香醚、没食子酸丙酯及维生素类抗氧化剂（如维生素E、维生素C等）。

2. 防霉防腐剂饲料

防霉防腐剂是一种抑制霉菌繁殖、消灭真菌，防止饲料发霉变质的有机化合物，对于水分含量高的饲料或贮存于高温、高湿条件下的饲料，均宜使用防霉剂。常见的防霉防腐剂有：丙酸、丙酸钙、丙酸钠、山梨酸与山梨酸钾等，其中最常用的是丙酸及其盐类。

（五）食欲增进剂

食欲增进剂包括香料、调味剂及诱食剂三种。添加食欲增进剂可增强动物食欲，提高饲料的消化吸收及利用率。饲料香料添加剂有两种来源，一种是天然香料，如葱油、大蒜油、橄榄油、茴香油、橙皮油等；另一种是化学合成的可用于配制香料的物质，如酯类、醚类、酮类、芳香族醇类、内酯类、酚、醚类等。饲料调味剂又称风味剂，包括鲜味剂、甜味剂、酸味剂、辣味剂等。诱食剂主要针对水产动物使用，常含有甜菜碱、某些氨基酸和其他挥发性物质。

（六）黏结剂

也叫黏合剂或制粒添加剂，目的是减少粉尘损失，提高颗粒饲料的牢固程度，减少制粒过程中压模受损，是加工工艺上常用的添加剂。常用的黏结剂有木质素磺酸盐、羟甲基纤维素及其钠盐、陶土、藻酸钠等。某些天然的饲料原料也具有黏结性，如膨润土、α-淀粉、玉米面、动物胶、鱼浆、糖蜜等。

（七）流散剂

也叫流动剂或抗结块剂。其主要目的是使饲料和饲料添加剂具有较好的流动性，防止饲料加工及贮藏过程中结块。如食盐和尿素最易吸湿结块，使用流散剂可以调整这些性状，使它们容易流动、散开、不黏着。当配合饲料中含有吸湿性较强的乳清粉、干酒糟或动物胶原时均宜加入流散剂。流散剂有天然的和人工合成的硅酸化合物和硬脂酸盐类，如硬脂酸钙、硬脂酸钾、硬脂酸钠、硅藻土、脱水硅酸、硅酸钙等。

（八）药物饲料添加剂

药物饲料添加剂是指为预防、治疗动物疾病而掺入载体或者稀释剂的兽药的预混物，包括抗病虫药类、驱虫剂类、抑菌促生长类等。

1. 抗生素类饲料添加剂

从抗生素的发展趋势看，今后将向专用饲料添加剂比如多肽类、聚醚类和磷酸化多糖类的方向发展。

2. 抗球虫剂

抗球虫剂的种类很多，但通常使用一段时间后效果下降，这是因为球虫可以产生耐药株，其耐药性可以遗传。各种抗球虫剂使虫体产生耐药性的速度不同，因而实践中常将几种抗球虫药物轮换使用，以保证效果。地克珠利和山度拉霉素，也是新的抗球虫药物。

（九）其他类饲料添加剂

1. 乳化剂

乳化剂是一种分子中具有亲水基和亲油基的物质，它的性状介于油和水之间，能使一方均匀地分布于另一方中间，从而形成稳定的乳浊液。利用这一特性可以改善或稳定饲料的物理性质。常用的乳化剂有动植物胶类、脂肪酸、大豆磷脂、丙二醇、木质素酸盐、单硬脂酸甘油酯等。

2. 缓冲剂

最常用的是碳酸氢钠，俗称小苏打，还有石灰石、氢氧化铝、氧化镁、磷酸氢钙等。这类物质可增加机体的碱贮备，防治代谢性酸中毒，饲用后可中和胃酸，溶解黏液，促进消化，应用于反刍动物可调整瘤胃 pH，平衡电解质，增加产乳量和提高乳脂率。

3. 除臭剂

具有抑制畜禽排泄物臭味的特殊功能。除臭剂主要成分多为丝兰植物提取物。

近年来，兽药和高污染型饲料添加剂使用过量，致畸、致癌、致突变及耐药性等问题已引起了人们的极大关注。因而，酶制剂、微生态制剂和中草药饲料添加剂的研制与应用得到了长足的发展，这三类饲料添加剂被人们称为"绿色饲料添加剂"，其应用前景广阔。

四、饲料添加剂的使用技术

(1) 严格执行国家的有关法律、法规和法令。

(2) 选择合适的饲料添加剂。饲料添加剂种类很多,同时具有不同的特点,因此应根据各种饲料添加剂的特性、动物类型、基础日粮特性等,选用适合的饲料添加剂,即缺什么加什么。

(3) 切实掌握饲料添加剂的使用量、中毒量和致死量,注意使用期限,防止动物产生生理障碍和不良后果。

(4) 饲料添加剂加到配合饲料中一定要混合均匀。

(5) 准确掌握饲料添加剂之间的配伍禁忌,注意矿物质、维生素及其相互间的拮抗关系。

(6) 饲料添加剂应贮存于干燥、低温及避光处。

第五章 饲料加工技术

第一节 粗饲料加工技术

一、粗饲料的加工调制技术

粗饲料加工方法主要包括物理法、化学法和生物法。

(一) 物理方法

粗饲料物理加工是指通过机械或物理手段(如粉碎、切短、揉碎、蒸汽处理等)对高纤维粗饲料(如秸秆、干草、青贮料等)进行预处理,其核心优点在于通过改变饲料的物理结构,平衡纤维功能与营养释放,在提升家畜生产性能的同时,兼顾养殖经济性与可持续性,是粗饲料高效利用的重要技术手段。

(1) 粉碎与切短秸秆和其他农副产品都可以用粉碎机粉碎或用铡草机切短,切短的程度视家畜种类而定。一般大家畜如牛为 2~3 cm。

(2) 揉碎减少营养成分损失,饲草收获后及时揉碎,成丝条状。揉碎的秸秆可直接饲喂,也可氨化、微贮或晒干贮存,以免营养成分损失。

(3) 浸泡即将农作物秸秆放在水中浸泡处理后饲喂家畜。经浸泡的秸秆,质地柔软,适口性好,特别是有芒的秸秆效果更好。生产中一般先将秸秆切细后再加水浸泡并拌上精饲料,以提高饲料的利用率,也有将秸秆浸泡在盐水中,盐化后再饲喂。

(4) 热喷是将物料(秸秆、饼粕和鸡粪等)装入饲料热喷机内,向机内通入热饱和蒸汽,经过一定时间后使物料受高压热力的处理,然后对物料突然降压,迫使物料从机内喷爆于大气中,从而改变其结构和某些化学成分,并经消毒、除臭,使物料变得更有价值的饲料加工过程。

（二）化学方法

化学方法包括碱化、氨化和酸处理。

1. 碱化处理

碱化是通过碱类物质的氢氧根离子打断木质素与半纤维素之间的酯键，使60%~80%的木质素溶于碱中，把镶嵌在木质素-半纤维素复合物中的纤维素释放出来。

（1）石灰水处理法。将配成的1%生石灰水溶液，充分熟化和沉淀后，用上层澄清的石灰乳液处理秸秆。这种方法成本低，生石灰来源广，方法简便，效果明显。

（2）氢氧化钠处理法。也称氢氧化钠浸润法。氢氧化钠处理后的秸秆其营养价值几乎与生长早期刈割的青草或中等质量的青干草相等，但碱化后秸秆的蛋白质将会减少。

2. 秸秆氨化处理

即在秸秆中加入一定比例的氨水、无水氨（液氨）或尿素溶液进行封闭处理，以提高秸秆的消化率和饲用价值的处理方法。经过氨化处理的粗饲料叫氨化饲料。氨化饲料主要适用于牛、羊等反刍动物。方法主要有：堆垛法、窖（池）法、氨化袋法和氨化炉法等。氨源主要有：氨水、液氨、尿素和碳酸氢铵等。

3. 酸处理

使用硫酸、盐酸、磷酸和甲酸处理秸秆饲料称为酸处理。其原理和碱化处理相同，用酸破坏木质素与多糖（纤维素、半纤维素）链间的酯键结构，以提高饲料的消化率。但酸处理成本太高，在生产上很少应用。

化学加工法能提高反刍动物对粗饲料的消化率、采食量、适口性，也能因所用化学处理剂的不同而不同程度提高粗饲料的营养价值。氨化处理已在生产中普遍应用。

（三）生物方法

利用乳酸菌、纤维分解菌、酵母菌等一些有益微生物和酶在适宜的条件下，使其生长繁殖，分解饲料中难以被家畜消化利用的纤维素和木质素，同时可增加一些菌体蛋白质、维生素及对家畜有益物质，软化饲料，改善味道，提高适口性和营养价值。

（1）自然发酵。将草粉与水按1∶1比例搅拌均匀，冬天最好用50℃温水，可在地面堆积，水泥池中压实和装缸压实进行发酵，地面堆积需用塑料薄膜包好，3 d 后即可完成发酵。

（2）加精饲料发酵。100 kg 草粉中加 3 kg 麦麸、2 kg 玉米面，也可加 1 kg 尿素，或不加尿素，然后按自然发酵方法发酵。由于微生物生长需丰富的碳水化合物，而且麸皮含淀粉酶，能促使淀粉转变为麦芽糖，促进微生物大量繁殖，2~3 d 可完成发酵，这种发酵效果非常好。

（3）人工瘤胃发酵。根据牛、羊瘤胃特点，模拟牛、羊瘤胃内的主要生理条件，即温度恒定为 38~40 ℃，pH 值 6~8 的厌氧环境，保证必要的氮、碳和矿物质营养，采用人工仿生制作的方法。处理后的粗饲料质地明显呈"软、黏、烂"，汁液增多。

（4）秸秆微贮。在农作物秸秆中加入微生物高效活性菌种，放于密封容器中贮藏，经一定时间厌氧发酵，使秸秆变成具有酸香味，牛、羊喜食，并可长期保存的饲料。

制作良好的微贮饲料能显著提高消化率、适口性、采食量，由于微生物的活动，也大大提高了饲料的营养价值。但这种方法需要细致的操作和特备的环境与设备，成本相对较高。

二、青干草、草粉、草块（草饼）的调制技术

（一）青干草

青干草调制，必须将植物体内的水分快速散失，减少养分的损失。方法主要有：自然干燥法和人工干燥法。青干草的干燥法有：①田间干燥法，②草架干燥法，③化学制剂干燥法，④人工干燥法。

品质评定：调制出的青干草标准含水量应为 15%~17%；基本颜色应为绿色；清新芳香的气味；植物学营养成分损失少；叶片越多越好。

（二）草粉

将青干草加工成草粉，从保存营养角度看，其营养成分损失较少。优质草粉取决于原料的营养成分及其加工工艺。

（三）草块（草饼）

草块指将秸秆或牧草先经切碎或揉搓后，经特制的机器压制成高密度块状饲料。适于喂反刍动物。加工质量的好坏与原料的长度、湿度、压力和温度，添加辅料装置，冷却和干燥程度等有关。较好的草块应表面光滑、平整，无大于 5 mm 的裂痕；整体尺寸比例合适；纤维长度适宜。

草块制作一般需有一定的加工设备、严格的制作工艺和较大的投资，故

不适于养殖户制作，但有利于产业化加工调制和商品化的流通。

第二节 青饲料加工技术

一、一般加工调制技术

（1）切碎。青饲料经切碎后便于采食、咀嚼，减少浪费，有利于和其他饲料均匀混合。切碎的长度可依家畜种类、饲料类别及老嫩状况而异。

（2）打浆。青饲料经打浆后更加细腻，并能消除某些饲料的茎叶表面毛刺而利于采食，提高利用价值。打浆前应将饲料清洗干净，除去异物，有的还需先切短，打浆时应注意控制用水，以免含水过多。

（3）闷泡和浸泡。对带有苦涩、辛辣或其他异味的青饲料，可用冷水浸泡和热水闷泡 $4\sim 6~h$ 后，去掉泡水，再混合其他饲料饲喂家畜，这样可改善适口性，软化纤维素，提高利用价值。但泡的时间不宜过长，以免腐败或变酸。

（4）发酵。利用有益微生物（如酵母菌、乳酸菌）在适宜的温湿度下进行繁殖，从而软化或破坏细胞壁，产生菌体蛋白质和其他酵解产物，把青饲料变成一种具有酸、甜、软、熟、香的饲料。经发酵可改善饲料质地或不良气味，并可避免亚硝酸盐及氰氢酸中毒。

（5）热煮。一些含毒的青饲料喂前必须经蒸煮。如马铃薯生喂时，其中的龙葵素就会引起家畜呕吐、消化障碍、便秘和下痢，孕畜食后可导致流产。草酸含量高的野菜类，经加热可将草酸破坏，从而提高干物质及无氮浸出物的消化率，同时也有利于钙的吸收和利用。

二、叶蛋白饲料提取技术

叶蛋白，又称绿色蛋白浓缩物（简称LPC），是从植物叶片中提取的蛋白质浓缩物，通过机械破碎、压榨、凝聚等工艺分离叶细胞内容物，经干燥制成。原料来源广泛，包括苜蓿、三叶草、苋菜等高蛋白绿叶植物，以及农作物副产品（如甘薯叶、甘蔗梢）。其粗蛋白含量可达 $40\%\sim60\%$，且富含维生素、矿物质及必需氨基酸，是一种优质的植物性蛋白资源。

（一）叶蛋白饲料的生产加工

（1）叶蛋白原料应具备的条件。原料应具备的条件：①蛋白质含量高；

②叶量丰富；③含有毒成分及胶质、黏性物质；④原料生长速度快。

（2）常用原料的选择。主要有豆科牧草、禾本科牧草、混播牧草、苋菜、苦荬菜、甜菜、萝卜、向日葵和蔬菜等茎叶，以及新鲜树叶与水生植物（如浮萍）等。常以苜蓿为首选叶蛋白原料。

（3）原料的刈割期与含水量。原料应在蛋白质含量最高时（豆科牧草现蕾期，禾本科牧草孕穗期）及时刈割。其含水量一般为80%~82%，可榨取出较多的草汁，占鲜重的50%~60%。

（二）叶蛋白饲料利用前景与挑战

叶蛋白饲料需专业设备提取，能耗与初期投资较大，某些原料含单宁、皂苷等，需通过发酵或酶解预处理；叶蛋白易氧化，贮存时需添加抗氧化剂或真空包装。随着绿色养殖与循环农业的推进，叶蛋白饲料因其资源高效性和低碳属性，有望成为未来蛋白饲料的重要补充，尤其在生态牧场与水产集约化养殖中潜力显著。

第三节　青贮饲料调制技术

青贮饲料就是把青饲料填入密闭的青贮窖（或壕塔）中经过微生物的发酵作用而调制成的柔软多汁、气味芳香、营养丰富、容易贮藏、可供冬春季饲喂家畜的多汁饲料。

一、青贮饲料的优越性

（1）有效地保存青绿植物的营养成分。
（2）保持原料青绿时的鲜嫩汁液。
（3）扩大饲料资源。
（4）保存饲料经济而安全的方法。
（5）青贮可以消灭害虫及杂草。

二、青贮原理

（1）青贮原理。利用乳酸菌对原料进行厌氧发酵，产生乳酸。当酸度降到pH值4.0左右时，包括乳酸菌在内的所有微生物停止活动，且原料养分不再继续分解或消耗，从而长期将原料保存下来。

（2）青贮完成的过程。从青贮原料刈割到青贮完成的整个过程分为三个阶段：①青贮原料装填，温度升高，产生醋酸；②耗氧，产生乳酸；③有益菌的繁殖，有害菌抑制。以上三阶段需用 17~21 d，这与原料因素等有关。

（3）乳酸菌迅速繁殖的条件。为了保证发酵过程的顺利进行，必须创造有利于乳酸菌迅速繁殖的条件：①青贮原料中含有一定量的可溶性糖；②适宜的水分；③适宜的温度。

三、青贮设备

（一）地下式和半地下式青贮设备

在地下水位较高的地方，采用半地下式。贮量少的，多用圆形青贮窖；而贮量多的，以长方形沟状的青贮壕为好。

半地下式青贮窖或壕的一部分位于地下，另一部分位于地上。

（二）地上式青贮设备

地上式青贮设备如青贮塔，适用于在地势低洼，地下水位较高的地方采用。

四、青贮饲料的调制

（一）一般青贮饲料调制方法

包括原料选择、切碎、装填、压实、密封和管护 6 个步骤。

1. 选择

主要是选择好青贮原料及适宜收割期。一般常用的玉米青贮料在籽实蜡熟时收割，禾本科牧草在抽穗期收割，豆科牧草在开花初期收割为好。利用农作物茎叶作为青贮原料，应尽量争取提前收割，但也要考虑作物的收成情况。常见的青贮原料有青刈玉米、青刈高粱、禾本科青草等。

2. 切碎

为了便于青贮时压实以排除原料空隙中的空气，使原料中含糖汁液渗出，湿润原料表面，有利于乳酸菌的迅速繁殖和发酵，提高青贮料的质量，便于家畜采食，要适度切碎青贮原料。原料的切碎程度按饲喂家畜的种类和原料的不同质地来确定。

3. 装填

青贮原料应随切碎，随装填。快速压实。一般说来，一个青贮设施，要在2~5 d内装满。装填时间越短越好。

4. 压实

青贮料要压得越实越好,特别要注意靠近墙角的地方,不能留有空隙。尽量做到边装窖、边踩实,及时封窖。

5. 密封

青贮料装满后,须及时密封和覆盖,目的是造成设备内的厌氧状态,抑制好氧菌的发酵。一般应将原料装至高出窖面1 m左右,踩踏成馒头形或屋脊形,以免雨水流入窖内。

6. 管护

在封严覆土后,要注意后期管护。四周挖排水沟;仔细观察修补;注意鼠害;杜绝透气并防止雨水渗入。最好能在青贮窖、青贮壕或青贮堆周围设置围栏,以防牲畜践踏,踩破覆盖物。这样经过30~60 d,就可开窖使用。

(二) 特种青贮饲料的调制

(1) 低水分青贮法。也叫半干青贮,与一般的青贮方法不同之处,在于它要求原料的含水量可降低到40%~50%。收割后的原料含水量减少的速度要快,要求青贮原料切碎的程度较一般青贮法的应短些,切成2 cm为好。

低水分青贮的生产工序与一般青贮的调制方法基本相同,它们的不同在于低水分青贮含干物质多,发酵过程慢,对糖分的要求不很严格。

(2) 混合青贮法。即高水分青贮法,适用于蔬菜类、根茎类及水生植物等含水量高的原料。常用的混贮有:玉米秸与苜蓿按3∶1左右的比例混贮;玉米秸与甘薯块切碎加10%左右的谷糠混贮;甘薯藤与花生秧按2∶1左右的比例混贮;菜叶、野草中加入适量的谷壳混贮等。

(3) 添加剂青贮法。此法除了在原料中加入外源添加剂外,其余方法均与一般青贮方法相同,但应注意所添加的添加剂一定要混合均匀。

第四节 籽实饲料加工技术

籽实饲料加工通过对谷物类种子(如玉米、小麦、大豆等)进行粉碎、压片、膨化、发酵或制粒等物理、化学及生物处理,破坏其坚硬种皮和细胞结构,促进淀粉糊化与蛋白质释放,同时降解部分抗营养因子(如植酸、胰蛋白酶抑制剂),从而提高能量与营养物质的消化利用率。其优点在于显著提升单胃动物对淀粉的消化率(10%~30%)、改善饲料适口性与均匀性、降低霉变风险并适配集约化养殖的自动化需求;但加工过程也存在成本高、热敏性营养素损失、过度粉碎引发粉尘或反刍动物瘤胃酸中毒等缺陷,且须严格管控贮存条件以避免吸湿变质。此外,化学处理可能残留有害物质,需要工艺精准调控。总体而言,籽实饲料加工通过优化营养释放与生产效率成为现代养殖的核心技术,但需权衡加工强度、成本及动物生理特性,以实现经济效益与营养安全的最佳平衡。

一、粉碎与磨碎

粉碎是籽实饲料最普通的加工方法,简便、经济。粉碎可以提高一些小而硬的籽实的消化率,但不宜太细。粉碎粒度因畜种不同而异,猪和老弱病畜为粒径 1 mm、牛羊为 1~2 mm、马为 2~4 mm,禽类粉碎即可,粒度可大一些,鹿的饲料粒径以 1~2 mm 为宜。但需注意含脂量高的饲料(如玉米、燕麦等)磨碎后不宜长期保存。

二、压扁

(1) 干碾压相当于粗略的粉碎,颗粒大小可以有很大的不同。

(2) 蒸汽压片和加压蒸煮,干燥饲料中通入适当的水蒸气,热蒸汽加温至 120 ℃左右。该方法处理后的籽实饲料提高了消化率和能量利用率,同时营养齐全,适口性好,可以单独饲喂家畜。

三、加热处理

(1) 蒸煮。豆类饲料含有胰蛋白酶抑制素,豆腥味,影响适口性。加热处理能改善黄豆的营养特性和适口性,但加热时间不宜过长。一般为 130 ℃蒸煮不超过 20 min。

(2) 微波热处理。该法是用波长 4~6 μm 的红外线辐射(干热处理),使饲料的消化能力、家畜生长速度和饲料转化率都显著提高。

(3) 膨化制粒。膨化过程中,籽实的水分变成蒸汽,引起籽实爆裂,使籽实淀粉的利用率提高,但使饲料的密度降低。然后采用机械(如颗粒机)将籽实饲料制成颗粒料。

(4) 焙炒。可以提高籽实饲料的适口性和饲料利用率,破坏不稳定的生长抑制因子。

四、生物调制法

（1）发芽 籽实发芽的目的在于补充饲料中维生素的不足。

调制方法是将准备发芽的大麦用 15~16 ℃清水浸泡 1 d，然后把水倒掉，将籽实放在盆或其他容器内，上面盖一层湿布，保持 15 ℃温度。3 d 后出根须，用清水冲洗，移入发芽盘中，保持 15~20 ℃室温。经 6~8 d，芽的长度达 6~8 cm 即可切碎饲喂畜禽。

（2）糖化 是利用谷物籽实和麦芽中淀粉酶的作用，把饲料中的淀粉转化为麦芽糖，从而提高饲料的适口性。在磨碎的籽实饲料中加入 2.5 倍水，搅拌均匀后置于 55~60 ℃的温度下，4 h 后饲料中的含糖量增加到 8%~12%。如果加入 2%的麦芽，糖化作用更快。

（3）发酵籽实饲料 的发酵是通过微生物的作用增加饲料中的 B 族维生素和各种酶、醇等芳香刺激性物质，从而提高饲料适口性和营养价值，原料要求为富含碳水化合物的籽实，豆类不宜发酵。

发酵方法：每 100 kg 粉碎的籽实加酵母 0.5~1.0 kg。先用温水将酵母稀释，在 150~200 kg（30~40 ℃）的温水中边搅拌边倒入 100 kg 的饲料搅拌均匀，以后每 30 min 搅拌一次，经 6~9 h 发酵完成。发酵箱内的饲料厚度以 30 cm 为宜，温度为 20~27 ℃，并要求有良好的通气条件。

第五节 饲料去毒加工技术

饲料的去毒加工是为了消除或降低原料中的天然毒素（如棉籽粕中的棉酚、菜籽粕中的硫苷）、霉菌毒素（如黄曲霉毒素）及抗营养因子（如大豆胰蛋白酶抑制剂），以保障动物健康并提升饲料利用率。毒素会抑制动物生长、损害器官功能甚至导致死亡，还可能通过食物链威胁人类食品安全，因此去毒是饲料安全的核心环节。加工方法包括物理法（筛选、高温蒸煮、水洗）、化学法（酸碱中和、吸附剂结合）和生物法（微生物发酵或酶解），例如膨化处理可破坏大豆抗营养因子，硫酸亚铁能螯合棉酚，而乳酸菌发酵可降解菜籽粕中的硫苷。去毒需针对性选择工艺：物理法成本低但效率有限，化学法可能残留有害物质，生物法则兼具营养提升但耗时较长。尽管技术可显著降低毒素风险，但无法完全清除某些顽固毒素（如部分霉菌毒素），需结合原料质量控制、严格贮存管理及精准加工参数，以减少营养损失或次生危害。现代养殖中，去毒加工与饲料配方优化协同，成为平衡安全、效益与可持续发展的关键措施。

一、低毒牧草及饲料作物的去毒加工

（一）草木樨

草木樨含有香豆素，但香豆素本身并不是有毒物质，它在感染霉菌后，在细菌的作用下可将香豆素转变为具有毒性的双香豆素，它能阻止凝血素的形成。

用清水浸泡草木樨可部分除去香豆素和双香豆素。另外，用不同浓度的碱液（1%~20%的石灰水）将草木樨浸泡4~8 h，均能大幅度除去草木樨中的香豆素。

（二）箭苦豌豆

箭苦豌豆茎叶是优质青饲料。其主要有毒成分是一种生氰糖苷-毒蚕豆甙，通常可采用浸泡、蒸煮、焙炒等方法，使毒蚕豆甙水解形成氢氰酸后，遇热挥发而除去。

（三）银合欢

银合欢作为单一饲料喂饲过多时，可引起家畜中毒。其含有一种有毒氨基酸——含羞草氨酸，在瘤胃微生物作用下含羞草氨酸转化为3-羟基-4-吡啶酮（简称"DHP"）而对家畜产生毒害。去毒处理方法有：

（1）加热法将银合欢干粉煮沸或蒸煮2 h。

（2）水浸泡24 h（换水2~3次）。

（3）添加铁剂铁盐在胃肠道中可阻碍动物对含羞草氨酸的吸收，故可在银合欢干粉中添加0.02%~0.03%的硫酸亚铁。

（4）微生物处理将能分解DHP的细菌培养物直接注入瘤胃，这种细菌在瘤胃中能迅速繁殖并分解利用DHP。

（四）高粱

高粱籽粒中含有有毒物质——单宁，高粱的茎叶中含有生氰糖苷，家畜直接采食后可引起出血性与溃疡性胃肠炎，发生腹痛、腹泻等。脱毒处理方法有：

1. 机械脱毒

单宁存在于籽实的种皮，用机械加工脱去外皮，可除去大部分单宁。

2. 水浸或煮沸

用冷水浸泡2 h或用开水煮沸5 min，可脱去约70%的单宁，对于高粱茎叶采取此方法也可将生氰糖苷水解为氢氰酸，进而加热挥发而脱毒。

3. 碱液处理

用20%NaOH溶液在70 ℃下处理6 min，除去籽实外壳后，将脱壳的籽粒在60 ℃温水内，边搅拌边溢流30 min，可完全除去单宁。

4. 氨化法

可将高粱籽实置于塑料袋中，加入NH_4OH（含30%NH_3），封存7 d（低压法）；或在80 Pa条件下用NH_3对高粱处理1 h（高压法）。

（五）木薯

木薯的根、茎、叶都含有生氰糖苷，其中以块根中含量最多。可采取水浸、晒干及加热等方法去毒，以提高饲用价值。

1. 木薯块根常用的去毒方法

（1）煮熟水浸法。将木薯去皮，切成小段，煮熟，放入清水浸漂1~2 d，即可饲用。

（2）生薯水浸、晒干法。木薯去皮后，放在流水中浸泡3~5 d（或放在水池中）然后切片晒干备用。

（3）加工制薯粉或薯干。将生薯切片晒干，磨成薯粉保存，在饲用前浸水去毒。

2. 木薯叶去毒方法

在块根收获之前采摘木薯叶，少量喂用时，可将鲜叶直接混入其他饲料中喂给，如果喂量较大，则应去毒。

（1）晒干。将木薯叶晒干制成叶粉。

（2）煮熟。将木薯叶煮熟（或煮至半熟）后水洗。

（3）青贮。将鲜叶切碎青贮发酵去毒，青贮90 d即可饲用。

3. 木薯渣

木薯渣是用木薯提制淀粉后的残渣。由于加工时经过粉碎、水洗，已将毒物大部除去，故可不再经去毒而直接饲喂。但应注意贮存，以防霉变酸败。

二、其他饲料的去毒加工

（一）棉籽饼粕

棉籽饼粕是棉籽经压榨浸油后的残留物，其含有游离棉酚等有害成分。

1. 化学去毒法

在棉籽饼中加入某种化学药剂，使棉酚破坏或变成结合状态。

(1) 硫酸亚铁浸泡法。将粉碎后的棉籽饼用1%的硫酸亚铁溶液（用量为棉籽饼重的5倍）浸泡1 d左右，泡后倒去处理液，再用清水浸泡2次，可直接与其他混合料搅拌饲喂。如果将棉籽饼和菜籽饼按1：2比例混合使用，不仅可提高蛋白质的利用率，还可降低两者的毒性。此法具有效果好、成本低、简便易行的优点，是目前国内外通用的棉籽饼粕去毒法。

(2) 碱处理法。在饼粕中加入烧碱或纯碱的水溶液、石灰乳等，加热蒸炒，使饼粕中游离棉酚破坏或成为结合状态。也可将饼粕用碱水浸泡，再用清水淘洗后饲喂。此法可使饼粕中部分蛋白质和无氮浸出物溶解与流失，从而降低饼粕的营养价值。

2. 加热处理去毒法

把粉碎后的棉籽饼放入旺火上煮沸2 h，能使毒性大大降低，倒掉处理液再用清水浸泡2~3次即可使用。也可用焙炒等加热处理，使棉酚与蛋白质结合而去毒。

3. 微生物发酵去毒法

将棉籽饼与其他饲料混合，加入发酵粉，然后加水拌匀装入密闭容器中贮存至产生酒香味即可。此方法仍处于试验阶段。

(二) 菜籽饼粕

菜籽饼粕是油菜籽经机械压榨或溶剂浸提制油后的残留物，其含有芥酸、硫代葡萄糖苷、单宁等有毒物质，则影响了其在畜禽饲料中的应用。硫代葡萄糖苷本身无毒，但其水解产物异硫氰酸酯、噁唑烷硫酮、硫氰酸酯和腈则对家畜都会产生毒害作用。

菜籽饼粕的脱毒方法：

1. 坑埋法

把菜籽饼粕按1：1比例加水，拌匀后按500~700 kg/m³埋于地下坑内。挖好坑后，坑底及四周用塑料膜铺好，然后将菜籽饼粕埋入坑内，上面用塑料膜盖好，并封土20 cm。经60 d的自然发酵后脱毒率可达94%。地下水位低且气候干燥的地区较适宜。

2. 水浸洗法

把菜籽饼粕放在水缸里，按饼粕重量的5倍加入清水，在36 h的浸泡过程中，换水5次，脱毒率可达90%。但水溶性营养物质损失较多。

3. 微生物脱毒法

用筛选出的菌株对菜籽饼进行固态发酵，脱毒率可达74%~100%。

4. 热喷脱毒法

将原料装入热喷罐内，密封后通入蒸汽，在约 0.2 MPa 压力下，维持约 30 min 至 1 h，再加空气至 1 MPa，骤然减压，将物料喷放至捕集器内，经干燥后包装即为成品。用热喷设备处理菜籽饼粕可以达到测不出毒素的效果，由于处理时间短，营养成分损失小，可改善饲料适口性，提高消化率。

5. 醇类水溶液处理法

醇类（多用乙醇和异丙醇）水溶液可提取出饼粕中的硫代葡萄糖苷和多酚化合物，还能抑制饼粕中酶的活性。此法的缺点是耗用溶剂较多，饼粕中醇溶性物质（如醇溶性蛋白质）损失较多。

6. 化学物质处理法

可采用碱、氨、硫酸亚铁等处理。碱处理法可破坏硫代葡萄糖苷和绝大部分的芥子碱；氨处理法同时进行加热，氨可与硫葡萄糖苷反应，生成无毒的硫脲；硫酸亚铁处理法，铁离子可与硫代葡萄糖苷及其降解产物分别形成螯合物，使其失去毒性。

（三）其他饲料的去毒处理

花生饼一般在 120 ℃ 左右加热可破坏胰蛋白酶抑制剂，从而降低毒害作用；亚麻籽饼经水浸泡而后煮熟（煮时将锅盖打开），可以使氢氰酸挥发而消除其毒性；蓖麻饼多用蒸汽和煮沸法，若进一步用水冲洗，则效果更好；酒糟则采用晒干、烘干或青贮的方法；豆腐渣则采用加热煮熟的方法等。

轻度污染的饲料或原料经脱毒处理使毒素含量符合卫生标准后可再利用。主要的脱毒方法有：

1. 剔除霉粒法

毒素主要集中在霉坏、破损、变色及虫蛀的粮粒中，如将这些粮粒挑选除去，可使毒素含量大大降低。

2. 碾压加工法

霉菌污染粮粒的部位主要在种子皮层和胚部，因此通过碾压加工，除糠去胚，可减少大部分毒素。

3. 水洗法

用清水反复浸泡漂洗，可除去水溶性毒素。有的霉菌毒素虽难溶于水，但因毒素多存在于表皮层，反复加水搓洗，也可除去大部分毒素。

4. 吸附法

白陶土、活性炭等吸附剂能吸附霉菌毒素。

5. 化学药物去毒法

用碱处理植物油中的黄曲霉毒素，可使其结构破坏而去毒。

6. 微生物去毒法

即筛选某些微生物，利用其生物转化，使霉菌毒素破坏或转变为低毒物质。如无根根霉、橙色黄杆菌。

第六节　配合饲料加工技术

一、配合饲料生产工艺特点

（一）配合饲料的加工工序

配合饲料的加工过程主要含以下工序，即原料接收、原料清理、粉碎、配料混合、制粒、挤压膨化、包装贮存等。

1. 原料接收

接收是指将生产所需原料送入库房、筒仓、料仓或液体罐（液态原料，如油脂等）进行贮存的过程。

2. 原料清理

原料清理是用清理筛或永磁筒对饲料原料中的杂质（铁屑、石块等）进行清除的过程。

3. 粉碎

粉碎是用粉碎机对块状、粒状饲料原料进行破碎，变成粉状物的过程。粉碎是饲料加工中的重要工序之一，它关系到配合饲料的质量、产量、电耗和成本。

4. 配料混合

配料混合是对所需饲料原料用配料秤称量和用混合机混合的过程。配料时应该按所需原料的质量精确称量，混合均匀。配制过程关系着配合饲料能否达到配方设计要求，是饲料厂的核心部分。

5. 制粒

制粒是用制粒机对粉状配合饲料经挤压后制成颗粒状饲料的过程。

（二）配合饲料的加工工艺

配合饲料的加工工艺传统上分为两类，一是先粉碎后配合工艺，二是先配合后粉碎工艺。这两种基本工艺各有其特点，可根据生产要求和饲料厂实际情况进行选择。

1. 先粉碎后配合加工工艺

需要粉碎的原料通过粉碎设备逐一粉碎成单一品种的粉状饲料原料后，分别进入各自的配料仓，按照饲料配方的配比，对这些粉状的原料（包括饲料添加剂）逐一计量后，进入混合设备进行充分的混合，即成粉状配合饲料。如需要压粒就进入压粒系统加工成颗粒饲料。

2. 先配合后粉碎加工工艺

先将各种原料（不包括饲料添加剂）按照饲料配方的配比，进行计量配合在一起，然后进行粉碎，粉碎后的粉料进入混合设备进行分批混合或连续混合，并在开始混合时，将稀释好的维生素、微量元素等添加剂预混料加入，混合均匀后即为粉状配合饲料。

如果需要将粉状配合饲料压制成颗粒饲料，则在粉状饲料中通入蒸汽，加热使之熟化后，进入压粒机进行压粒，然后再用冷却机冷却即为颗粒饲料。破碎料是用破碎机按动物需要把压制成的颗粒饲料破碎成大小不同的饲料，然后再用分级筛筛分而成。

3. 先配合后粉碎二次配合加工工艺

将需要粉碎的主要原料和不需要粉碎的副原料分别配合，需要粉碎的主要原料配合后进入粉碎机粉碎，不需要粉碎的副原料配合后直接进入混合机混合，这种加工工艺称为改进型先配合后粉碎加工工艺，即先配合后粉碎二次配合加工工艺。这种加工工艺具有可以节省部分动力和原料仓，以及操作简单等特点，适合于小型饲料加工厂。

（三）预混合饲料的生产工艺

预混合饲料的生产是将畜禽所需要的微量成分如维生素、微量元素、氨基酸、抗氧化剂、防腐剂、生长促进剂等，分别或一起与一定数量的载体或稀释剂进行均匀混合。所需要的原料主要由各种饲料添加剂和载体或稀释剂构成。

1. 原料的预处理

各种添加剂一般都在添加剂生产厂进行过预处理，对达不到预混料生产要求的原料，预混料生产厂要进行预处理。

（1）载体、稀释剂的预处理。载体是接受和承载活性微量组分的非活性物质。载体与活性微量组分混合后，微量组分能够被吸附或镶嵌在载体上面，同时改变微量成分的混合特性和外观形状。稀释剂是一类能改变微量组分浓度，但不能改变其混合特性的可饲物质，其主要作用是稀释微量组分的浓度。载体与稀释剂一般在预混料生产厂进行预处理，其方法主要有烘干和粉碎。

①烘干：载体、稀释剂的水分含量越低越好，若水分含量超过10%，就需要进行烘干去水。

②粉碎与分级：载体粒度在30目（590 μm）到80目（170 μm）比较理想，对于稀释剂可在30目（590 μm）到200目（74 μm），推荐稀释剂的粒度为其稀释活性成分的2倍。

（2）微量元素添加剂原料的预处理。由于微量元素添加剂大多为氧化物及盐类，其中以硫酸盐居多，而硫酸盐的最大缺点就是吸湿返潮，会影响后续的加工、设备寿命和维生素等养分的稳定性，所以必须经过预处理。常用的处理方法有：

①烘干：通过烘干去除全部游离水及部分结晶水。最好将物料分子降至一个结晶水。

②添加防结块剂：在某些特别容易吸湿结块的矿物原料中可添加少量吸水性差、流动性好、对畜禽无害的某些防结块剂，如氧化硅、硅酸镁、硅酸铝钙、硬脂酸镁等，以防止其结块。但防结块剂的用量不得超过2%。

③涂层包被：对物料进行"隔水屏障"处理，从而达到包被保护的目的。主要方法有：矿物油包被——将矿物油按0.05%的比例，直接添加在混合机内与微量元素混合，即可保证干燥的微量元素不再吸湿返潮；石蜡包被——主要用蜂蜡和巴西棕榈蜡，作用与矿物油相同。

④络合或螯合：使用一些多糖复合物或矿物质蛋白盐类。目前使用的单一的氨基酸螯合物产品，如蛋氨酸锌、蛋氨酸铁等，使用效果较好。

⑤粉碎：经过上述处理的微量元素添加剂原料必须经过粉碎，才能达到粒度要求。各种矿物元素的添加比例差异较大，添加比例越小，要求粒度越小。一般的微量元素添加剂要达到0.1 mm的细度，碘、硒、钴等极微量元素则要粉碎至0.03 mm。

2. 预混合饲料生产工艺

预混料生产工艺流程为：

原料接收→载体与稀释剂预处理→配料→稀释混合→主混合→计量包装（自动打包机）

为了提高配料精度，一般采用分组配料即大料用大秤，小料用小秤。对于微量组分，先按一定配比稀释混合再参与主配料。混合机的进料顺序为先加载体或稀释剂的80%和油脂混合均匀后，再加微量组分和剩余的20%的载体或稀释剂进行充分混合。

二、配合饲料生产的注意事项

（一）严格进行加工设备的维护管理

应定期对设备的维护程序进行检查，对其中的关键点和孔径部更应频繁检查，每周对排料门、提升斗进行清扫，并检查磨损和渗漏情况。每周至少检查一次转轴、刮板及原料清洁设备。

（二）合理的原料加工

粉碎是原料加工的主要方法。饲料粉碎粒度的大小取决于用途和饲喂畜禽种类。当加工粉料时，一般粉碎成较大的粒度，鸡的粉料要求有较大的粒度。加工成颗粒饲料时，将原料粉碎成较小的粒度可以生产出优质的颗粒饲料。原料粒度均匀程度，至少影响着混合均匀度和粉料采食的均匀性。

（三）准确配料

配料控制是整个饲料加工过程中最主要的关键控制点，药物、微量元素、菜籽饼（粕）等添加过量都会带来严重污染。这就要求配料时必须在检查核对配方无误后，方可进行正常配料，并指定专人进行监督检查各种添加剂及饲料配制是否正确。货物盘存，特别是药物和微量原料的盘存应每日进行，并通过与配方添加量相比较成为连续检验计量准确性的手段。定期校验各种配料秤，确保配料计量准确。另外要随时检查配料仓的进料情况，不得换错仓。

（四）保证混合均匀，避免交叉污染

影响混合均匀度的主要因素有原料的粒度和形状、原料的密度和静电、原料的投入顺序、原料的数量、混合机的性能和状况、混合时间及物料的装填程度（充满系数）。

（1）次序配料和混合机的清洗。次序配料和混合机的清洗可以有效地避免交叉污染。

（2）合理的混合时间。必须严格按照规定的混合时间进行混合生产，不得随意缩短混合时间。定期进行混合均匀度的测定，以确保混合质量。

（3）原料加入混合机的顺序。加料顺序一般是配比量大的组分先加入或大部分加入机内，再将少量及经预混的微量成分置于物料上面；粒度大的先加入混合机，粒度小的后加入；容重小的先加入混合机，容重大的后

加入。

（4）尽量避免分级。避免分级的主要措施：混合物中各组分的粒度相同；添加一定比例的油脂或糖蜜；掌握好混合时间，不要过度混合；混合后物料的输送尽量简短，混合后的贮仓尽量小一点，装卸、运输尽量减少到最低程度；混合后立即压制成颗粒。

（五）加强制粒工的培训和管理，提高颗粒饲料的加工质量

颗粒饲料的加工质量取决于制粒机械的性能，也取决于操作人员的技术水平和责任心。制粒人员除严格执行操作程序，还应注意以下几个问题：

（1）在制粒工作期间，应多次检验颗粒料和碎粒料的质量，检查调质温度和湿颗粒温度。

（2）定期检查蒸汽量。

（3）不断检查冷却器的冷却效率。取样测定颗粒饲料的含水率。

（4）持续检验液体添加量。

（5）每周一次清理调制器。

第七节 颗粒饲料加工技术

一、颗粒饲料的优越性

利用机械将粉状配合饲料经挤压而制成粒状的饲料称为颗粒饲料。颗粒饲料与粉状饲料相比有许多优点。

（1）改善了适口性，有利于畜禽充分消化、吸收和利用各种营养物质，提高了饲料的消化率。

（2）动物不能挑食，保证每日供给的饲料具有良好的全价性。

（3）缩短采食时间，减少畜禽由于采食活动造成的营养消耗。

（4）饲喂方便，节省劳动力。

（5）颗粒饲料体积小，不易受潮，便于散装储存和运输。

（6）在装卸搬运过程中，各种组分不会自动分级，对保持饲料中微量成分的均匀性极为重要。

（7）颗粒饲料不易分散，减少了浪费和粉尘的产生。

（8）颗粒饲料在压制过程中，经蒸汽高温杀菌，饲料不易霉变生虫，有利于储存。

二、颗粒饲料的制粒工艺

制粒系统的工艺流程由预处理（如用调质器调质等）、压粒及后处理三部分组成。

三、影响制粒工艺效果的因素

（一）原料

由各种饲料原料组成的配合饲料，在制粒过程中各种来源的饲料成分相互影响。

1. 调质后原料中水分含量的影响

要压制高质量的颗粒饲料，需要加入一定的蒸汽进行调质。对一般物料而言，调质后的含水量在16%~17%时压粒效果最佳。

2. 原料化学成分的影响

淀粉、蛋白质、脂肪、纤维物质易产生热变性的成分，如脱脂奶粉、蔗糖、乳清粉等物料。

3. 原料粒度的影响

同一种原料的粒度不同以及粒度的组成不同，制得的颗粒不同。一般地说，物料粒度不均匀的比均匀的好。细的物料可使压模的磨损减小，制得的颗粒表面光滑。

（二）调质水分、温度和处理时间的影响

实践证明，物料调质的效果，除受水分温度影响外，还需要一定的时间，为增加调质的效果，可增加调质器的个数，使物料有充分的时间吸收蒸汽，以提高淀粉糊化度。

（三）压模与压辊的影响

压模速度的快慢决定了物料在压制室的累积及在模孔中的停留，即影响到颗粒成型、颗粒质量及压模的温度等。压模速度一般为 20~400 r/min。低速适宜于直径大的颗粒饲料和对热敏感的物料，高速一般对于容量小的物料效率较高。压制不同性质的物料，应选不同的压模参数。

（四）冷却器的影响

冷却器的效率对颗粒成品质量影响很大。冷却时应保证足够的风量，空气穿过物料层应均匀，颗粒与冷空气有足够的接触时间。从冷却后颗粒的温度可以判断冷却器的效果。

四、颗粒饲料的加工质量测定

颗粒饲料加工质量的测定项目包括含水率、容重、密度、坚实度、硬度，另外还有颗粒饲料的直径和长度、颗粒饲料的外观质量。对鱼虾饵料还要测定颗粒沉降性、漂浮性和水中稳定性，以及糊化程度等。

（一）含水率

在制粒机出口处每隔 5 min 接取颗粒料 50 g，共取 3 点。将样品分别放入 105 ℃烘干至恒重的称量瓶中立即称重，在 105 ℃恒温下烘干至质量不变为止，再次称重。计算含水率，并求其平均值。

（二）容重

在制粒机出口处接取颗粒饲料，待冷却后用容量器直接测出颗粒料的容量；或用测量取样容积和取样质量的方法，用下式计算颗粒料容量，共测 3 次，求其平均值。

$$容重（g/L）= \frac{颗粒质量（g）}{颗粒体积（L）}$$

（三）密度

在制粒机出口处取 3 粒成型颗粒料。待冷却后将两端磨平，按下式计算颗粒料的密度，每隔 5 min 测一次，共测 3 次，求其平均值。

$$颗粒密度（g/cm^3）= \frac{颗粒质量（g）}{颗粒实际体积（cm^3）}$$

（四）坚实度

坚实度是反映颗粒饲料的抗粉化性能。各国广泛采用美国堪萨斯州立大学提出的回转箱法进行测定。回转箱有单箱、双箱和四箱等多种形式。不论是几个箱体，其测定程序相同：把冷却后的颗粒料放在筛孔小于颗粒直径 1 mm 的编织筛上筛分，每只回转箱放入筛上物 500 g，使回转箱以 50 r/min 的转速连续运转 10 min（即 500 转）停机，然后取出样品，用上述编织筛再进行筛分。

（五）硬度

颗粒硬度不仅与坚实度有关，还和畜禽的适口性有关。但无论是从饲用效果还是从制粒成本的角度，都不能说是越硬越好。颗粒硬度可用颗粒硬度计来测定,用压力来表示。根据饲料品种的不同,一般为 0.06~0.12 MPa (0.6~1.2 kgf/cm²)。

(六) 水中的稳定性 (或耐水性)

鱼虾饵料一项重要的指标是饵料在水中的稳定性。水中稳定性是以饲料颗粒在水中不溃散的时间来表示,其测法是在 3 只容量为 500 mL 盛满清水的量杯中部设置网孔基本尺寸为 2.5 mm 金属丝编织的方孔筛网,取 3 粒颗粒饲料成品,分别投入筛网上,记录颗粒投入水中至开始溃散的时间,并求其平均值。

第八节 配合饲料质量管理

配合饲料的质量是配合饲料生产厂家的生命,它直接反映了企业的技术水平、管理水平和整体素质。产品质量不仅关系到配合饲料生产厂家的信誉和市场竞争力,更主要的是将直接影响广大养殖者的生产效益,影响养殖业的发展。因此,保证和不断提高配合饲料产品的质量是饲料企业赖以生存和发展的基础。质量管理是企业管理的中心,贯穿了原料验收、配方设计、生产、产品质量检测、产品包装和销售服务整个过程。

一、配合饲料质量标准

(一) 配合饲料的质量指标

衡量配合饲料质量指标主要包括感官指标、水分指标、加工质量指标、营养指标和卫生质量指标等。

1. 感官指标

感官指标主要指配合饲料的色泽、气味、口味和手感、杂质、霉变、结块、虫蛀等,通过这些指标可对配合饲料和一些原料进行初步的质量鉴定。配合饲料的感官检查是养殖户选用配合饲料时首先需要鉴定,并由此判断配合饲料优劣的比较容易的鉴定方法。

2. 水分指标

水分含量是判断配合饲料质量的重要指标之一。配合饲料的水分含量一般北方不高于 14%,南方不高于 12.5%。复合预混料水分不高于 10%。浓缩饲料的水分含量,一般北方不高于 12%,南方不高于 10%。

3. 加工质量指标

主要有配合饲料的粉碎粒度、混合均匀度、杂质含量以及颗粒饲料的硬度、粉化率、糊化度等。

4. 营养指标

是配合饲料质量的最主要指标。主要包括粗蛋白、粗脂肪、粗灰分、钙、磷、食盐、氨基酸以及维生素、微量元素等。另外消化能、代谢能虽不易测定，也是一项重要的营养指标。氨基酸指的主要是必需氨基酸的含量，通常主要考虑的是赖氨酸和蛋氨酸。营养指标更直接地影响到畜禽的生长和生产、饲料的转化效率和经济效益。

5. 卫生质量指标

卫生质量指标主要是指配合饲料中所含的有毒有害物质及病原微生物等，如砷、氟、铅、汞等有毒金属元素的含量，农药残留、黄曲霉毒素、游离棉酚、大肠杆菌数等。

(二) 配合饲料质量标准与饲料法规

为逐步实现配合饲料质量管理标准化，我国先后颁布了一系列国家标准。这些标准中有强制执行的国家标准，也有推荐执行的国家标准。

国家强制执行标准：饲料标签标准、饲料卫生标准和饲料检验化验方法标准。所谓强制执行标准是从事科研、生产、经营的单位和个人，必须严格执行的，不符合强制性标准的产品，禁止生产、销售和进口。

推荐执行标准：饲料名词术语标准、饲料产品标准、饲料原料标准、饲料添加剂质量标准。推荐执行标准，国家鼓励企业自愿采用。

饲料法规也称饲料法，具有法律效力。制定和实施饲料法规的目的在于通过法律手段确保饲料（包括饲料添加剂）的饲用品质和饲用安全，使饲料的生产、加工、销售、贮存、运输和使用等环节处于法律的监督之下，确保动物的健康和营养需要，确保饲料品质有利于养殖业的发展。同时，禁止使用某些危及人类健康和安全的饲料，保障人类食用动物产品的安全。

二、配合饲料质量管理的基本措施

为了不断提高配合饲料产品质量，适应养殖业的发展要求，必须对配合饲料质量进行全面管理。其基本措施包括以下几个方面。

(一) 加强质量教育工作

要提高职工的素质，认真开展质量教育工作，具有牢固的质量意识，树立"质量第一"的基本理念,明确饲料产品的质量与自己的切身利益紧密相关,是企业生存、发展和兴旺的根本所在。

(二) 建立健全质量管理制度体系

配合饲料质量管理工作要顺利开展,必须建立严格的质量管理制度,明确职工的具体任务、职责和权限。配合饲料质量管理制度通常包括原料购入和贮存制度、配方设计管理制度、生产管理制度、产品质量保证制度、产品留样观察制度和原料、产品质量检验化验制度等。

(三) 加强原料质量管理

原料质量管理包括原料采购管理、原料入库管理和原料保管管理等环节。原料采购必须严格按照原料标准进行。

(四) 优化配合饲料配方

科学合理地优化饲料配方是提高产品质量,降低成本,提高饲料转化效率,提高养殖业经济效益的重要途径。科学合理的饲料配方设计主要表现在达到规定的营养指标和良好的适口性;符合饲料卫生标准;产品成本合理;符合生产工艺要求;良好的饲养效果。

(五) 加强配合饲料生产过程的管理

加强配合饲料生产过程的质量管理,严格按设备要求操作,按配方要求进行配料生产,正确处理产量与质量的关系,坚持"质量第一"的理念。

(六) 严格质量检验化验管理

质量检验化验是判断和保证原料与产品质量的重要手段,对原料进厂检验化验是制定科学配方的主要依据。对产品的检测化验是确定产品是否合格,建立产品信誉和企业形象的重要保证。

(七) 不可忽视配合饲料使用过程的管理

优质的配合饲料只有科学地使用才能充分发挥其饲喂作用,才能给用户带来良好的经济效益,才能树立良好的产品信誉和企业形象,才能建立相对稳定的供求关系。另外,通过用户反馈的信息,不断改进配方,改进工艺,提高质量,才能始终立于不败之地。所以,配合饲料生产厂家要认真对待售后服务工作,定期或不定期地探访用户,指导用户正确使用配合饲料。

三、饲料质量检测的基本内容与方法

饲料质量检测是企业实施全面质量管理的重要环节,是保证配合饲料产品质量的必要手段。

(一) 质量检测的必要条件

1. 质量检测人员

必须经过专门的技能培训和技能考核，具备和掌握饲料检验化验的基本知识和操作技能，并由农业农村部主管部门发给检验化验员证书后才能上岗行使职权。质量检验化验人员行使职权时，要坚持原则、秉公办事，不得玩忽职守、徇私舞弊。

2. 专门的化验室

饲料质量检验化验是一项比较精细的操作，需要有专门的化验室。

3. 必备的药品试剂和仪器设备

配合饲料厂家应根据检测内容与方法，饲料管理部门的要求，必须配备相应的试剂和仪器设备，至少要配备饲料常规营养成分检测及加工质量检测所必需的药品试剂和仪器设备。

4. 原料及饲料产品的质量标准和检验方法标准

标准是从事生产和商品流通的一种共同的技术依据。我国先后已制定了一系列的原料和配合饲料质量标准及检测化验方法的国家标准，进行原料和产品质量检测化验时必须严格遵守。

(二) 质量检测化验的基本内容

1. 原料检测化验

主要是判断原料的真伪，测定其有效成分的含量，判断原料质量是否合格，或作为饲料配方设计的依据。

2. 加工质量检测化验

主要测定原料的粉碎粒度、配合饲料混合均匀度、颗粒饲料的硬度和粉化率等。

3. 配合饲料产品质量检测化验

主要是对配合饲料产品的感官性状、水分含量、有效成分含量等进行检测化验。

(三) 质量检测化验的基本方法

1. 感官鉴定

通过感官来鉴别原料和饲料产品的形状、色泽、味道、结块、杂质等。好的原料和产品应该色泽一致，无发霉变质、结块和异味。

2. 物理性检测

通过物理的方法对饲料的容重、密度、粒度、混合均匀度和颗粒饲料的硬度、粉化率等进行检测，以判断饲料原料或产品是否掺假，水分含量是否正常，产品加工质量是否达到要求。

3. 化学定性鉴定

利用饲料原料或产品的某些特性，通过化学试剂与其发生特定的反应，来鉴别饲料原料或产品的质量及真伪的方法。

4. 显微镜检测

借助显微镜对饲料的外部色泽和形态（用体视显微镜）以及内部结构（用生物显微镜）特征进行观察，并通过与正常样品进行比较从而判断饲料原料或产品的质量是否正常，特别是掺假情况。

5. 化学分析法

化学分析法是饲料检测的主要方法。主要用来检测饲料原料或产品的水分及有效成分含量的定量分析法。

将上述方法结合起来运用，基本上能保证对饲料原料或产品进行综合评定，准确判断其质量的优劣。

（四）质量检测的步骤

质量检测化验主要包括采样、制样和分析三个步骤。

四、ISO9000 认证与 HACCP 质量控制

（一）ISO9000 认证

1. ISO9000 族的产生和发展

ISO（International Organization for Standardization）是"国际标准化组织"的英文缩写。1979 年国际标准化组织成立了质量管理和质量保证技术委员会（TC176），负责制定质量管理和质量保证标准。1986 年发布了 ISO8402《质量——术语》，1987 年 3 月发布了 ISO9000《质量管理和质量保证标准——选择和适用指南》、ISO9001《质量体系——设计开发、生产、安装和服务的质量保证模式》、ISO9002《质量体系——生产、安装和服务的质量保证模式》、ISO9003《质量体系——最终检验和实验的质量保证模式》、ISO9004《质量管理和质量体系要素——指南》等 6 项标准，通称为 ISO9000 系列标准。

这套标准具有科学性、系统性、实践性和指导性，具有对世界范围质量

管理和质量保证的规范、统一、基础、指导作用。

2. 饲料工业建立 ISO9001 质量管理体系的意义

饲料工业建立 ISO9001 质量管理体系，引入国际先进的管理经验，对饲料工业的原料控制、粉碎、配料、混合、成形加工、包装、贮存、运输和售后服务等全过程进行有效控制，从而保证饲料产品质量。

（二）HACCP 质量控制

危害分析关键控制点（Hazard Analysis Critical Control Point，HACCP）是一种国际上认可的确保食品安全的一种预防性管理控制体系。1959 年，美国 Pillsbury 公司与国家航空航天局为生产安全的宇航食品创建了该质量管理体系。1971 年在美国食品保护学术会议上 HACCP 系统得到首次公布，1985 年美国科学院（NAS）推荐用 HACCP 系统预防和控制食品及食品配料中的微生物危害。我国 1990 年开始对 HACCP 进行研究，目前 HACCP 原理广泛应用于食品以及饲料加工企业。

第六章　饲料配方设计

第一节　配合饲料概述

配合饲料是根据不同动物种类、生长阶段及生产目标的营养需求，将能量饲料（如玉米、小麦）、蛋白质饲料（豆粕、鱼粉）、矿物质、维生素及功能性添加剂等原料，经科学配比与工业化加工制成的营养均衡型商品饲料。其核心在于通过精准调配各组分比例，弥补单一原料的营养缺陷，实现"全价"供给，从而提升动物生产性能与资源利用效率。其核心优势体现在三方面：一是科学配比显著提高饲料转化率，降低养殖成本；二是工业化生产保障质量稳定，避免传统自配料易出现的营养不均或毒素超标问题；三是集成添加剂技术（如益生菌、植酸酶）增强动物抗病力并减少环境污染（如降低粪便氮磷排放）。未来，配合饲料的发展将聚焦四大方向：一是精准营养与定制化配方，依托大数据与 AI 技术动态调整配方，适配动物个体差异及环境变化；二是绿色原料替代，开发昆虫蛋白、微藻、发酵副产品等新型蛋白源，缓解豆粕、鱼粉资源约束；三是功能性升级，通过纳米包埋、酶工程等技术提升添加剂效能，推动无抗养殖与免疫增强；四是低碳智能生产，利用物联网优化加工流程能耗，结合区块链实现全程可追溯，满足消费者对食品安全与可持续发展的双重需求。然而，行业也面临原料价格波动、微量营养素协同机制不明、小规模养殖户接受度低等挑战，需通过政策引导、技术创新与产业协同，推动配合饲料向高效、安全、环境友好的方向迭代，助力全球养殖业转型升级。

一、配合饲料的概念与种类

（一）配合饲料的概念

根据日粮配合设计要求，按照一定的工艺流程，包括粉碎、配料、混合,有时经过制粒等成形过程,将多种饲料加工成混合均匀的新产品即为配合饲料。习惯上是指能直接饲喂畜禽的具有全面营养价值的全价配合饲料。但作为工业化生产的系列产品之一,全价配合饲料只是其中的一种。发展配合饲料,可以最大限度地发挥畜禽生产能力,提高饲料转化率,使饲养者获得最佳经济效益。

(二) 配合饲料的种类

1. 按营养成分分类

(1) 添加剂预混合饲料。为了把微量的饲料添加剂均匀混合到配合饲料中,方便用户使用,将一种或多种微量的添加剂原料(各种维生素、微量元素、合成氨基酸和非营养性添加剂,如药物添加剂等)与稀释剂或载体按一定配比均匀混合而成的产品,称为添加剂预混合饲料,简称预混料。通常要求其在配合饲料中添加 0.01%~5%,一般按最终配合饲料产品的总需求为依据设计,因其含有的微量活性组分是配合饲料饲用效果的决定因素,常称其为配合饲料的核心。

预混合饲料又可分为单项预混合饲料和复合预混合饲料两种。

单项预混合饲料是指由单一添加剂原料或同一种类的多种饲料添加剂与载体或稀释剂配制而成的均匀混合物,生产中常将单一的维生素、单一的微量元素(硒、碘、钴等)、多种维生素、多种微量元素各自先进行初级预混分别制成单项预混料。

复合预混合饲料是指按配方和实际要求将各种不同种类的饲料添加剂与载体或稀释剂混合制成的匀质混合物。如微量元素、维生素及其他成分混合在一起的预混料。

(2) 浓缩饲料。由添加剂预混合饲料、蛋白质饲料和常量矿物质饲料(钙、磷和食盐)配制而成的配合饲料。浓缩饲料含营养成分的浓度很高,某些成分为全价配合饲料的 2.5~5 倍,但必须按一定比例与能量饲料混合后,才能构成全价配合饲料或精饲料补充饲料。一般在全价配合饲料中占 20%~40% 的比例。

(3) 全价配合饲料。由能量饲料(占 60%~80%)和浓缩饲料配合而成。它能全面满足动物的营养需要,并可直接用来饲喂动物。全价只是相对的,配合饲料所含养分及其比例越符合动物营养需要,越能最大限度地发挥动物生产潜力及经济效益,此种配合饲料全价性也越好。

(4) 精饲料补充饲料。主要由能量饲料、蛋白质饲料和矿物质饲料等组成的一种配合饲料,用于牛、羊等草食家畜,旨在补充青粗饲料中养分的不足。

另外，在我国许多农村地区动物饲料中经常使用混合饲料，它是由某些饲料原料经过简单加工混合而成，为初级配合饲料，主要考虑能量、蛋白质、钙、磷等营养指标。混合饲料可直接用于饲喂动物，但饲养效果不够理想。

2. 按饲料形状分类

根据饲料形状不同，配合饲料可分为粉料、颗粒饲料、破碎料、膨化饲料、压扁饲料等。

（1）粉料。粉料一般是将原料磨成粉状后，根据饲养标准的要求加上添加剂预混料均匀混合而成。粉料是配合饲料最常用的形式，各种配合饲料都可制成粉料形式。其优点是生产加工工艺简单，加工成本较低，动物采食均匀，应用广泛。缺点是生产时粉尘大，损失较大，加工、贮藏和运输等过程中养分易受外界环境的干扰而失活，易引起动物挑食，造成浪费，此外利用粉料喂动物，对青饲料或糟渣饲料不能充分利用。粉料的粒度应根据动物种类、年龄等不同而有差异。

（2）颗粒饲料。颗粒饲料是指以粉料为基础经过蒸汽软化加压处理而制成的颗粒状配合饲料，多为圆柱状。其优点是饲料容重大，适口性好，可提高动物采食量，避免动物挑食，减少粉料在运输、喂料时的浪费，缩小饲料体积，便于保管，保证了饲料营养的全价性，饲料利用率高。缺点是加工过程中由于加热加压处理，部分维生素、酶等的活性受到影响。主要适用于幼龄动物、肉用型动物饲料和鱼的饵料。颗粒饲料的直径与动物种类和年龄有关。

（3）破碎料。破碎料是指将生产好的颗粒饲料经过破碎机加工的饲料。一般使用磨辊式破碎机破碎成 2~4 mm 大小的碎粒，破碎料是颗粒饲料的一种特殊形式。这类饲料的主要优点是为了解决生产小动物颗粒饲料时费工、费时、费电、产量低等问题，它具有颗粒饲料的各种优点。

（4）膨化饲料。膨化饲料可称漂浮饲料，是指把粉状的配合饲料加水、加温变成糊状，使其在通过挤压机的喷嘴时，在 10~20 s 内突然加热到 120~180 ℃，通过高压喷嘴挤压干燥，使饲料膨胀、发泡成饼干状，再加工成适当大小的饲料。其优点是适口性好，易于消化吸收，是幼龄动物的良好开食饲料。

（5）压扁饲料。压扁饲料是指将籽实饲料（玉米、大麦、高粱）去皮（反刍动物可不去皮），加入 16% 的水，通过蒸汽加热到 120 ℃ 左右，用压扁机压制成扁片状，然后冷却干燥处理，即制成压扁饲料。压扁饲料的优点是，由于加热时压扁饲料中一部分淀粉糊化，动物能很好地消化吸收，压扁后饲料表面积增大，消化液可充分浸透且消化酶充分作用，因此，能提高饲料的消化率和能量利用效率。压扁饲料可单独饲喂动物，应用广泛，使用方便，效果良好。

二、配合饲料的优越性

（一）最大限度地发挥畜禽的生产潜力，提高经济效益

配合饲料是根据动物的营养需要、动物消化生理特点及饲料的营养特点，应用动物营养学、饲料学等最新现代科技成果，运用科学配方设计技术制定饲料配方，并采用先进加工工艺生产。它避免了单一饲料营养物质不平衡而造成的饲料浪费，使饲料中各种营养物质比例适当，能够充分满足不同种类动物的营养需要，同时，也能够科学合理地选用各种饲料添加剂，减少了动物各类疾病的发生，从而最大限度地发挥动物的生产潜力，使动物生长快，产品产量高，饲料成本低，饲料消耗少，饲养周期短，提高饲料转化率和经济效益。发展和推广使用配合饲料，是现代养殖业实现高产、优质、低消耗、高效益的必经之路。

（二）充分合理高效地利用饲料资源，节约粮食

工业化生产配合饲料能充分利用人类可食用的谷物或人类不能直接利用的农副产品、牧草及其他饲料资源，如榨油工业、粮食加工业、屠宰业、发酵酿造业、制药业等的下脚料，企业可以大批量购入或直接进口质优价廉的饲料原料，促进饲料资源的开发，节约粮食，降低饲料成本，同时，有助于维持生态平衡，保护环境。

（三）具有预防动物疾病和保健助长的作用，保证饲用安全

配合饲料通常是采用现代化的成套设备，经过特定的加工工艺生产的，由于机械的强力搅拌，能把配合饲料中百万分之几含量的微量成分混合均匀，加之完善的原料和成品检测手段及质量控制体系，能够保证饲用的安全性，具有预防疾病、保健助长的作用。

（四）可减少养殖业的劳动支出和设备投资，利用方便

由专门的生产企业集中生产配合饲料，节省了养殖企业或养殖户的大量设备和劳动支出。因此，简化了养殖者的生产劳动，节省了畜牧场的劳动力

与设备的投入。

（五）工业化生产配合饲料产品，质量有保证

配合饲料应用面广、商品性强、规格明确，能够保证质量。

第二节　全价饲粮配方的设计方法

科学合理地设计饲料配方是科学饲养动物的一个重要环节，饲料配方的设计也是一项技术性及实践性很强的工作。只有不断地研究和改进饲料配方的设计工作，才能实施标准化饲养，经济合理地利用各种饲料资源，达到既能充分发挥动物的生产潜力，又能降低饲料成本和提高经济效益的目的。

一、日粮及饲粮的概念

日粮是指一昼夜内一头家畜所采食的饲料量。它是根据饲养标准所规定的各种营养物质的种类、数量和各种畜禽的不同的生理状态和生产性能，选用适当的饲料配合而成。当日粮中各种营养物质的种类、数量及其相互比例能满足畜禽的营养需要时，则称之为平衡日粮或全价日粮。

但是，通常绝大多数的畜禽是群饲，单独饲喂的情况较少。因此，生产中通常是为同一生产目的的大群畜禽，按其营养需要生产大量配合饲料，然后按日分顿喂给。从严格意义上讲，这种按日粮中饲料比例配制成的大量配合饲料，称为饲粮。

不论日粮、饲粮或配合饲料，都是根据动物的营养需要、饲料的营养价值、原料的现状及价格等条件，将多种饲料原料合理地确定配合比例而组成的，这种饲料的配比称为饲料配方。

单一饲料不能满足动物的营养需要，更不能构成日粮（饲粮）。因此，应按饲料配方的要求，选取若干种饲料及添加剂并合理确定搭配比例，使其所提供的各种养分均符合动物饲养标准规定的数量，这个设计步骤和生产过程，称为日粮（饲粮）配合。

参照饲养标准配合日粮（饲粮），可以合理利用饲料，充分发挥各种营养物质的作用和畜禽的生产潜力，符合经济生产原则。在进行饲料配合（包括日粮配合、饲粮配合及配合饲料的生产）时均需要有相应的饲料配方。

二、全价饲粮配方设计的原则

（一）依据饲养标准确定营养指标

由于动物种类、年龄、生理状况、生活环境及生产水平等不同，对各种营养物质的需要量也不同。因此，设计饲粮配方时，必须选择与畜禽种类、品种、性别、年龄、体重、生产用途及生产水平等相适应的饲养标准，以确定出营养需要指标。在此基础上，再根据短期饲养实践中畜禽生长与生产性能反映的情况予以适当调整。如果发现日粮（或饲粮）的营养水平偏高，可酌量降低；反之，则可适当予以提高。一般在原饲养标准基础上，调整幅度为10%左右，其中某些维生素的应激添加量为饲养标准的1~2倍，甚至高于饲养标准的几倍，以保证产品合格及有效。

（二）注意营养的全面与平衡

首先，必须满足动物对能量的要求；其次，考虑蛋白质、氨基酸、矿物质和维生素等的需要，并注意能量蛋白的比例、能量与氨基酸的比例等应符合饲养标准的要求。尤其是各种营养指标比例的平衡，使全价饲粮配方真正具备全价性、完全性的特点。

配合日粮时，首先应满足动物对能量的需求，①能量是动物生活和生产上最迫切需要的，只有在满足能量的基础上，才能考虑蛋白质、氨基酸、矿物质和维生素等的需要；②提供能量的养分在配方中所占比例最大，如果设计配方时先从其他养分着手，而后发现能量不足时，就必须对配方的组成进行较大的调整；相反，如果氨基酸、矿物质及维生素不足，可补充少量含这类养分的物质；③因为饲料的干物质基本上是由碳水化合物、脂肪和蛋白质这三种含能量的有机物质构成，饲料中可利用能量的多少，可代表这三种有机物利用率的高低。因此，以可供利用的能量作为评定饲料营养价值的单位，也都是以能量为依据，直接使用饲料中的消化能、代谢能和净能。

除了能量以外，配合的饲粮还应满足动物对蛋白质的需要，并注意能量蛋白的比例应符合饲养标准的要求。低能量高蛋白的日粮（或饲粮）会造成蛋白质饲料的浪费，高能量低蛋白日粮（或饲粮）会降低生产性能。所以，在一定范围内，蛋白质的供应要随着日粮（或饲粮）能量水平的提高而相应增加，随能量水平的降低而相应减少。

从某种程度讲，营养物质之间的科学比例比每个单一营养物质绝对含量更重要。因此，除了能量与蛋白质的比例关系外，还应考虑能量与氨基酸、矿物质与维生素等营养物质的相互关系，充分重视各营养物质的平衡。

同时，在配方设计时要吸收最新的研究成果，除考虑一般性营养指标及各种微量营养指标外，还应考虑动物因素、环境因素、饲养方式等因素，以充分发挥动物生产的遗传潜力，最大限度地提高饲料营养的转化利用效率。

（三）控制粗纤维的给量

为了使配合的饲粮适合动物的消化生理特点，对各种动物应有区别地控制粗纤维的供给量。饲粮中粗纤维含量与能量浓度关系密切，但并非决定能量浓度的唯一因素。如燕麦与麦麸的粗纤维含量相近，但能值不同；许多干草与秸秆的能值不与它们的粗纤维含量成正比。另外，由于草食家畜，尤其是牛、羊等反刍家畜，在利用粗纤维上与家禽差别很大，所以要针对不同动物，控制日粮中的粗纤维含量。牛、羊则可大量利用青、粗饲料。

（四）饲粮的体积应与消化道相适应

饲粮除应满足动物对各种营养物质的需要外，还需注意干物质的含量，使之有一定的体积。若饲粮体积过大，可造成消化道负担过重，影响饲料的消化和吸收；体积过小，即使营养物质已满足需要，但动物仍感饥饿，不利于正常生长。所以，应注意日粮的体积，既要让动物吃得下，又可有饱腹感，并能满足营养需要。

各种家畜每日干物质需要量，以每 100 kg 体重计，乳牛 2.5~3.5 kg、役牛 2~3 kg、役马 1.8~2.8 kg、羊 2.5~3.25 kg。应用时要根据具体饲养实践酌情增减。

（五）考虑饲粮的质地及饲喂的安全性

设计饲料配方时，既要满足畜禽营养需要，亦要考虑配合日粮（或饲粮）的适口性与调养性，尤其对种用家畜、繁殖母畜和幼畜。对于含有毒成分的饲料原料如菜籽粕、棉籽粕等要注意限制用量，要保证选用的饲料品质良好，无毒，无害，不含异物，不发霉，无污染等，更应符合我国饲料质量标准和卫生标准。

另外，设计的饲料配方应安全合法，动物食品的安全很大程度依赖于饲料的安全，而饲料安全必须在配方设计时考虑，要严格禁止使用有害有毒的成分、各种违禁的饲料添加剂、药物和生长促进剂等，对于受微生物污染的原料、未经科学试验验证的非常规饲料原料也不能使用。

（六）饲料要合理搭配，并注意来源稳定

饲粮应选用多种饲料进行配合，其具体含义是，能量饲料及蛋白质饲料

应分别选用两种或两种以上。其他大宗原料的选用也如此。此外，应充分利用各种添加剂以弥补原料中某些养分的不足，取得营养平衡，并改善养分的保存、气味、消化、吸收及转化。

另外，设计的饲料配方营养特性和产品质量要保持相对稳定，如需调整配方，应有序渐进地调整，不可突然变化，当然，设计饲料配方或开发新的饲料产品应考虑在一定时间内饲料原料保持相对稳定，否则，因配方或饲料产品的变化，将直接影响动物生产性能的稳定性。

（七）饲料成分及营养价值表的选用

为了保证饲料成分及营养价值表能够真实地反映所用原料的营养成分含量，应首先使用本地区饲料营养成分表，如有条件最好是本单位实测值，然后查与本地区相邻近或自然条件相近地区的同一品种原料的分析资料，最后查国内统一制订的饲料成分及营养价值表（如中国饲料数据库情报网中心定期发布的"中国饲料成分及营养价值表"），或育种公司标准、美国NRC资料等。

（八）选用饲料要有经济观点

饲料配方的成本很大程度决定饲料产品的经济效益，作为一种商品，饲料产品必须考虑经济效益。在畜牧生产中，由于饲料费用占很大比例，设计饲料配方时，必须因地因时制宜，精打细算，巧用饲料，尽量选用营养丰富、质量稳定、价格低廉、资源充足、当地产的饲料，增加农副产品比例。如利用玉米胚芽饼、粮食酒糟等替代部分玉米等能量饲料；利用脱毒棉仁饼粕、菜籽饼粕、芝麻饼粕和苜蓿粉等替代部分大豆饼粕和鱼粉等价格昂贵的蛋白质饲料，以充分利用饲料资源，降低饲养成本，并获得最佳经济效益。如能建立饲草和饲料基地，全部或部分地解决饲料供应问题，则是一种可取的做法。因此，配方的质量与成本之间必须合理平衡，既要符合营养标准的要求，又要尽可能降低成本，并综合考虑产品对环境的影响。在饲料配方的设计时，应同时兼顾饲料的饲养效果和生产成本，在保证动物的一定生产性能的前提下，尽可能降低饲料配方的成本。

（九）设计的饲料配方应具有良好的市场认同性

饲料产品最终通过市场销售到用户发挥饲养功效，市场既是对产品质量的检验，也是对饲料产品特点、特性和综合效益的检验。配方设计必须明确饲料产品的档次、市场定位、客户范围以及特点需求，预测现在和将来可能的认可接受程度，分析同类竞争产品的特点，使设计的饲料产品占有更大的市场份额。

(十) 注意饲料配方的特殊要求

除考虑配合饲料中某些维生素等营养指标的特殊要求外，还要强化动物生长和产品生产的特殊要求，如对于幼龄动物和肉用动物，为了使其生长、增重速度快，常在饲料中添加一些容许使用的生长促进剂、诱食剂、酸化剂、酶制剂等添加剂。随着现代科学技术的发展，饲料生物安全和环境生态保护将逐步作为强制性措施实行。饲料配方应根据这些要求做出调整，如禁用一些违禁药物，降低动物氮、磷的排泄等。还可在配方中加入防霉剂、抗氧化剂、黏结剂等，以满足配合饲料产品性状有关的附加要求。

三、全价饲粮配方的设计步骤

为了确保配合饲料产品的科学性、经济性、市场性和安全性，配方设计一般应遵循以下步骤进行。

(一) 明确饲料产品设计的目标

饲料产品的目标有多重性：最高的产品利润率、最佳的动物生产性能、最大的市场占有率、最佳的生态效益等。这些目标一些是一致的，一些是矛盾的，有时可以兼顾多个目标，有时只能确定一个目标。

(二) 确定动物的营养需要量

根据不同的目标定位，选择不同的饲养标准，并根据实际情况调整某些营养指标的水平，以最终确定动物的营养需要量。

(三) 选择饲料原料

饲料原料的选择必须同时考虑饲料原料的营养特性和适口性、动物的消化生理特点、饲料原料的价格、饲料原料的来源和供应量、饲料原料营养成分含量等多方面的因素。

(四) 计算饲料配方

可以用手工计算或借助专门的计算机软件计算饲料配方，在计算过程中，必须根据饲料原料营养特性、有毒有害成分含量以及物理特性，决定是否限制用量以及确定限制的比例。

(五) 评价饲料配方的质量

通过有配方设计经验人员的分析，进行成分检测以及小规模动物试验可以检验所设计的配方是否符合原来的预期值以及产品质量，根据质量评价结果,确定是否再进一步调整饲料配方,使所设计的饲料配方最终满足预定的目标。

全价配合饲料产品设计包括主原料用量比例规划和添加剂预混料设计两方面。主原料的营养成分、价格经常波动,用量比例也应进行相应调整,借助计算机优化饲料配方软件可以快速作出决策。而饲料添加剂中除氨基酸外,其他添加剂原料用量相对固定,不需要采用计算机优化,只要按规定用量安排到配方中即可。

四、全价饲粮配方的设计方法

(一) 代数法

即用二元一次方程来计算饲料配方。此法特点是方法简单,适用于饲料原料种类少的情况,而饲料种类多时,计算较为复杂。

例如:已知现有含粗蛋白 9.5% 的能量饲料(其中玉米占 75%,大麦占 25%)和含粗蛋白 40% 的蛋白质补充料,现要配制含粗蛋白 15% 的配合饲料。

计算方法步骤如下:

(1) 配合饲料中能量饲料占 $x\%$,蛋白质补充料占 $y\%$。
$$x+y=100$$

(2) 能量混合料的粗蛋白含量为 9.5%,蛋白质补充饲料含粗蛋白为 40%,要求配合饲料含粗蛋白为 15%。
$$0.095x+0.40y=15$$

(3) 列联立方程:
$$x+y=100 \quad ①$$
$$0.095x+0.40y=15 \quad ②$$

(4) 解联立方程:
$$x=81.97$$
$$y=18.03$$

(5) 求能量饲料中玉米、大麦在配合饲料中所占的比例:
$$玉米比例=81.97×75\% \approx 61.48\%$$
$$大麦比例=81.97×25\% \approx 20.49\%$$

因此,配合饲料中玉米、大麦和蛋白质补充料各占 61.48%、20.49% 和 18.03%。

（二）对角线法

又称四角法、四边法、方形法。此法适用于饲料种类及营养指标少的情况。如将两种养分浓度不同的饲料混合，欲得到含有所需养分浓度的配合饲料时，用此法最为便捷。

例如：利用粗蛋白含量为30%的浓缩饲料与能量饲料玉米（含粗蛋白8.5%）混合，为体重20～35 kg的生长肥育配制粗蛋白为16%的饲粮1 000 kg。

计算方法步骤如下：

(1) 计算两种饲料在配合料中应占的比例（%）：

先画一方形图，在图中央写上所要配合的配合料中粗蛋白含量（16%），方形图的左上下角分别是玉米和浓缩饲料蛋白质含量。如图6-1对角线所示，并标箭头，顺箭头以大数减小数得出的差分别除以两差之和，即得出玉米和浓缩饲料的百分比。其方形图及计算如下：

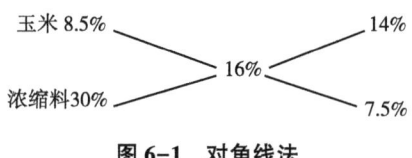

图6-1　对角线法

玉米应占比例=（30-16）÷（14+7.5）×100%≈65%

浓缩料应占比例=（16-8.5）÷（14+7.5）×100%≈35%

(2) 计算两种饲料在配合料中所需重量：

玉米：1 000 kg×65%=650 kg

浓缩料：1 000 kg×35%=350 kg

因此，配制含粗蛋白为16%的饲粮1 000 kg，需用玉米650 kg和浓缩饲料350 kg。

（三）试差法

此法是根据饲养标准、饲料原料及饲养经验，先粗略地编制一个配方，然后计算营养价值，并与饲养标准对照。若某种营养指标多余或不足时，按多去少补的原则，适当调整饲料配比，反复几次，直到所有营养指标都符合或接近饲养标准要求为止。

第七章 动物营养原理

第一节 动物营养概述

一、动植物体的营养物质组成

动物的饲料绝大多数来源于植物。

(一) 动植物体的化学组成

动植物体内含 60 余种化学元素，按其含量的多少分为两大类：含量大于或等于 0.01% 者称为常量元素，如：碳、氢、氧、氮、钙、磷、钾、钠、氯、镁和硫等。含量小于 0.01% 的元素称为微量元素，如：铁、铜、钴、锰、锌、硒、碘、钼、铬和氟等。碳、氢、氧、氮四种元素，所占比例最大，它们在植物体中约占 95%，在动物体中约占 91%。饲料与动物体中的元素，绝大部分不是以游离状态单独存在，而是互相结合为复杂的无机化合物或有机化合物，构成各种组织器官。

(二) 饲料的营养物质组成及其影响因素

1. 饲料的营养物质组成

自 19 世纪中叶开始，人们就采用概略养分分析法分析各种植物性饲料，沿用至今，并结合近代分析技术测定的结果，将可构成植物性饲料的各种营养物质列于图 7-1。

植物性饲料，一般都由水分、粗灰分、粗蛋白、粗脂肪、碳水化合物和维生素六种物质组成。饲料中水分含量越高，干物质越少，饲料的营养价值就越低，而且高水分饲料不利于运输和保存。饲料中粗蛋白含量越高，饲料营养价值也越高。粗纤维含量越高，饲料的消化率越低，因而高纤维饲料的营养价值较低。粗灰分是一个混合物，因此粗灰分含量不能表明饲料的营养价值，但对有机饲料而言，粗灰分过高其营养价值下降。油脂的能量值很

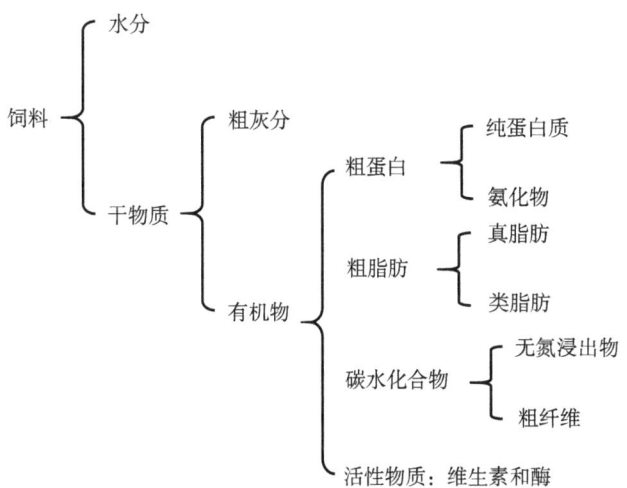

图 7-1　植物性饲料的各种营养物质

高，所以，粗脂肪含量越高，饲料的能量含量越高。

2. 影响饲料营养成分的因素

饲料营养成分表中所列各种养分含量的数值是多次分析结果的平均数，与具体使用的饲料中养分含量常有一定的差异。

（1）植物的生长环境。

①土壤：土壤化学元素含量影响饲料作物的化学组成，如有些地区的土壤中缺少铜、硒、碘，则该地区生长的饲料作物相应地也缺少这几种元素，从而引起动物患地方性矿物质缺乏症。某些地区的土壤中含有过多的氟、钼、硒等元素，容易导致动物患氟、钼、硒的中毒症。

②肥料：施用肥料，可提高饲料作物产量，也可能影响饲料中营养物质的含量。

③气候：寒冷条件下生长的植物，比温热条件下生长的植物粗纤维含量多，而粗蛋白和粗脂肪的含量较少，气候干旱可使植物中磷的含量减少一半。生长在阳光充足的向阳坡地的植物，粗蛋白含量显著高于阴坡地的植物。

（2）植物的品种、收获期、加工调制及贮存条件。

①饲料的种类与品种：不同种类的饲料营养物质的组成差异很大，如青饲料的特点是水分含量高，幼嫩多汁，富含动物所需要的多种维生素。蛋白

质饲料中的豆饼、鱼粉等，蛋白质含量高，品质也较好，是动物蛋白质营养的主要来源。禾本科籽实中的玉米等含有大量的淀粉，主要作用是供给动物所需要的能量。同一种饲料，其营养物质组成因品种不同而异。

②收获期：植物在不同生长阶段，养分含量不同。随着植物的逐渐成熟，蛋白质、矿物质、胡萝卜素的含量递减，粗纤维的含量递增。

③饲料作物部位：植物叶子中营养丰富，远远超过茎秆，收获、晒制、贮存、饲用饲料的过程中，应该尽量避免叶片的损失。

④贮存时间：收获后的饲料，经长期贮存，养分含量会有很大变化。良好贮存条件下，马铃薯在整个冬季可失重8%~10%，且损失的主要是淀粉。

（三）动物体与饲料营养成分的异同点及相互关系

动物体与植物性饲料组成上有相同之处，即都由水分、粗灰分、粗蛋白、粗脂肪、碳水化合物和维生素六种营养物质组成。但两者的同名营养物质，各自在成分上又有明显的区别。主要表现在：第一，植物干物质中主要为碳水化合物，而动物则主要为蛋白质。第二，植物体的碳水化合物中，包括无氮浸出物（主要是淀粉）和粗纤维。而动物体中没有粗纤维，只含有少量的葡萄糖、低级羧酸和糖原。第三，植物体内蛋白质含量比动物少，且一部分以多种氨化物的形式存在。而动物体中的含氮除蛋白质外，其余为一些游离氨基酸和激素。第四，植物体的粗脂肪中，除了中性脂肪、脂肪酸、脂溶性维生素和磷脂外，还有树脂和蜡质。而动物体的粗脂肪中，不含树脂和蜡质。

动物体与饲料各种成分的含量及变化幅度也极不一致，且植物性饲料养分含量变化幅度明显高于动物体。碳水化合物在植物性饲料中含量高，约占干物质的70%，而动物体中糖分含量极少，只占体重的1%以下；植物性饲料，因种类不同，含水量在5%~95%变化，而动物体的含水量虽也有变化，但比较稳定，一般多为体重的1/2~2/3；蛋白质和脂肪的含量，除肥育动物变化明显外，一般健康的成年动物都相似。但植物性饲料则不然，如块根块茎类饲料的粗蛋白含量不超过4%，粗脂肪含量仅在0.5%以下。而大豆中粗蛋白含量为37.5%，粗脂肪含量为16%。

可见动物体与植物性饲料的组成既有相同点又有很大的差别。动物从饲料中摄取六种营养物质后，必须经过体内的新陈代谢过程，才能将饲料中的营养物质转变为机体成分、动物产品或为其提供能量。

二、动物对饲料的消化吸收特点

(一) 消化方式

1. 物理性消化

物理性消化是由动物摄取饲料开始,主要是指饲料在动物口腔内的咀嚼和在胃肠运动中的消化。物理性消化是靠动物的牙齿和消化道管壁的肌肉运动把饲料压扁、撕碎、磨烂,从而增加饲料的表面积,易于与消化液充分混合,并把食糜从消化道的一个部位运送到另一个部位。

2. 化学性消化

主要是酶消化。酶消化是高等动物主要的消化方式,是饲料变成动物能吸收的营养物质的一个过程,反刍与非反刍动物都存在着酶消化。不同种类动物酶消化的特点明显不同。

3. 微生物消化

动物对饲料中粗纤维的消化,主要靠消化道内微生物的发酵。消化道微生物在消化过程中起着积极作用,这种作用对反刍动物十分重要。瘤胃是反刍动物微生物消化的主要场所。

动物的物理性、化学性和微生物消化过程,并不是彼此孤立的,而是相互联系共同作用的。

(二) 吸收特点

饲料被消化后,其分解产物经消化道黏膜的上皮细胞进入血液或淋巴液的过程称为吸收。

1. 吸收的部位

消化道的部位不同,吸收程度不同。消化道各段都能不同程度地吸收无机盐和水分。非反刍动物胃的吸收有限,只能吸收少量水分和无机盐。成年反刍动物的前胃(瘤胃、网胃和瓣胃)能吸收大量的挥发性脂肪酸,约75%的前胃微生物消化产物在前胃中吸收。小肠是各种动物吸收营养物质的主要场所,其吸收面积最大,吸收的营养物质也最多。肉食动物的大肠对有机物的吸收作用有限,而在草食动物和猪的盲肠及结肠中,还存在较强烈的微生物消化,对其消化产物,盲肠和结肠的吸收能力也较强。

2. 吸收途径

(1) 胞饮吸收。初生哺乳动物对初乳中免疫球蛋白的吸收即胞饮吸收。胞饮吸收对初生动物获取抗体具有十分重要的意义。

(2) 被动吸收。简单的多肽、各种离子、电解质、水及水溶性维生素和某些糖类的吸收。

(3) 主动吸收。主要靠消化道上皮细胞的代谢活动，是一种需要消耗能量的主动吸收过程，营养物质的主动吸收需要有细胞膜上载体的协助。主动吸收是动物吸收营养物质的主要途径，绝大多数有机物的吸收依靠主动吸收完成。

(三) 有机物的消化与利用

1. 有机物的消化与吸收

饲料中有机物被动物采食后，首先要经过胃肠消化。消化最终产物大部分被小肠吸收，少部分未被吸收，未被吸收的部分随同未被消化的部分一起由粪便排出体外。饲料中被动物消化吸收的营养物质称为可消化营养物质。可消化营养物质占食入营养物质的百分比称为消化率。

随粪便排出的物质，除饲料中未消化吸收的营养物质外，还有消化道脱落细胞及分泌物、肠道微生物及其产物等，这一部分称作粪代谢产物。另外，在计算可消化营养物质时，也未扣除饲料在消化道发酵所产生气体的损失部分，故此消化率又称为表观消化率。两个消化率如下式计算：

$$表观消化率 = [摄入养分 - (粪中外源养分 + 内源养分) / 摄入养分] \times 100\% \qquad (7-1)$$

$$真消化率 = [摄入养分 - (粪中养分 - 粪中内源养分) / 摄入养分] \times 100\% \qquad (7-2)$$

表观消化率比真消化率一般要低，但真消化率的测定比较复杂困难，因此，一般测定和应用的饲料营养物质消化率多指表观消化率。饲料的消化率可通过消化试验测得。

2. 有机物的利用

吸收后的营养物质，被利用于两个方面，一是氧化供给动物体能量，二是形成动物体成分（体蛋白、体脂肪及少量糖原）和体外产品（奶、蛋及皮毛等）。将饲料中用于形成动物成分、体外产品和氧化供给动物体能量的营养物质称为可利用营养物质。可利用营养物质占可消化营养物质的百分比称为利用率。正常情况下，尿中没有碳水化合物和脂肪的代谢产物，只有蛋白质的尾产物尿素等。胃肠气体损失物质主要是指消化道中微生物酵解碳水化合物时产生的甲烷等，以气体形式排出体外的损失。

动物对饲料蛋白质的利用率又称为蛋白质生物学价值（BV）。蛋白质生物学价值即动物体内被利用氮占由肠道吸收氮的百分比。其计算公式如下：

$$BV = 储留氮/吸收氮 \times 100 \tag{7-3}$$

若要准确测定蛋白质生物学价值，还应按下列公式计算：

$$BV = \frac{[摄入氮 - (总粪便氮 - 内源性粪便氮) - (总尿氮 - 内源性尿氮)]}{[摄入氮 - (总粪便氮 - 内源性粪便氮)]} \times 100\% \tag{7-4}$$

测定粪中代谢氮与尿中内源氮的方法是：用无氮日粮饲喂动物或绝食法，其粪中排出的氮即为代谢氮，尿中排出氮为内源氮。蛋白质生物学价值愈高，表明蛋白质的营养价值就越高。

三、能量在动物体内的转化规律及实践意义

（一）动物能量的来源

动物在维持生命活动和生产过程中，均需要能量。动物所需要的能量来源于饲料中的碳水化合物、脂肪和蛋白质三大有机物质。能量的主要来源是碳水化合物中的淀粉和纤维素。各种淀粉、寡糖是单胃动物能量的主要来源，而反刍动物主要是通过瘤胃中微生物对纤维素的发酵，得到它所需要的大部分能量。脂肪是特殊情况时动物所需能量的补充。动物在绝食、产奶、产蛋等过程中也可动用体内贮存的糖原、脂肪和蛋白质供能，但是，这种方法供能比直接用饲料供能效率低。

（二）能量在动物体内的转化规律及实践意义

饲料中三种有机物在动物体内的代谢过程伴随着能量的转化过程。动物食入的能量，损耗的能量及沉积的能量，遵循能量守恒定律，称为能量平衡。饲料中的能量在动物体内的转化过程见图7-2。

1. 能量在动物体内的转化规律

（1）总能（GE）。是指饲料在氧弹式热量计中完全燃烧后，以热的形式释放出来的能量。总能只表示饲料完全燃烧后化学能转变成热能的多少，并不说明被动物利用的有效程度，但总能是评定能量代谢过程中其他能值的基础。

（2）消化能（DE）。饲料的可消化营养物质中所含的能量为消化能。动物采食饲料后，未被消化吸收的营养物质等由粪便排出体外，粪便燃烧所产生的能量为粪能（FE）。

$$ADE = GE - FE \tag{7-5}$$

式中：ADE——饲料表观消化能；

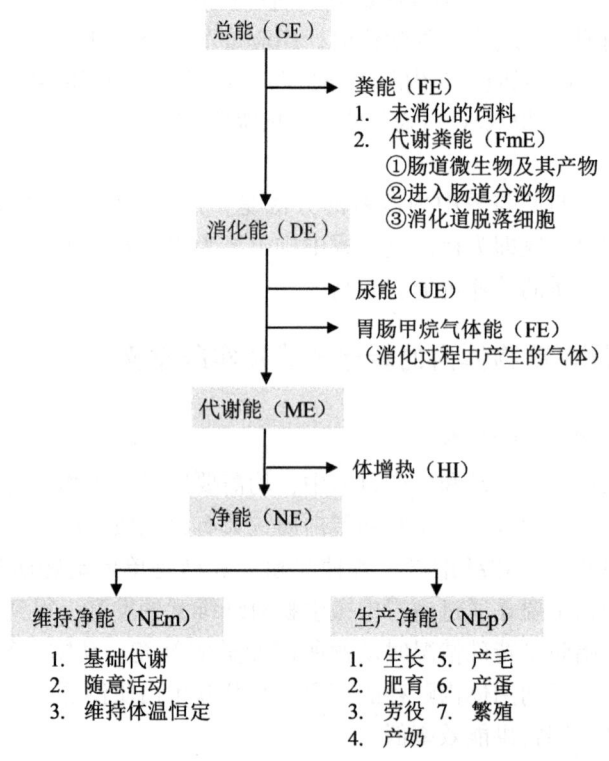

图7-2 饲料能量在动物体内的转化过程

　　　　GE——进食饲料总能；
　　　　FE——进食饲料所排出的粪能。
$$TDE = GE - (FE - FmE) \tag{7-6}$$
　　式中：TDE——饲料的真实消化能；
　　　　　FmE——代谢粪能。
　　表观消化能低于真实消化能，但生产实践中多应用表观消化能。
　　由总能转化为消化能的过程中，粪能丢失的多少因动物品种及饲料性质而异。吮乳的幼龄动物粪能丢失不到10%，而采食劣质粗饲料的动物粪能丢失高达60%。正常情况下，反刍动物采食粗饲料粪能损失40%~50%，而采食精饲料为20%~30%。
　　测定饲料的消化能采用消化试验。用饲料消化能评定饲料的营养价值和估计动物的能量需要量比饲料总能更为准确，可反映出饲料能量被消化吸收的程度。

(3) 代谢能 (ME)。饲料的可利用营养物质中所含的能量称为代谢能。它表示饲料中真正参与动物体内代谢的能量，故又称为生理有效能。

饲料中被吸收的营养物质，在利用过程中有两部分能量损失。一是尿中蛋白质的尾产物尿素、尿酸等燃烧所产生的尿能，二是碳水化合物在消化道，经微生物酵解所产生的气体中甲烷燃烧所产生的能量，即胃肠甲烷气体能。则：

$$ME = DE - UE - AE \text{ 或 } ME = GE - FE - UE - AE \tag{7-7}$$

式中：ME——饲料代谢能；

UE——尿能；

AE——胃肠气体能。

哺乳动物尿中的含氮化合物主要是尿素。据测定，每克尿素含能量 23 kJ，每克尿酸含能量 28 kJ。一般情况下，牛的尿能占总能的 4%~5%。尿能损失也受饲粮结构的影响，特别是饲粮中蛋白质水平、氨基酸平衡状况等。

反刍动物损失的甲烷气体能较多，一般占总能的 6%~8%。

通常所说的代谢能，系指表观代谢能。用代谢能评定饲料的营养价值和能量需要，比消化能更进一步明确了饲料能量在动物体内的转化与利用程度。

测定饲料的代谢能常采用代谢试验，即在消化试验的基础上增加收集尿和收集甲烷气体的装置。

(4) 净能 (NE)。代谢能在动物体内转化过程中，还有部分能量以体增热的形式损失。体增热又称热增耗 (HI)，是指绝食动物饲给饲粮后短时间内，体内产热量高于绝食代谢产热的那部分热能，它由体表散失。体增热包括发酵热 (HF) 和营养代谢热 (HNM)。发酵热是指饲料在消化过程中由消化道微生物发酵产生的热量（主要是对草食动物而言）。反刍动物的发酵热为食入总能的 5%~10%，非草食动物一般忽略不计。营养代谢热是指动物采食饲料后体内代谢加强而增加的产热量。它主要产生于养分吸收的代谢过程。此外，消化道肌肉活动、呼吸加快以及内分泌系统和血液循环系统等机能加强，都会引起体热增加。体增热代表代谢能中被用于养分的转化和代谢作用所消耗的热能。冷应激环境中，动物可利用体增热维持体温。热应激环境中，体增热是一种负担，设法降低体增热是提高饲料利用率和动物生产性能的主要措施之一。体增热受动物种类、饲料成分、饲粮组成、饲养水平及日粮全价性等因素的影响，一般占食入总能的 10%～40%不等。

代谢能减去体增热即为净能。则：

$$NE = ME - HI \text{ 或 } NE = GE - FE - UE - AE - HI \quad (7-8)$$

式中：NE——净能；

HI——体增热。

净能是指饲料总能中，完全用来维持动物生命活动和生产产品的能量。前者称为维持净能（NEm），后者称为生产净能（NEp）。不同生产用途时生产净能的表现形式不同，例如肥育动物的产脂净能（NEF）、泌乳动物的产奶净能（NEL）、产蛋动物的产蛋净能（NEE）、生长动物的增重净能（NEG）等。

测定饲料净能，除进行代谢试验外，还要测定饲料在动物体内产生的体增热。由于净能常常是在测定表观代谢能基础上进行，所以它也是表观净能。

用净能评定饲料的营养价值比代谢能又进了一步，它与动物产品密切相关。但是，由于测定净能费时费工，所需装置比较复杂，当今饲料营养价值表中所列净能值多是推算出来的。

由上可见，动物采食饲料能量后，经消化、吸收、代谢及合成等过程，大部分能量（70%～80%）以各种废能的形式（粪能、尿能、气体能、体增热、维持净能）损失掉，仅有少部分食入饲料能量转化为不同形式的产品净能（NEp）供人类使用。GE、DE、ME、NEp 均可评价饲料的能量营养价值，由于依次愈来愈接近饲料利用之终端，所以评定饲料能量营养价值或估计动物能量需要时，其准确性以 GE 最差，NEp 最高。

2. 能量转化规律的实践意义

合理利用饲料能量，提高饲料能量利用效率是动物饲养中的一项重要任务。

（1）饲料能量利用效率。饲料在动物体内经过代谢转化后，最终用于维持动物生命和生产。动物利用饲料中能量转化为产品净能，这种投入的能量与产出的能量的比率关系称为饲料能量利用效率。

能量用于维持需要和用于生产的效率不同，且饲料总能难以反映饲料的真实营养价值，所以饲料能量的利用率常用总效率和纯效率两项指标表示。

总效率是指产出产品中所含的能量与进食饲料的有效能（消化能或代谢能）之比。

纯效率是指喂给动物的能量水平高于维持需要时，产出的产品能值与进食有效能扣除用于维持需要的有效能值之比。

总效率或净效率受动物种类、日粮性质、能量水平、环境温度、饲喂技术等多种因素的影响。有效能占饲料总能的比例越高，用于维持需要所占的比例越小，则效率越高。

（2）动物的能量体系。反刍动物采用净能作为能量指标，反刍动物饲料中的消化能有76%~86%可转变为代谢能，代谢的30%~65%可转变为净能。在我国，奶牛采用奶牛能量单位，缩写为NND（汉语拼音首字母）或DCEU（Dairy Cattle Energy Unit），即1 kg含脂4%的标准乳能量或3 138 kJ产奶净能为一个NND。对肉牛采用肉牛能量单位，缩写为RND（汉语拼音字首）或BCEU（Beef Cattle Energy Unit），即1 kg中等品质玉米所含的综合净能8.08 MJ为一个RND。

（3）提高饲料能量利用率的营养学措施。

①减少能量转化损失：通过正确合理的饲料配制、加工及饲喂技术，可减少能量在转化过程中，粪能、尿能、胃肠甲烷气体能、体增热等各种能量的损失，减少动物的维持消耗，增加生产净能，以提高动物的能量利用效率，多出产品，出好产品。

②确切满足动物需要：给动物配制全价日粮，即根据动物的具体情况，参照各自的饲养标准，满足其对能量、蛋白质、矿物质和维生素等各种营养物质量的需要及相应的适宜比例，尤其应供给氨基酸平衡的蛋白质营养及适宜的粗纤维水平。

③减少维持需要：生产实践中可采取多种措施减少维持需要。例如动物的饲养水平既不能过低也不能过高。

第二节　主要营养物质

一、蛋白质营养

蛋白质和核酸是生命活动的物质基础，是塑造一切细胞和组织结构的重要成分。蛋白质在动物营养中占有特殊地位，它的营养作用是其他营养物质不能代替的。蛋白质是由氨基酸组成的一类数量庞大的物质的总称。通常所讲的饲料蛋白质包括真蛋白质和非蛋白质类含氮化合物，因此统称为粗蛋白。蛋白质的主要组成元素是碳、氢、氧、氮，大多数的蛋白质还含有硫，少数含有磷、铁、铜和碘等元素。各种蛋白质的含氮量虽不完全相等，但差异不大，一般蛋白质的含氮量按 16% 计。动物组织和饲料中真蛋白质含氮量的测定比较困难，通常只测定其中的总含氮量，然后乘以蛋白质系数 6.25（或除以 16%）并以粗蛋白表示。

(一) 蛋白质、氨基酸及肽的营养生理功能

1. 蛋白质的营养生理功能

(1) 蛋白质是构建机体组织细胞的主要原料。动物的肌肉、神经、结缔组织、腺体、精液、皮肤、血液、毛发、角、喙等都以蛋白质为主要成分，起着传导、运输、支持、保护、连接、运动等多种功能。

(2) 蛋白质是机体内功能物质的主要成分。在动物的生命和代谢活动中起催化作用的酶、某些起调节作用的激素、具有免疫和防御机能的抗体（免疫球蛋白）都是以蛋白质为主要成分。蛋白质对维持体内的渗透压和水分的正常分布，也起着重要的作用。

(3) 蛋白质是组织更新、修补的主要原料。在动物的新陈代谢过程中，组织和器官的蛋白质的更新、损伤组织的修补都需要蛋白质。

(4) 蛋白质可供能和转化为糖、脂肪在机体能量供应不足时，蛋白质也可分解供能，维持机体的代谢活动。当摄入蛋白质过多或氨基酸不平衡时，多余的部分也可能转化成糖、脂肪或分解产热。

(5) 蛋白质是遗传物质的基础动物的遗传物质 DNA 与组蛋白结合成为一种复合体——核蛋白。而以核蛋白的形式存在于染色体上，将本身所蕴藏的遗传信息，通过自身的复制过程遗传给下一代。

(6) 蛋白质是动物产品的重要成分蛋白质是形成奶、肉、蛋、皮毛及羽绒等畜产品的重要原料。

2. 氨基酸的营养生理功能

目前，各种生物体中发现的氨基酸已有 180 多种，但常见的构成动植物体蛋白质的氨基酸只有 20 种。植物能合成自己全部的氨基酸，动物蛋白虽然含有与植物蛋白同样的氨基酸，但动物不能全部自己合成。

(1) 赖氨酸。赖氨酸是动物体内合成细胞蛋白质和血红蛋白所必需的氨基酸，也是幼龄动物生长发育所必需的营养物质。日粮中缺乏赖氨酸，食欲降低，体况憔悴消瘦，瘦肉率下降，生长停滞。红细胞中血红蛋白量减少，贫血，甚至引起肝脏病变。皮下脂肪减少，骨的钙化失常。

植物性饲料，除大豆、豆饼富含赖氨酸外，其余含量均低。赖氨酸常为第一限制性氨基酸。

(2) 蛋氨酸。蛋氨酸是动物体代谢中一种极为重要的甲基供体。通过

甲基转移，参与肾上腺素、胆碱和肌酸的合成；肝脏脂肪代谢中，参与脂蛋白的合成，将脂肪输出肝外，防止产生脂肪肝，降低胆固醇；此外，还具有促进动物被毛生长的作用。蛋氨酸脱甲基后可转变为胱氨酸和半胱氨酸。动物缺乏蛋氨酸时，发育不良，体重减轻，肌肉萎缩，禽蛋变轻，被毛变质，肝脏肾脏机能损伤，易产生脂肪肝。

动物性饲料中含蛋氨酸较多，植物性饲料中均欠缺，一般常采用DL-蛋氨酸补饲。

（3）色氨酸。色氨酸参与血浆蛋白的更新，并与血红素、烟酸的合成有关；它能促进维生素B_2作用的发挥，并具有神经冲动的传递功能；是幼龄动物生长发育和成年动物繁殖、泌乳所必需的氨基酸。动物缺少色氨酸时，食欲降低，体重减轻，生长停滞。产生贫血、下痢，视力破坏并患皮炎等。种公畜缺乏时睾丸萎缩。

色氨酸在动物蛋白中含量多，玉米中缺少。

3. 肽的营养生理功能

近年来，一些研究发现，动物采食纯合饲粮（蛋白质完全由工业氨基酸或氨基酸平衡的低蛋白质饲粮）时，不能达到最佳生产性能。经过深入研究，人们认识到动物对蛋白质的需要不能完全由游离氨基酸来满足，肽特别是小肽（二肽、三肽）在蛋白质营养中有着重要的作用。许多研究表明，动物为了达到最佳生产性能，必须需要一定数量的小肽。因此，肽是一种动物所必需的营养素。

肠道小肽转运系统具有转运速度快、耗能低、不易饱和等特点。大量研究表明，小肽的吸收比由相同氨基酸组成的混合物的吸收快而且多。究其原因，除了氨基酸转运载体易饱和和吸收时耗能高外，游离氨基酸在吸收时还互相竞争转运系统。例如，精氨酸对赖氨酸的吸收抑制，在氨基酸为游离形式时表现明显；当以小肽形式供给赖氨酸时，其吸收速度不受精氨酸的影响。

小肽与游离氨基酸的吸收机制是相互独立的，肽不影响氨基酸的吸收。在动物体内，小肽与游离氨基酸两种吸收机制对氨基酸吸收量的贡献大小，取决于蛋白质在胃肠道消化过程中释放的肽与游离氨基酸的数量及比例。

以小肽形式作为氮源的饲粮，其整体蛋白质沉积效率高于相应的以氨基酸或完整蛋白质作为氮源的饲粮。肽不仅是机体蛋白质代谢的底物，而且还具有其他重要的生物学作用，如蛋白质在消化道中水解产生的某些肽类具有神经递质的作用；某些肽在机体免疫调节中有着重要作用；酪蛋白水解产生的某些肽还可促进大鼠肠细胞分泌缩胆囊素（CCK）。从鸡蛋蛋白中提取的肽能促进细胞的生长和 DNA 的合成。总之，肽是蛋白质营养生理作用的一种重要形式。用生物活性肽提高动物的生产性能具有重要的实践意义。

（二）蛋白质不足的后果与过量的危害

1. 蛋白质不足的后果

饲料中蛋白质不足或蛋白质品质低下，影响动物的健康、生长、繁殖及生产性能，其主要表现有：

（1）消化机能紊乱。饲粮中蛋白质的缺乏会影响消化道组织蛋白质的更新和消化液的正常分泌。动物会出现食欲下降，采食量减少，营养不良及慢性腹泻等现象。

（2）幼龄动物生长发育受阻。幼龄动物正处于皮肤、骨骼、肌肉等组织迅速生长和各种器官发育的旺盛时期，需要蛋白质多。若供应不足，幼龄动物增重缓慢，生长停滞，甚至死亡。

（3）易患贫血症及其他疾病。动物缺少蛋白质，体内就不能形成足够的血红蛋白和血球蛋白而患贫血症。并因血液中免疫抗体数量的减少，使动物抗病力减弱，容易感染各种疾病。

（4）影响繁殖。公畜性欲降低，精液品质下降，精子数目减少；母畜不发情，性周期失常，卵子数量少质量差，受胎率低。受孕后胎儿发育不良，产生弱胎，死胎或畸形胎儿。

（5）生产性能下降。可使生长动物增重缓慢，泌乳动物泌乳量下降，绵羊的产毛量及家禽的产蛋量减少，而且动物产品的质量也降低。

2. 蛋白质过量的危害

饲粮中蛋白质超过动物的需要，不仅造成浪费，而且多余的氨基酸在肝脏中脱氨，形成尿素由肾随尿排出体外，加重肝肾负担，严重时引起肝肾的病患，夏季还会加剧热应激。

（三）草食单胃动物蛋白质营养特点及其应用

1. 草食单胃动物蛋白质消化代谢特点

马等单胃动物对蛋白质的消化由胃开始。饲料中的粗蛋白被马采食后，在胃酸和胃蛋白酶的作用下，部分蛋白质被分解为分子较小的胨与胨，然后随同未被消化的蛋白质一起进入小肠。在小肠中受到胰蛋白酶、糜蛋白酶、羧基肽酶及氨基肽酶等作用，最终被分解为氨基酸及部分寡肽（二肽、三肽）。氨基酸和寡肽都可被小肠黏膜直接吸收。但二肽和三肽在肠黏膜细胞内经二肽酶等作用继续分解为氨基酸。被吸收的氨基酸进入门静脉到肝脏。小肠未被消化吸收的蛋白质和氨化物进入大肠后，在腐败菌的作用下，降解为吲哚、粪臭素、酚、甲酚等有毒物质，一部分经肝脏解毒后随尿排出，另一部分随粪便排出。在大肠中，部分蛋白质和氨化物还可在细菌酶的作用下，不同程度地降解为氨基酸和氨，其中部分可被细菌利用合成菌体蛋白，但合成的菌体蛋白绝大部分随粪排出，而被再度降解为氨基酸后能由大肠吸收的为数甚少，吸收后也由血液输送到肝脏。最后，在所有消化道中未被消化吸收的蛋白质，随粪便排出体外。随粪便排出的蛋白质，除了饲料中未消化吸收的蛋白质外，还包括肠脱落黏膜、肠道分泌物及残存的消化液等。后部分蛋白质则称为"代谢蛋白质"（即代谢粪 N×6.25），它可由饲喂不含氮日粮的动物测得。

进入肝脏中的氨基酸，一部分合成肝脏蛋白和血浆蛋白，大部分经过肝脏由体循环转送到各个组织细胞中，连同来源于体组织蛋白质分解产生的氨基酸和由糖类等非蛋白质物质在体内合成的氨基酸（两者均称为内源氨基酸）一起进行代谢。代谢过程中，氨基酸可用于合成组织蛋白质，供机体组织的更新、生长及形成动物产品的需要；氨基酸也可用来合成酶类和某些激素以及转化为核苷酸、胆碱等含氮的活性物质。没有被细胞利用的氨基酸，在肝脏中脱氨，脱掉的氨基生成氨又转变为尿素，由肾脏以尿的形式排出体外。剩余的酮酸部分氧化供能或转化为糖原和脂肪作为能量贮备。氨基酸在肝脏中还可通过转氨基作用，合成新的氨基酸。

尿中排出的氮有一部分是体组织蛋白质的代谢产物，通常将这部分氮称为"内源尿氮"，内源尿氮可视为给动物采食不含氮日粮时，由尿中排出的氮。

由消化代谢过程看出，猪对蛋白质消化代谢的特点是：蛋白质消化吸收的主要场所是小肠，并在酶的作用下，最终以大量氨基酸和少量寡肽的形式被机体吸收，进而被利用。而大肠的细菌虽然可利用少量氨化物合成菌体蛋白，但最终绝大部分还是随粪便排出。因此，猪能大量利用饲料中的蛋白质，但不能大量利用氨化物。

家禽消化器官中的腺胃容积小，饲料停留时间短，消化作用不大。而肌胃又是磨碎饲料的器官，因此家禽蛋白质消化吸收的主要场所也是小肠，其特点大致与猪相同。

马属动物和兔等单胃草食动物的盲肠与结肠相当发达，它们在蛋白质的消化过程中起着重要作用，这一部位消化蛋白质的过程类似反刍动物。而胃和小肠蛋白质的消化吸收过程与猪类似。因此草食动物利用饲料中氨化物转为菌体蛋白的能力比较强。

单胃动物猪和家禽的蛋白质营养过程就是饲料蛋白质的营养过程，动物所吸收的氨基酸种类和数量在很大程度上取决于饲料蛋白质本身的氨基酸组成和比例。

2. 单胃动物对饲料蛋白质品质的要求

（1）氨基酸的种类。构成蛋白质的氨基酸有20多种，对动物来说都是必不可少的。根据是否必须由饲料提供，通常将氨基酸分为必需氨基酸和非必需氨基酸两大类。

①必需氨基酸（EAA）：是指在机体内不能合成，或者合成的速度慢、数量少，不能满足动物需要而必须由饲料供给的氨基酸。对成年动物，必需氨基酸有8种，即赖氨酸、蛋氨酸、色氨酸、苯丙氨酸、亮氨酸、异亮氨酸、缬氨酸和苏氨酸。生长家畜有10种，除上述8种外，还有精氨酸和组氨酸。雏鸡有13种，除上述10种外，还有甘氨酸、胱氨酸和酪氨酸。

②非必需氨基酸（NEAA）：在动物体内能利用含氮物质和酮酸合成，或可由其他氨基酸转化代替，无须饲料提供即可满足需要的氨基酸。如丙氨酸、谷氨酸、丝氨酸、羟谷氨酸、脯氨酸、瓜氨酸、天门冬氨酸等。

从饲料供应角度考虑，氨基酸有必需与非必需之分。但从营养角度考虑，二者都是动物合成体蛋白和产品蛋白所必需的营养，且它们之间的关系密切。某些必需氨基酸是合成某些特定非必需氨基酸的前体，如果饲粮中某些非必需氨基酸不足时，则会动用必需氨基酸来转化代替。这点，在饲养实践中不可忽视。研究表明，蛋氨酸脱甲基后，可转变为胱氨酸和半胱氨酸。猪和鸡对胱氨酸需要量的30%可由蛋氨酸来满足。若给猪和鸡充分提供胱氨酸，即可节省蛋氨酸；提供充足的酪氨酸可节省苯丙氨酸，丝氨酸和甘氨酸在吡哆醇的参与下，可相互转化。丝氨酸可完全代替甘氨酸参与体内的合成反应，而对雏鸡生长速度及饲料转化率均无影响。

（2）限制性氨基酸。动物对各种必需氨基酸的需要量有一定的比例，但不同种类、不同生理状态等情况下，所需要的比例不同。饲料或日粮缺乏一种或几种必需氨基酸时，就会限制其他氨基酸的利用，致使整个日粮中蛋白质的利用率下降，故称它们为该日粮（或饲料）的限制性氨基酸。一般缺乏最严重的称第一限制性氨基酸，相应为第二、第三、第四……限制性氨基酸。根据饲料氨基酸分析结果与动物需要量的对比，即可推断出饲料中哪种必需氨基酸是限制性氨基酸。必需氨基酸的供给量与需要量相差越多，则缺乏程度越大,限制作用就越强。

饲料种类不同,所含必需氨基酸的种类和数量有显著差别。动物则由于种类和生产性能等不同,对必需氨基酸的需要量也有明显差异。因此,同一种饲料对不同动物或不同种饲料对同一种动物,限制性氨基酸的种类和顺序不同。谷实类饲料中,赖氨酸均为猪和肉鸡的第一限制性氨基酸。蛋白质饲料中一般蛋氨酸较缺乏。大多数玉米—豆饼型日粮,蛋氨酸和赖氨酸分别是家禽和猪的第一限制性氨基酸。

3. 理想蛋白质与饲粮的氨基酸平衡

(1) 理想蛋白质。尽管必需氨基酸对单胃动物十分重要,但还需在非必需氨基酸或合成非必需氨基酸所需氮源满足的条件下,才能发挥最大的作用。有人提出,最好供给动物各种必需氨基酸之间以及必需氨基酸总量与非必需氨基酸总量之间具有最佳比例的"理想蛋白质"。理想蛋白是以生长、妊娠、泌乳、产蛋等的氨基酸需要为理想比例的蛋白,通常以赖氨酸作为100,用相对比例表示,猪三个生长阶段必需氨基酸的理想模型如表7-1所示。有人建议必需氨基酸总量与非必需氨基酸总量之间的合适比例约为1:1。

运用理想蛋白最核心的问题是以第一限制性氨基酸为标准,确定饲料蛋白质和氨基酸的水平。

表7-1 猪三个生长阶段必需氨基酸理想模式 (NRC, 1998)

氨基酸	5~20 kg	20~50 kg	50~100 kg
赖氨酸	100	100	100
精氨酸	42	36	30
组氨酸	32	32	32
色氨酸	18	19	20
异亮氨酸	60	60	60
亮氨酸	100	100	100
缬氨酸	68	68	68
苯丙+酪氨酸	95	95	95
蛋+胱氨酸	60	65	70
苏氨酸	65	67	70

(2) 饲粮的氨基酸平衡。饲喂动物理想蛋白质可获得最佳生产性能。因为理想蛋白质可使饲粮中各种氨基酸保持平衡,即饲粮中各种氨基酸在数

量和比例上同动物最佳生产水平的需要相平衡。

平衡饲粮的氨基酸时，应重点考虑和解决的是以下几方面。

①氨基酸的缺乏：一般情况下，动物饲粮中往往有一种或几种氨基酸不能满足需要。可参考理想蛋白质的氨基酸配比，确定饲粮中必需氨基酸的限制顺序，确认第一限制性氨基酸及其喂量。但氨基酸的缺乏，不完全等于蛋白质的缺乏，如用机榨菜籽饼作为猪的主要蛋白质饲料，有可能蛋白质水平超标，则可利用赖氨酸缺乏。

②氨基酸失衡：氨基酸失衡是指饲粮中各种必需氨基酸相互间的比例与动物需要的比例不相适应。一种或几种氨基酸数量过多或过少都会导致氨基酸失衡。可根据"理想蛋白质"中各种必需氨基酸同赖氨酸间的比例调整其他氨基酸的给量，使饲粮中氨基酸达到平衡。一般说来，饲粮中不会出现各种氨基酸都超量的情况。多数情况是少数或个别氨基酸低于需要的比例。不平衡主要是比例问题，缺乏则主要是量不足。

③氨基酸相互间的关系：氨基酸之间存在着相互转化代替与相互拮抗等复杂的关系，这对饲粮氨基酸的平衡十分重要。雏鸡饲粮中，胱氨酸可代替1/2的蛋氨酸，丝氨酸完全可以代替甘氨酸。酪氨酸不足，可以由苯丙氨酸来满足等；赖氨酸与精氨酸、苏氨酸与色氨酸、亮氨酸与异亮氨酸和缬氨酸、蛋氨酸与甘氨酸、苯丙氨酸与缬氨酸、苯丙氨酸与苏氨酸之间在代谢中都存在一定的拮抗作用。鸡饲粮中赖氨酸与精氨酸的适宜比例为1：1.2。亮氨酸过量时，会激活肝脏中异亮氨酸氧化酶和缬氨酸氧化酶，致使异亮氨酸和缬氨酸大量氧化分解而不足。生产中常遇到亮氨酸超量问题，这是因为玉米、高粱的亮氨酸较多，以致常引起小鸡缬氨酸和异亮酸需要量的提高。拮抗作用只有在两种氨基酸的比例相差较大时影响才明显。

过量蛋氨酸阻碍赖氨酸的吸收。精氨酸和甘氨酸能消除其他氨基酸过量的有害作用。

氨基酸之间相互转化或拮抗的程度与饲粮中氨基酸的平衡程度密切相关。调整饲料中氨基酸平衡和供给足够的非必需氨基酸，实际上就保证了必需氨基酸的有效利用，以达到提高饲粮蛋白质转化效率的目的。

平衡饲粮的氨基酸时，要防止氨基酸过量。添加过量的氨基酸会引起动物中毒，且不能以补加其他氨基酸加以消除。尤其蛋氨酸，过量摄食可引起动物生长抑制，降低蛋白质的利用率。

4. 提高饲料蛋白质转化效率的措施

目前，蛋白质饲料既短缺又昂贵，在广开蛋白质饲料资源的同时，必须采取各种措施，合理利用有限的蛋白质资源，提高饲料蛋白质转化效率。

（1）配合日粮时原料应多样化。原料种类不同，蛋白质中所含的必需氨基酸的种类、数量也不同。多种原料搭配，能起到氨基酸的互补作用，改善饲粮中氨基酸的平衡，提高蛋白质的转化效率。

（2）补饲氨基酸添加剂。向饲粮中直接添加所缺少的限制性氨基酸，力求氨基酸的平衡。目前，生产中广泛应用的有赖氨酸和蛋氨酸。色氨酸和苏氨酸还有待于进一步推广。

（3）合理地供给蛋白质营养。参照饲养标准，均衡地供给氨基酸平衡的蛋白质营养，则合成的体蛋白和产品蛋白的数量就多，饲料蛋白质转化效率就高。采用有效氨基酸（如可消化氨基酸、真可消化氨基酸等）指标平衡日粮，更能准确满足动物之需要，因而有利于饲料的高效利用。

（4）日粮中蛋白质与能量要有适当比例。正常情况下，吸收蛋白质的70%~80%被动物合成体组织或产品，20%~30%分解供能。碳水化合物和脂肪不足时，必然会加大蛋白质的供能部分，减少合成体蛋白和动物产品的部分，导致蛋白质转化效率的降低。因此，必须合理配合日粮中蛋白质与能量之间的比例，以最大限度地减少蛋白质的供能部分。

（5）控制饲粮中的粗纤维水平。单胃动物饲粮中粗纤维过多，尤其大量饲喂秕壳类、秸秆类等高纤维饲料时，会加快饲料通过消化道的速度，不仅使其本身消化率降低，而且影响蛋白质及其他营养物质的消化，应严格控制单胃动物猪与家禽饲粮中粗纤维水平。

（6）掌握好饲粮中蛋白质水平。饲粮蛋白质数量适宜、品质好，则蛋白质的转化效率高。若喂量过多，蛋白质的转化效率随过多程度的增加而逐渐下降。结果多余的蛋白质只能做能源，既不经济而且还增加肝肾的负担。因此，饲粮中蛋白质水平要适宜。

（7）豆类饲料的湿热处理。生豆类与生豆饼等饲料中含有胰蛋白酶抑制素等，抑制胰蛋白酶和糜蛋白酶等的活性，影响蛋白质的消化吸收。采取浸泡蒸煮、常压或高压蒸汽处理的方法破坏抑制素。但加热时间不宜过长，否则会使蛋白质变性，赖氨酸被破坏。

（8）保证其他养分的供给。与蛋白质代谢有关的维生素 A、维生素 D、维生素 B_{12} 及铁、铜、钴等供应。

（四）反刍动物蛋白质营养特点及其应用

1. 反刍动物蛋白质消化代谢特点

反刍动物的蛋白质消化代谢过程如图 7-3 所示。

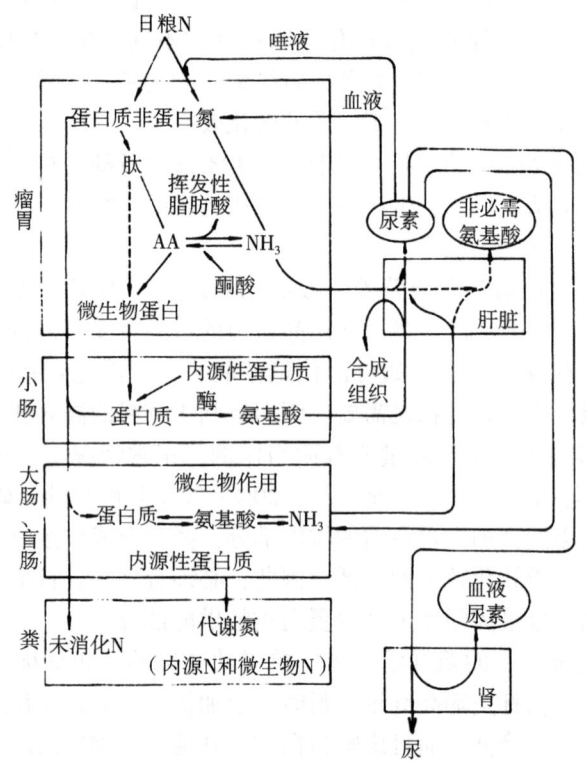

图7-3 反刍动物的蛋白质消化代谢过程

饲料蛋白质被采食进入瘤胃后，在瘤胃微生物蛋白质水解酶作用下，分解为寡肽和氨基酸。寡肽和氨基酸，可被微生物利用合成菌体蛋白，其中部分氨基酸又在细菌脱氨基酶作用下，降解为挥发性脂肪酸、氨和二氧化碳。饲料中的氨化物也可在细菌脲酶作用下分解为氨和二氧化碳。在瘤胃被微生物降解的蛋白质称为瘤胃降解蛋白（RDP）。瘤胃中的氨基酸和氨化物的降解产物氨，也可被细菌利用合成细菌体蛋白。瘤胃中的细菌蛋白氮有50%~80%来源于瘤胃中产生的氨，另外20%~50%则来源于食入蛋白水解而成的肽类和氨基酸，纤毛原虫不能利用氨态氮，只能利用细菌和饲料颗粒含有的氮作为氮源而生长。

瘤胃内未被微生物降解的饲料蛋白质，通常称为过瘤胃蛋白质（RBPP），也称为未降解蛋白质（UDP）。过瘤胃蛋白与瘤胃微生物蛋白一同由瘤胃转至真胃，随后进入小肠和大肠，其蛋白质消化、吸收，以及吸收后的利用过程与单胃动物基本相同。

由代谢过程看出，反刍动物蛋白质消化代谢的特点是：蛋白质消化吸收的主要场所是瘤胃，靠微生物的降解。其次是在小肠，在酶的作用下进行。因此，反刍动物不仅能大量利用饲料中的蛋白质，而且也能很好地利用氨化物。也就是说，饲料蛋白质可在瘤胃进行较大的改组，通过微生物合成饲粮中不曾有的氨基酸，因此，很大程度上认为反刍动物的蛋白质营养实质上是瘤胃微生物的蛋白质营养。也就是说反刍动物所需要的小肠可消化蛋白质来源于瘤胃合成的微生物蛋白和饲料过瘤胃蛋白。

饲料蛋白质在瘤胃内的降解率受其溶解度和瘤胃内滞留时间的影响，溶解度大的蛋白质及在瘤胃内滞留时间较长的蛋白质降解率较高。

饲料中的蛋白质和氨化物在瘤胃中被细菌降解生成的氨，除被合成菌体蛋白外，经瘤胃、真胃和小肠吸收后转送到肝脏合成尿素。尿素大部分经肾脏随尿排出，一部分被运送到唾液腺随唾液返回瘤胃，再次被细菌利用，氨如此循环反复被利用的过程称为"瘤胃氮素循环"。这对反刍动物的蛋白质营养具有重要意义，既可提高饲料中粗蛋白的利用率，又可将食入的植物性粗蛋白反复转化为菌体蛋白，供动物体利用，则提高饲料蛋白质的品质。

据测定，瘤胃微生物蛋白质与动物产品蛋白质的氨基酸组成相似。瘤胃细菌蛋白质生物学价值为85%~88%，瘤胃纤毛原虫蛋白质生物学价值为80%。微生物蛋白的品质次于优质的动物蛋白，与豆饼和苜蓿叶蛋白相当，而优于大多数的谷物蛋白。瘤胃微生物蛋白质可满足反刍动物蛋白质需要的50%~100%。

2. 反刍动物对非蛋白氮（NPN）的利用

（1）反刍动物利用非蛋白氮的机制。反刍动物对尿素、双缩脲等非蛋白氮化合物（也称"氨化物"）的利用主要靠瘤胃中的细菌。瘤胃内的细菌利用尿素作为氮源，以可溶性碳水化合物作为碳架和能量的来源，合成细菌体蛋白。进而和饲料蛋白质一样在动物体消化酶的作用下，被动物体消化利用，如图7-4所示。

尿素含氮量为42%~46%，若按尿素中的氮70%被合成菌体蛋白计算，1 kg尿素经转化后，可提供相当于4.5 kg豆饼的蛋白质。

（2）反刍动物日粮中使用非蛋白氮的目的。一是在日粮蛋白质不足的情况下，补充NPN，提高采食量和生产性能；二是用NPN适量代替高价格的蛋白质饲料，在不影响生产性能的前提下，降低饲料成本，提高生产效益；三是用于平衡日粮中可降解与过瘤胃蛋白，以充分发挥瘤胃的功能，促

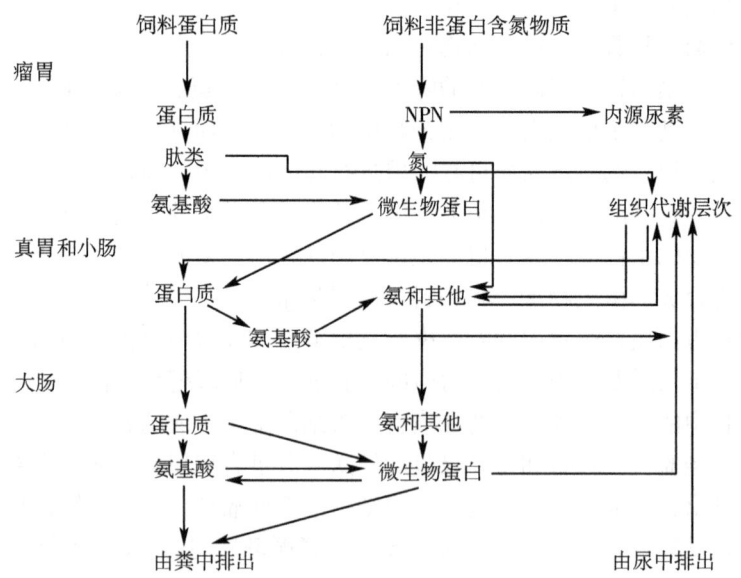

图 7-4　反刍动物的非蛋白氮消化代谢过程

进整个日粮的有效利用。

（3）提高尿素利用率的措施。尿素等分解的氨态氮并非全部在瘤胃内合成菌体蛋白，且尿素的利用效果又受多种因素的影响。为了提高尿素的利用率并防止动物氨中毒，饲喂尿素时应注意：

①日粮中必须有一定量易消化的碳水化合物：瘤胃细菌在利用氨合成菌体蛋白的过程中，需要同时供给可利用能量和碳架，后者主要由碳水化合物酵解供给。淀粉的降解速度与尿素分解速度相近，能源与氮源释放趋于同步，有利于菌体蛋白的合成。因此，粗饲料为主的日粮中，添加尿素时，应适当增加淀粉质的精饲料。有人建议，每 100 g 尿素，可搭配 1 kg 易消化的碳水化合物，其中 2/3 淀粉，1/3 是可溶性糖。

②日粮中蛋白质水平要适宜：有些氨基酸，如赖氨酸、蛋氨酸是细菌生长繁殖所必需的营养，它们不仅作为成分参与菌体蛋白的合成，而且还具有调节细菌代谢的作用，从而促进细菌对尿素的利用。为了提高尿素的利用率，日粮中蛋白质水平要适宜。日粮中蛋白质含量超过 13% 时，尿素在瘤胃转化为菌体蛋白的速度和利用程度显著降低，甚至会发生氨中毒。日粮中蛋白质水平低于 8% 时，又可能影响细菌的生长繁殖。一般认为补加尿素时，日粮蛋白质水平不应高于 13%。

③保证供给微生物生命活动所必需的矿物质：钴是在蛋白质代谢中起重要作用的维生素 B_{12} 的成分。如果日粮中钴不足，则维生素 B_{12} 合成受阻，会影响细菌对尿素的利用。硫是合成细菌体蛋白中蛋氨酸、胱氨酸等含硫氨基酸的原料。为提高尿素的利用率，有人建议，在保证硫供应的同时还要注意氮硫比和氮磷比，含尿素日粮的最佳氮硫比为（10~14）∶1，氮磷比为8∶1。此外，还要保证细菌生命活动所必需的钙、磷、镁、铁、铜、锌、锰及碘等的供给。

④控制喂量，注意喂法：尿素被利用时，首先要在细菌分泌的脲酶作用下分解为氨和二氧化碳。由于脲酶的活性很强，致使尿素在瘤胃中分解为氨的速度很快，如加入日粮干物质量1%的尿素只需 20 min 左右就全部分解完毕。然而细菌利用氨合成菌体蛋白的速度仅为尿素分解速度的1/4。如果尿素喂量过大，它会被迅速地分解产生大量的氨，而细菌又来不及利用，其中一部分氨被胃壁吸收后随血液输入肝脏形成尿素，由肾排出，这部分尿素往返徒劳，造成浪费。更严重的是，如果吸收的氨超过肝脏将其转变为尿素的能力时，氨就会在血液中积蓄，出现氨中毒症状。表现为运动失调、肌肉震颤、痉挛、呼吸急促、口吐白沫等。上述症状一般在喂后 0.5~1 h 内发生，如不及时治疗，可能在 2~3 h 内死亡。因此，要严格控制尿素的喂量并注意喂法。

喂量：尿素的喂量约为日粮粗蛋白量的20%~30%或不超过日粮干物质的1%；成年牛每头每天饲喂 60~100 g，成年羊 6~12 g。生后 2~3 个月内的犊牛和羔羊，由于瘤胃机能尚未发育完全，严禁饲喂尿素。如果日粮中有含非蛋白氮高的饲料，如青贮料，尿素用量应减半。

喂法：为了有效地利用尿素，防止中毒，饲喂尿素时，必须将尿素均匀地搅拌到精粗饲料中混喂，最好先用糖蜜将尿素稀释或用精饲料拌尿素后再与粗饲料拌匀，还可将尿素加到青贮原料中青贮后一起饲喂。饲喂尿素时，开始少喂，逐渐加量，使反刍动物有 5~7 d 的适应期。尿素一天的喂量要分几次饲喂；生豆类生豆饼类、苜蓿草籽、胡枝子种子等含脲酶多的饲料，不要大量掺加尿素的谷物饲料中一起饲喂。严禁将尿素单独饲喂或溶于水中饮用，应在饲喂尿素 3~4 h 后饮水。

饲用缓释型技术处理的尿素：为减缓尿素在瘤胃的分解速度，使细菌有充足的时间利用氨合成菌体蛋白，提高尿素利用率和饲用安全性，在饲用尿素时可采用下列措施：第一，向尿素饲粮中加入脲酶抑制剂，如醋酸氧肟酸、辛酰氧肟酸、脂肪酸盐、四硼酸钠等，以抑制脲酶的活性。第二，包被尿素，用煮熟的玉米面糊或高粱面糊拌合尿素后饲喂。也可用硬脂酸、二双戊聚合物、羟甲基纤维素、聚乙烯、干酪素、单宁、蜡类或蛋白质将尿素包被后制成颗粒饲喂。第三，制成颗粒凝胶淀粉尿素，此产品在降低氨释放速度的同时，加快淀粉的发酵速度，保持能氮同步释放，提高细菌蛋白的合成效率。第四，尿素舔块，将尿素、糖蜜、矿物质等压制或自然凝固制成块状物，让牛羊舔食，控制了尿素的食入速度，提高了尿素的利用率。第五，饲喂尿素衍生物，如磷酸脲、双缩脲、脂肪酸脲、羟甲基脲、异丁叉二脲等，与尿素相比，其降解速度减慢，饲用效果和安全性均高。

实际生产中马（驴、骡）补饲尿素，代替日粮中的一部分蛋白质饲料，试验证明也有一定效果，但应用不多。而猪鸡饲喂尿素，没有实用价值。

3. 反刍动物对必需氨基酸的需要

反刍动物同单胃动物一样，真正需要的不是蛋白质本身，而是蛋白质在真胃以后分解产生的氨基酸，因此，反刍动物蛋白质营养的实质是小肠氨基酸营养。

通常饲养管理条件下，反刍动物所需必需氨基酸的 50%～100% 来自瘤胃微生物蛋白质（含 10 种必需氨基酸），其余来自饲料。中等以下生产水平的反刍动物，仅微生物蛋白和少量过瘤胃饲料蛋白所提供的必需氨基酸足以满足需要。但对高产反刍动物，上述来源的氨基酸远不能满足需要，限制了生产潜力的发挥。据研究，日产奶 15 kg 以上的奶牛，蛋氨酸和亮氨酸可能是限制性氨基酸，日产奶 30 kg 以上的奶牛，除上述两种外，赖氨酸、组氨酸、苏氨酸和苯丙氨酸可能都是限制性氨基酸。研究确认，蛋氨酸是反刍动物最主要的限制性氨基酸。生产实践中，必须从饲料中保证高产反刍动物对限制性氨基酸的需要，以充分发挥其高产潜力。对高品质蛋白质饲料进行过瘤胃保护，不仅可满足高产反刍动物对必需氨基酸的需要，而且可避免瘤胃过度降解饲料真蛋白质所造成的能量和氮素浪费。

二、碳水化合物营养

碳水化合物广泛地存在于植物性饲料中，在动物日粮中占一半以上，是供给动物能量最主要的营养物质。

（一）碳水化合物存在形式及营养作用

1. 碳水化合物的组成

植物性饲料中的碳水化合物又称糖，虽然种类繁多，性质各异，但是，除个别糖的衍生物中含有少量氮、硫等元素外,都由碳、氢、氧三种元素组成。其中氢与氧原子的比为 2∶1,与水的组成相同,故称其为碳水化合物。按其结构性质分类见图 7-5。

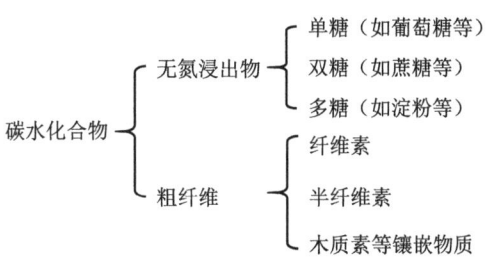

图 7-5　碳水化合物的分类

寡聚糖又称为低聚糖或寡糖,是指 2~10 个单糖通过糖苷键连接起来形成直链或支链的一类糖;而将 10 个糖单位以上的称为多聚糖,包括淀粉、纤维素、半纤维素、果胶、半乳聚糖、甘露聚糖、黏多糖等;纤维素、半纤维素及果胶则统称为非淀粉多糖(NSP)。根据非淀粉多糖的水溶性,将溶于水的称为可溶性非淀粉多糖,如 β-葡聚糖、阿拉伯木聚糖和果胶;不溶于水的则称为不溶性非淀粉多糖,如纤维素。可溶性 NSP 的抗营养作用日益受到关注,猪、鸡消化道缺乏相应的内源酶而难以将其降解。它们与水分子直接作用增加溶液的黏度,且随多糖浓度的增加而增加;多糖分子本身互相作用,缠绕成网状结构,这种作用过程能引起溶液黏度大大增加,甚至形成凝胶。因此,可溶性 NSP 在动物消化道内能使食糜变黏,进而阻止养分接近肠黏膜表面,最终降低养分消化率。

碳水化合物中的无氮浸出物主要存在于细胞内容物中。各种饲料的无氮浸出物含量差异很大,其中以块根块茎类及籽实类中含量最多,而纤维素、半纤维素与木质素相结合构成细胞壁,多存在于植物的茎秆和秕壳中。纤维素、半纤维素和果胶不能被动物消化道分泌的酶水解,但能被消化道中微生物酵解。酵解后的产物才能被动物吸收与利用。而木质素却不能被动物利用。

动物虽然从饲料中采食大量的碳水化合物,但动物体内的碳水化合物仅占体重的 1% 以下。主要存在形式有:血液中的葡萄糖,肝脏和肌肉中贮存的糖原及乳中乳糖。另外,碳水化合物还以黏多糖、糖蛋白、糖脂等杂多糖的形式存在于动物的组织器官中。

2. 碳水化合物的营养功能

（1）碳水化合物是体组织的构成物质。碳水化合物普遍存在于动物体的各种组织中，作为细胞的构成成分，参与多种生命过程，在组织生长的调节上起着重要作用。

（2）碳水化合物是供给动物能量的主要来源。动物为了生存和生产，必须维持体温的恒定和各个组织器官的正常活动。如心脏的跳动、血液循环、胃肠蠕动、肺的呼吸、肌肉收缩等都需要能量。动物所需能量中，约80%由碳水化合物提供。碳水化合物广泛存在于植物性饲料中，价格便宜，由它供给动物能量最为经济。

（3）碳水化合物是机体内能量贮备物质。饲料中碳水化合物在动物体内可转变为糖原和脂肪而作为能量贮备。碳水化合物在动物体内除供给能量外还有多余时，可转变为肝糖原和肌糖原。当肝脏和肌肉中的糖原已贮满，血糖量达到0.1%还有多余时，便转变为体脂肪。母畜在泌乳期，碳水化合物也是乳脂肪和乳糖的原料。体脂肪约有50%、乳脂肪有60%～70%是以碳水化合物为原料合成的。

（4）粗纤维是动物日粮中不可缺少的成分。粗纤维经微生物发酵产生的各种挥发性脂肪酸，除用以合成葡萄糖外，还可氧化供能。粗纤维是草食动物的主要能源物质，它所提供的能量可满足草食动物的维持能量消耗；粗纤维体积大，吸水性强，不易消化，可充填胃肠容积，使动物食后有饱腹感；粗纤维可刺激消化道黏膜，促进胃肠蠕动、消化液的分泌和粪便的排出。

饲养实践中，如日粮中碳水化合物不足，动物就要动用体内贮备物质（糖原、体脂肪，甚至体蛋白），出现体况消瘦，生产性能降低等现象。因此，必须重视碳水化合物的供应。

3. 寡聚糖的特殊作用

碳水化合物中的寡聚糖已知有1 000种以上，目前在动物营养中常用的主要有：寡果糖（又称果寡糖或蔗果三糖）、寡甘露糖、异麦芽寡糖、寡乳糖及寡木糖。近年研究表明，寡聚糖可作为有益菌的基质，改变肠道菌相，建立健康的肠道微生物区系。寡聚糖还有消除消化道内病原菌，激活机体免疫系统等作用。日粮中添加寡聚糖可增强机体免疫力，提高成活率、增重及饲料转化率。寡聚糖作为一种稳定、安全、环保性良好的抗生素替代物，在畜牧业生产中有着广阔的发展前景。

(二) 单胃动物碳水化合物营养特点及应用

碳水化合物在动物体内代谢方式有两种：一是葡萄糖代谢，二是挥发性脂肪酸代谢。葡萄糖代谢，是指碳水化合物在消化酶的作用下，分解为葡萄糖等单糖进入肝脏后加以利用。挥发性脂肪酸代谢，是指碳水化合物在瘤胃或大肠微生物的作用下，分解为乙酸、丙酸和丁酸等挥发性脂肪酸进入肝脏后加以利用。

以猪为例，对于无氮浸出物而言，饲料中碳水化合物被猪采食后进入口腔，猪口腔的唾液淀粉酶活性较强，少部分淀粉经唾液淀粉酶的作用水解为麦芽糖等；胃本身不含消化碳水化合物的酶类，而是饲料中通过口腔带入部分淀粉酶。猪胃内大部分为酸性环境，淀粉酶失去活性，只有在贲门腺区和盲囊区内，一部分淀粉在唾液淀粉酶作用下，水解为麦芽糖；小肠中含有消化碳水化合物的各种酶类。

无氮浸出物最终的分解产物是各种单糖，其中大部分由小肠壁吸收，经血液输送至肝脏。在肝脏中，其他单糖首先都转变为葡萄糖，而所有葡萄糖中大部分经体循环输送至身体各组织，参加三羧酸循环，氧化释放能量供动物需要。另一部分葡萄糖在肝脏合成肝糖原，还有一部分葡萄糖通过血液输送至肌肉中形成肌糖原。仍有富余的话，葡萄糖则被输送至动物脂肪组织及细胞中合成体脂肪作为贮备。

单胃动物的胃和小肠不分泌纤维素酶和半纤维素酶，因此饲料中的纤维素和半纤维素不能在其中酶解。饲料中的纤维素和半纤维素的消化主要依靠结肠与盲肠中的细菌发酵，将其酵解产生乙酸、丙酸和丁酸等挥发性脂肪酸及甲烷、氢气、二氧化碳等气体。部分挥发性脂肪酸可被肠壁吸收，经血液输送至肝脏，进而被动物利用，气体则排出体外。

在所有消化器官中没被消化吸收的碳水化合物，最终由粪便排出体外。

由消化代谢过程可知，猪消化代谢碳水化合物的特点是以葡萄糖代谢为主，消化吸收的主要场所是在小肠，靠酶的作用进行。挥发性脂肪酸代谢为辅助代谢方式，且在大肠中靠细菌发酵进行，其营养作用较小，因此，猪能大量利用淀粉和各类单、双糖等无氮浸出物，但不能大量利用粗纤维。

猪饲粮中粗纤维水平不宜过高，一般为4%~8%。在肥育后期可利用粗纤维较高的日粮，以限制采食量，减少脂肪沉积，提高胴体瘦肉率。瘦肉型猪饲粮中粗纤维应控制在7%以下。

家禽碳水化合物消化代谢特点与猪相似，但缺少乳糖酶，故乳糖不能在家禽消化道中水解，而粗纤维的消化只在盲肠。因此，它利用粗纤维的能力比猪还低。鸡饲粮中，粗纤维的含量以3%~5%为宜。

单胃草食动物，如马、驴、骡等，对碳水化合物的消化代谢过程与猪基本相同。单胃草食动物虽然没有瘤胃，但盲肠结肠较发达，其中细菌对纤维素和半纤维素具有较强的消化能力。因此，它们对粗纤维的消化能力比猪强，却不如反刍动物。马属动物在碳水化合物消化代谢过程中，既可进行挥发性脂肪酸代谢，又能进行葡萄糖代谢。马属动物在使役时，需要较多的能量，日粮中应增加含淀粉多的精饲料。休闲时，可多供给些富含粗纤维的秸秆类饲料。

(三) 反刍动物碳水化合物营养特点及其应用

瘤胃是反刍动物消化粗纤维的主要器官。饲料粗纤维进入瘤胃后，被瘤胃细菌降解为乙酸、丙酸和丁酸等挥发性脂肪酸，同时产生甲烷、氢气和二氧化碳等气体。分解后的挥发性脂肪酸，大部分可直接被瘤胃壁迅速吸收，吸收后由血液输送至肝脏。在肝脏中，丙酸转变为葡萄糖，参与葡萄糖代谢，丁酸转变为乙酸，乙酸随体循环到各组织中参加三羧酸循环，氧化释放能量供给动物体需要，同时也产生二氧化碳和水。还有部分乙酸被输送至乳腺，用以合成乳脂肪。所产生的气体以嗳气等方式排出体外。

瘤胃中未被降解的粗纤维，通过小肠时无大变化。到达结肠与盲肠中，部分粗纤维又可被细菌降解为挥发性脂肪酸及气体。挥发性脂肪酸可被肠壁吸收参加机体代谢，气体排出体外。

反刍动物的口腔中，唾液多但淀粉酶很少，饲料中淀粉在口腔内变化不大。饲料中大部分淀粉和糖进入瘤胃后被细菌降解为挥发性脂肪酸及气体。挥发性脂肪酸被瘤胃壁吸收参加机体代谢，气体排出体外。

瘤胃中未被降解的淀粉和糖进入小肠，在淀粉酶、麦芽糖酶及蔗糖酶等的作用下分解为葡萄糖等单糖被肠壁吸收，参加机体代谢。小肠未被消化的淀粉和糖进入结肠与盲肠，被细菌降解为挥发性脂肪酸并产生气体。挥发性脂肪酸被肠壁吸收参加代谢，气体排出体外。

在所有消化道中未被消化吸收的无氮浸出物和粗纤维，最终由粪便排出体外。

由碳水化合物消化代谢过程可知，反刍动物碳水化合物消化代谢的特点是以挥发性脂肪酸代谢为主，在瘤胃和大肠中靠细菌发酵。以葡萄糖代谢为辅，是在小肠中靠酶的作用进行。故反刍动物不仅能大量利用无氮浸出物，也能大量利用粗纤维。反刍动物对粗纤维的消化率一般可达42%~61%。

瘤胃发酵形成的各种挥发性脂肪酸的数量，因日粮组成、微生物区系等因素而异。对于肉牛,提高日粮中精饲料比例或将粗饲料磨成粉状饲喂,瘤胃中产生的乙酸减少,丙酸增多,有利于合成体脂肪,提高增重改善肉质。对于奶牛,增加日粮中优质粗饲料的给量,则形成的乙酸多,有利于形成乳脂肪,提高乳脂率。

反刍动物对粗纤维的利用程度差异很大,影响消化道中微生物所有因素均影响粗纤维的利用。粗纤维是反刍动物的一种必需的营养素。正常情况下,粗纤维除具有发酵产生挥发性脂肪酸的营养作用外,对保证消化道的正常功能,维持宿主健康和调节微生物群落都具有重要作用。粗饲料应该是反刍动物日粮之主体,一般应占整个日粮干物质的50%以上。奶牛粗饲料供给不足或粉碎过细,轻则影响产奶量,降低乳脂率,重则引起奶牛蹄叶炎、酸中毒、瘤胃不完全角化症、皱胃移位等。日粮粗纤维水平低于或高于适宜范围,都不利于对能量的利用,会对动物产生不良影响。奶牛日粮中按干物质计,粗纤维含量约17%或酸性纤维约21%,才能预防出现粗纤维不足的症状。

(四) 粗纤维的合理利用

合理利用粗纤维的关键是要在日粮中保持适宜的粗纤维水平。影响粗纤维消化率的因素有:

1. 动物种类和年龄

反刍动物消化粗纤维的能力最强,高达50%~90%。成年动物对粗纤维的消化率高于同种幼龄动物。生产实践中,可将一些含粗纤维多的饲料饲喂草食动物。

2. 饲料种类

同种动物对不同种饲料的粗纤维消化率也不相同。

3. 日粮蛋白质水平

反刍动物日粮中蛋白质营养水平,是改善瘤胃对粗纤维消化能力的重要因素。因此,以这类饲料为主的牛羊日粮中要注意蛋白质营养的供给。

4. 日粮粗纤维和淀粉含量

日粮中粗纤维的含量越高,粗纤维本身的消化率就越低,而且还能使其他养分的消化率也降低。其原因是日粮中的粗纤维能刺激胃肠蠕动,使食糜在肠道内停留时间减少,并且妨碍消化酶对营养物质的接触,因此可影响日粮中蛋白质、碳水化合物、脂肪和矿物质的消化。其中起主要干扰作用的是木质素,每增加1%的木质素,有机物消化率降低4.49%。

粗纤维消化率又与日粮中淀粉含量有关。如用粗纤维与淀粉含量不同的日粮喂羊，在一定范围内，随着日粮中粗纤维含量的减少，淀粉含量的增加，日粮中包括粗纤维在内的各种营养物质的消化率有提高的趋势。

5. 添加矿物质

在反刍动物的日粮中，添加适量的食盐、钙、磷、硫等，可促进瘤胃微生物的繁殖，提高对粗纤维的消化率。

6. 合理使用与加工调制

粗饲料喂前进行加工调制，可改变饲料原来的理化特性，改善其适口性，提高粗纤维的消化率和饲料的营养价值。如秸秆经碱化处理，粗纤维消化率可提高20%~40%。但粗饲料粉碎过细，反刍动物对粗纤维的消化率降低10%~15%。

三、脂类营养

（一）脂肪的理化特性

各种饲料和动物体中均含有脂肪。根据结构不同，主要分为真脂肪和类脂肪两大类，两者统称为粗脂肪。真脂肪在体内脂肪酶的作用下，分解为甘油和脂肪酸，类脂肪则除了分解为甘油和脂肪酸外，还含有磷酸、糖和其他含氮物。

脂肪水解时，如有碱类存在，则脂肪酸皂化而成肥皂。脂肪酸皂化时所需的碱量，叫作皂化价。脂肪酸皂化时，每分子脂肪酸与一原子的钠或其他相当的碱元素化合，脂肪酸的分子量越小，则在一定重量中分子数越多，所能化合的碱元素也越多，其皂化价越高，脂肪酸分子量越大则皂化价越低。所以脂肪酸分子量的大小及脂肪酸分子中碳原子的多少，可用皂化价的大小来测定。

不饱和脂肪酸也能与碘化合，每100 g脂肪或脂肪酸所能吸收的碘克数，叫作碘价。脂肪酸不饱和程度越大，所能化合的碘越多，则碘价越高，所以脂肪酸饱和程度可以用碘价来测定。

构成脂肪的脂肪酸种类很多，已发现有100多种。包括脂肪酸结构中不含双键的饱和脂肪酸与含有双键的不饱和脂肪酸。脂肪酸的饱和程度不同，脂肪酸和脂类的熔点和硬度不同。脂肪中含不饱和脂肪酸越多，其硬度越小，熔点也越低；不饱和脂肪酸所含双键数不同，脂类碘价不同；脂肪酸分子量不同，脂类皂化价不同。

植物油脂中不饱和脂肪酸含量高于动物油脂。故常温下，植物油脂呈液体状态，而动物油脂呈固体状态。

1. 脂肪的水解作用

脂肪可在酸或碱的作用下发生水解，水解产物为甘油和脂肪酸，动植物体内脂肪的水解在脂肪酶催化下进行。水解所产生的游离脂肪酸大多数无嗅无味，但低级脂肪酸，特别是4~6个碳原子的脂肪酸，如丁酸和乙酸具有强烈的气味，影响动物适口性，动物营养中把这种水解看成影响脂肪利用的因素。

多种细菌和霉菌均可产生脂肪酶，当饲料保管不善时，其所含脂肪易于发生水解而使饲料品质下降。

2. 酸败作用

脂肪暴露在空气中，经光、热、湿和空气的作用，或者经微生物的作用，可逐渐产生一种特有的臭味，此作用称为酸败作用。

存在于植物饲料中的脂肪氧化酶或微生物产生的脂肪氧化酶最容易使不饱和脂肪酸氧化酸败，脂肪酸败产生的醛、酮和酸等化合物，不仅具有刺激性气味，影响适口性，而且在氧化过程中所生成的过氧化物，还会破坏一些脂溶性维生素，降低了脂类和饲料的营养价值。

脂肪的酸败程度可用酸价表示，酸价是指中和1 g脂肪中的游离脂肪酸所需的氢氧化钾的毫克数，通常酸价大于6的脂肪即可能对动物健康造成不良影响。

3. 氢化作用

在催化剂或酶的作用下，不饱和脂肪酸的双键，可与氢发生反应而使双键消失，转变为饱和脂肪酸。从而使脂肪的硬度增加，不易酸败，有利于贮存，但也损失必需脂肪酸。

反刍动物进食的饲料脂肪，可在瘤胃中发生氢化作用。因此其体脂肪中饱和脂肪酸含量较高。

(二) 脂肪的营养生理功能

1. 脂肪是动物体组织的重要成分

动物的各种组织器官，如皮肤、骨骼、肌肉、神经、血液及内脏器官中均含脂肪，主要为磷脂和固醇类等。脑和外周神经组织含有鞘磷脂；蛋白质和脂肪按一定比例构成细胞膜和细胞原生质，因此，脂肪也是组织细胞增殖、更新及修补的原料。

2. 脂肪是供给动物体能量和贮备能量的最好形式

脂肪含能量高，在体内氧化产生的能量为同重量碳水化合物的2.25倍。

脂肪的分解产物游离脂肪酸和甘油都是供给动物维持生命活动和生产的重要能量来源，日粮脂肪作为供能营养素，热增耗最低，消化能或代谢能转变为净能的利用效率比蛋白质和碳水化合物高 5%～10%。

动物摄入过多有机物质时，可以体脂肪形式将能量贮备起来。而体脂肪能以较小体积含藏较多的能量，是动物贮备能量的最佳方式，这对放牧的动物安全越冬具有重要作用。并且脂肪在动物体内氧化时，所产生的代谢水也最多。

3. 脂肪是脂溶性维生素的溶剂

脂溶性维生素 A、维生素 D、维生素 E、维生素 K 及胡萝卜素，在动物体内必须溶于脂肪后，才能被消化吸收和利用。日粮中脂肪不足，可导致脂溶性维生素的缺乏。

4. 脂肪为动物提供必需脂肪酸

脂肪可为动物提供三种必需脂肪酸，即亚油酸（十八碳二烯酸）、亚麻酸（十八碳三烯酸）和花生油酸（二十碳四烯酸），它们对动物，尤其是幼龄动物具有重要作用，缺乏时，幼龄动物生长停滞，甚至死亡。亚油酸必须由日粮供给，亚麻酸和花生油酸可通过日粮直接供给，也可通过供给足量的亚油酸在体内转化合成。亚油酸的主要来源是植物油。必需脂肪酸的概念不适用于成年反刍动物。

5. 脂肪对动物具有保护作用

脂肪不易传热，因此，皮下脂肪能够防止体热的散失，在寒冷季节有利于维持体温的恒定和抵御寒冷，这对生活在水中的哺乳动物显得更为重要。脂肪充填在脏器周围，具有固定和保护器官以及缓和外力冲击的作用。

6. 脂肪是动物产品的成分

动物产品奶、肉、蛋及皮毛、羽绒等均含有一定数量的脂肪。因此，脂肪的缺乏，也会影响到动物产品的形成和品质。

近年研究表明，动物日粮中添加一定比例的脂肪，可提高生产性能。

（三）脂类的消化与吸收

脂类吸收的过程可概括为：脂类水解→水解产物形成可溶的微粒→小肠黏膜摄取这些微粒→在小肠黏膜细胞中重新合成甘油三酯→甘油三酯进入血液循环。非反刍动物和反刍动物机体内部都有上述过程，但具体的机制却存在差异。

(四) 饲料脂肪对动物产品品质的影响

1. 饲料脂肪对肉类脂肪的影响

(1) 单胃动物。单胃动物的胃黏膜和胰脏均能分泌脂肪酶。虽然胃脂肪酶可将脂肪水解为游离脂肪酸和甘油，但由于脂肪须先经乳化，使脂肪球的直径小于 $0.5~\mu m$ 后，方便于水解，而胃中的酸性环境不利于脂肪的乳化，所以脂肪在胃中不能被消化，只是初步乳化。单胃动物消化吸收脂肪的主要场所是小肠，在胆汁、胰脂肪酶和肠脂肪酶的作用下，水解为甘油和脂肪酸。经吸收后，家禽主要在肝脏，家畜主要在脂肪组织（皮下和腹腔）中再合成体脂肪。单胃动物没有瘤胃，不能经细菌的氢化作用将不饱和脂肪酸转化为饱和脂肪酸。因此，它所采食饲料中的脂肪性质直接影响体脂肪的品质。在猪的催肥期，如喂给脂肪含量高的饲料，可使猪体脂肪变软，易于酸败，不适于制作腌肉和火腿等肉制品。因此，猪肥育期应少喂脂肪含量高的饲料，多喂富含淀粉的饲料，因为由淀粉转变成的体脂肪中含饱和脂肪酸较多。采取这种措施，既保证猪肉的优良品质，又可降低饲养成本。饲料脂肪性质对鸡体脂肪的影响与猪相似。一般说来，日粮中添加脂肪对总体脂含量的影响较小，对体脂肪的组成影响较大。

马属动物，虽然盲肠中具有与瘤胃相同的细菌，也能将牧草中不饱和脂肪酸氢化转变为饱和脂肪酸。但牧草中的脂肪在进入盲肠之前，大部分已在小肠尚未转化为饱和脂肪酸时已被吸收。因此，马属动物的体脂肪中也是不饱和脂肪酸多于饱和脂肪酸。

(2) 反刍动物。反刍动物的饲料主要是牧草和秸秆类。以鲜草中脂肪为例，不饱和脂肪酸占 4/5，饱和脂肪酸仅占 1/5。但牧草中的脂肪，在瘤胃内微生物的作用下，水解为甘油和脂肪酸，其中大量的不饱和脂肪酸可经细菌的氢化作用转变为饱和脂肪酸，再由小肠吸收后合成体脂肪。因此，反刍动物体脂肪中饱和脂肪酸较多，体脂肪较为坚硬。反刍动物体脂品质受饲草脂肪性质影响极小，但高精饲料饲养容易使皮下脂肪变软。

2. 饲料脂肪对乳脂肪品质的影响

饲料脂肪在一定程度上可直接进入乳腺，饲料脂肪的某些成分，可不经变化地用以形成乳脂肪。因此，饲料脂肪性质与乳脂品质密切相关。奶牛饲喂大豆时黄油质地较软，饲喂大豆饼时黄油较为坚实，而饲喂大麦粉、豌豆粉和黑麦麸时黄油则坚实。添加油脂对乳脂率影响较小，一般不能通过添加油脂的办法改善奶牛的乳脂率。

3. 饲料脂肪对蛋黄脂肪的影响

将近一半的蛋黄脂肪是在卵黄发育过程中，摄取经肝脏而来的血液脂肪而合成，这说明蛋黄脂肪的质和量受饲料脂肪影响较大。饲料脂类使蛋黄脂肪偏向不饱和程度大，一些特殊饲料成分可能对蛋黄造成不良影响，例如硬脂酸进入蛋黄中会产生不适宜的气味。添加油脂（主要为植物油）可促进蛋黄的形成，继而增加蛋重，并可能生产富含亚油酸的"营养蛋"。

（五）动物饲粮中添加油脂的应用

油脂是高能饲料。饲粮中添加油脂，除供能外，可改善适口性，增加饲料在肠道的停留时间，有利于其他营养成分的消化吸收和利用，即具有"增能效应"，高温季节可降低动物的应激反应。研究表明，添加油脂还能显著提高生产性能并降低饲养成本，尤其对于生长发育快生产周期短或生产性能高的动物效果更为明显。

奶牛精饲料中油脂添加量建议为3%~5%，添加植物油优于动物油。由于油脂价格高，且混合工艺存在问题，目前国内的油脂实际添加量远低于上述建议添加量。

加工生产预混料时，为避免产品吸湿结块，减少粉尘，常在原料中加一定量油脂。

饲粮中添加油脂时，注意事项有：第一，添加油脂后，饲粮的消化能、代谢能水平不能变化太大。因为过量添加油脂可能会降低采食量。第二，满足含硫氨基酸的供应。第三，常量元素、微量元素及维生素B_2、维生素B_6、维生素B_{12}和胆碱等的供给量应增加10%~20%。第四，控制粗纤维水平。第五，长期添加油脂时，每千克饲粮中应添加硒0.05~0.1 mg。第六，防止油脂氧化，保证油脂品质。第七，要将油脂均匀混拌在饲粮中，并在短期内喂完。

四、矿物质营养

矿物质存在于动物体的各种组织中，广泛参与体内各种代谢过程。除碳、氢、氧和氮四种元素主要以有机化合物形式存在外，其余各种元素无论含量多少，统称为矿物质或矿物质元素。

矿物质元素在机体生命活动过程中起十分重要的调节作用，尽管占体重很小，且不供给能量、蛋白质和脂肪，但缺乏时动物生长或生产受阻，甚至死亡。

(一) 矿物质营养概述

动物体内矿物质元素存在形式多种多样，或与蛋白质及氨基酸结合，或游离，或作为离子的组成成分存在。不管以何种形式存在或转运，都始终在血液、肌肉、骨骼、消化道、体表等之间保持动态平衡。

1. 矿物质的营养生理功能

(1) 矿物质是构成动物体组织的重要成分，钙、磷、镁是构成骨骼和牙齿的主要成分；磷和硫是组成体蛋白的重要成分。

(2) 矿物质在维持体液渗透压恒定和酸碱平衡上起着重要作用。

(3) 矿物质是维持神经和肌肉正常功能所必需的物质。

(4) 矿物质是机体内多种酶的成分或激活剂。

(5) 矿物质是乳蛋产品的成分。

2. 矿物质的需要与供给

(1) 动物对矿物质的需要受多种因素的影响。现将一些动物对主要必需矿物质元素的最低需要量列于表7-2中。

表7-2 各种动物对必需矿物质元素的最低需要量

矿物质元素	小牛、羔羊	生长反刍动物	产奶反刍动物
钙（%）	0.45	0.4	0.5
磷（%）	0.35	0.3	0.3
钠（%）	0.12	0.12	0.15
氯（%）	0.13	0.13	0.2
钾（%）	0.5	0.5	0.7
镁（%）	0.1	0.25	0.25
硫（%）	0.1	0.1	0.1
铁（mg/kg）	75	50	50
锰（mg/kg）	60	60	60
锌（mg/kg）	30	30	40
铜（mg/kg）	8	8	8
硒（mg/kg）	0.15	0.15	0.15
碘（mg/kg）	0.2	0.2	0.3
钴（mg/kg）	0.08	0.08	0.08
钼（mg/kg）	0.1	0.1	0.1

（2）供给。现代动物生产中，由天然饲料配制成的日粮不能满足需要的部分，一般都用矿物质饲料或微量元素添加剂来补足。

由于矿物元素间易发生相互作用，包括协同作用和拮抗作用，生产中最多的应注意相互间的抑制，配合饲料时必须保证矿物元素之间的平衡。

（二）常量矿物质元素

1. 钙和磷

（1）营养生理功能。机体钙中约99%用于构成骨骼和牙齿；钙在维持神经和肌肉正常功能中起抑制神经和肌肉兴奋性的作用，当血钙含量低于正常水平时，神经和肌肉兴奋性增强，引起动物抽搐；钙可促进凝血酶的致活，参与正常凝血过程；钙是多种酶的活化剂或抑制剂；钙能激活肌纤凝蛋白-ATP酶与卵磷脂酶，能抑制烯醇化酶与二肽酶的活性。

机体中的磷约80%构成骨骼和牙齿；磷以磷酸根的形式参与糖的氧化和酵解，参与脂肪酸的氧化和蛋白质分解等多种物质代谢；在能量代谢中磷以ADP和ATP的成分，在能量贮存与传递过程中起着重要作用；磷还是RNA、DNA及辅酶Ⅰ、辅酶Ⅱ的成分，与蛋白质的生物合成及动物的遗传有关；另外，磷也是细胞膜和血液中缓冲物质的成分。

（2）钙磷缺乏症与过量的危害。

①钙磷缺乏症：食欲不振与生产力下降。食欲不振或废绝，缺磷时更为明显。患畜消瘦、生长停滞；母畜不发情或屡配不孕，可导致永久性不育，或产畸胎、死胎，产后泌乳量减少；公畜性机能降低，精子发育不良，活力差。

异嗜癖：动物喜欢啃食泥土、石头等异物，互相舔食被毛或咬耳朵。缺磷时异嗜癖表现更为明显。

幼年动物患佝偻症：幼年动物的饲粮中缺乏钙磷及其比例不当或维生素D不足时均可引起。患佝偻症的动物表现为：骨端粗大，关节肿大，四肢弯曲，呈"X"形或"O"形。肋骨有"捻珠状"突起。骨质疏松，易骨折。犊牛四肢畸形、弓背。幼年动物在冬季舍饲期，喂以钙少磷多的精饲料，又很少接触阳光时最易出现这种症状。

成年动物患软骨症：此症常发生于妊娠后期与产后母畜、高产奶牛。饲粮中缺少钙磷或比例不当时，为供给胎儿生长或产奶的需要，动物过多地动用骨骼中的贮备，造成骨质疏松、多孔呈海绵状，骨壁变薄，容易在骨盆骨、股骨和腰间部椎骨处发生骨折。母牛常于分娩前后瘫痪。

②钙磷过量的危害：动物对钙、磷有一定程度的耐受力。过量直接造成

中毒的少见，但超过一定限度，会降低动物的生产性能。反刍动物食入过量钙时，可抑制瘤胃微生物的活动而降低日粮的消化率。单胃动物食入过量钙时，脂肪消化率下降，磷、镁、铁、锰和碘等代谢紊乱。磷过多，使血钙降低。为了调节血钙，刺激副甲状腺分泌增多而引起副甲状腺机能亢进，致使骨中磷大量分解，易产生跛行或长骨骨折。

(3) 钙磷的合理供应

①影响钙磷吸收的因素：饲料中的钙和无机磷可以直接被吸收，而有机磷则需经过酶水解成为无机磷后才能吸收。钙磷的吸收须在溶解状态下进行，能促进钙磷溶解的因素就能促进钙磷的吸收。

酸性环境：饲料中的钙可与胃液中的盐酸化合生成氯化钙，氯化钙极易溶解，故可被胃壁吸收。小肠中的磷酸钙、碳酸钙等的溶解度受肠道 pH 影响很大，在碱性、中性溶液中其溶解度很低，难于吸收。酸性溶液中溶解度大大增加，易于吸收。小肠前段为弱酸性环境，是饲料中钙和无机磷吸收的主要场所。小肠后段偏碱性，不利于钙磷的吸收。因此，增强小肠酸性的因素有利于钙磷的吸收。蛋白质在小肠内水解为氨基酸，乳糖、葡萄糖在肠内发酵生成乳酸，这些均可增强小肠酸性，促进钙磷吸收。胃液分泌不足，则影响钙磷吸收。

钙磷比例：一般动物，钙磷比例在 (1~2) :1 范围内吸收率高。若钙磷比例失调，小肠内又偏碱性条件下，如果钙过多，将与饲粮中的磷更多地结合成磷酸钙沉淀；如果磷过多，同样也与更多的钙结合成磷酸钙沉淀；磷酸钙沉淀被排出体外。所以饲粮中钙过多易造成磷的不足，磷过多又造成了钙的缺乏。

维生素 D：维生素 D 对钙磷代谢的调节，是通过它在肝脏、肾脏羟化后的产物 1,25-二羟维生素 D_3 起作用的。1,25-二羟维生素 D_3，具有增强小肠酸性，调节钙磷比例，促进钙磷吸收与沉积的作用。因此，保证动物对维生素 D 的需要，可促进钙磷的吸收。尤其动物在冬季舍饲期，满足维生素 D 的供应就显得更为重要。但是，过高的维生素 D 会使骨骼中钙磷过量动员，反而可能产生骨骼病变。

饲粮中过多的脂肪、草酸、植酸的影响：饲粮中脂肪过多，易与钙结合成钙皂，由粪便排出，影响钙的吸收；甜菜叶等青饲料中草酸较多，易与钙结合为草酸钙沉积，也不能吸收。反刍动物瘤胃微生物可分解草酸，因此，当草酸盐含量不大时，不至于影响对钙的吸收；谷实类及加工副产品中的磷，大多以植酸（六磷酸肌醇）或植酸钙镁磷复盐的有机磷形式存在，单胃动物对它的水解能力弱，很难吸收。以谷实类、麸皮类饲料为主的单胃动物日粮中，应适当补加无机磷。植酸与钙结合为不易溶解的植酸钙，也影响钙的吸收。反刍动物瘤胃中的微生物水解植酸磷能力很强，不影响其对钙磷的吸收。

单胃动物对植酸磷利用率低，一般认为矿物质饲料和动物性饲料中的磷100%为有效磷，而植物性饲料中的磷30%为有效磷，为保证单胃动物对磷的需要，最好使无机磷占总磷需要量的30%以上。

②钙磷的来源与供应：饲喂富含钙磷的天然饲料，含有骨骼的动物性饲料，如鱼粉、肉骨粉等钙磷含量均高。豆科植物，如大豆、苜蓿、花生秧等含钙丰富。禾谷类籽实和糠麸类中缺钙含磷多，但60%以上的磷是以植酸磷的形式存在。单胃动物消化道水解植酸磷的能力很低，现采用在饲粮中添加植酸酶的措施，以促使植酸磷分解释放出活性无机磷，从而减少无机磷的用量，降低饲料成本，同时也可减少动物排泄磷对环境的污染，并可消除植酸的抗营养作用，提高日粮中其他养分的消化率和利用率。但一般要求饲料中植酸磷含量在0.2%以上，才有必要使用植酸酶，推荐添加量为每千克饲粮300~500 U。

补饲矿物质饲料：植物性饲料常满足不了动物对钙磷的需求，必须在饲粮中添加矿物质饲料。如含钙的蛋壳粉、贝壳粉、石灰石粉、石膏粉等。含钙磷的蒸骨粉、磷酸氢钙等，但同时要调整钙磷比例为 (1~2)：1，其吸收率高。

加强动物的舍外运动：多晒太阳，使动物被毛、皮肤、血液等中7-脱氢胆固醇大量转变为维生素D_3，或在饲粮中添加维生素D。

对饲料地、牧草地多施含钙磷的肥料，用以增加饲料中钙磷的含量。

优良贵重的种用动物可采用注射维生素D和钙的制剂或口服鱼肝油的办法，起预防和治疗作用。

2. 钾、钠与氯

这三种元素又称为电解质元素，主要分布于动物体液和软组织中。

（1）钾。钾在维持细胞内液渗透压的稳定和调节酸碱平衡上起着重要作用。钾参与蛋白质和糖的代谢，可促进神经和肌肉兴奋性。植物性饲料，尤其是幼嫩植物中含钾丰富，一般情况下，动物饲粮中不会缺钾。钾过量影响钠、镁的吸收，甚至引起"缺镁痉挛症"。

（2）钠与氯。

①营养生理功能：钠和氯的主要作用是维持细胞外液渗透压和调节酸碱

平衡。钠也可促进神经和肌肉兴奋性，并参与神经冲动的传递；以重碳酸盐形式存在的钠可抑制反刍动物瘤胃中产生过多的酸，为瘤胃微生物活动创造适宜环境；氯为胃液盐酸的成分，能激活胃蛋白酶，活化唾液淀粉酶，有助于消化。盐酸可保持胃液呈酸性，具有杀菌作用。

②钠和氯的来源与供应：除鱼粉、酱油渣等含盐饲料外，多数饲料中均缺乏钠和氯。食盐是供给动物钠和氯的最好来源。食盐具有调节饲料口味，改善适口性，刺激唾液分泌，活化消化酶等作用。动物饲粮中，一般都需要另补食盐。

动物缺少食盐的表现：食欲不振，被毛脱落，生长停滞，生产力下降。并有掘土毁圈、喝尿、舔脏物等异嗜癖。重役动物由汗液排出大量钠和氯，缺少食盐时，可发生急性食盐缺乏症，其表现：神经肌肉活动失常，心脏机能紊乱，甚至死亡。因此，必须经常供给动物食盐。单胃草食动物食盐过多、饮水量少，会引起动物中毒。反刍动物不易发生食盐中毒，可自由舔食。

3. 镁

（1）营养生理功能。约有70%的镁参与骨骼和牙齿的构成；镁具有抑制神经和肌肉兴奋性及维持心脏正常功能的作用；镁还是焦磷酸酶、胆碱酯酶、三磷酸腺苷酶和肽酶等多种酶的活化剂，从而影响三种有机物的代谢；镁还参与遗传物质 DNA 和 RNA 的合成。

（2）缺乏症与过量危害。非反刍动物需镁量低，一般饲料均能满足需要，不需要另外补饲。实际饲养中，镁缺乏症主要见于反刍动物，乳牛、肉牛和绵羊。

反刍动物缺镁症可分为两种类型。一种类型是长期喂缺镁日粮，以致体内贮存的镁消耗殆尽而发生的缺镁症。主要症状为痉挛，故也称其为"缺镁痉挛症"。这种类型的缺镁症主要发生于土壤中缺镁地区的犊牛和羔羊。另一种类型是早春放牧的反刍动物，由于采食含镁量低（低于干物质的0.2%）、吸收率又低（平均7%）的青牧草而发生的缺镁症，称其为"草痉挛"。主要表现为神经过敏，肌肉痉挛，呼吸弱，抽搐，甚至死亡。幼龄犊牛在食用低镁人工乳时，也会引起低血镁，其临床症状与草痉挛相似。

镁过量可使动物中毒。主要表现昏睡、运动失调、拉稀、采食量下降，生产力降低，严重时死亡。

（3）来源与补充。镁普遍存在于各种饲料中，尤其是糠麸、饼粕和青饲料中含镁丰富。谷实类、块根茎类中也含有较多的镁。缺镁地区的反刍动物，可采用氧化镁、硫酸镁或碳酸镁进行补饲。患"草痉挛"的反刍动物，早期注射硫酸镁或将两份硫酸镁混合一份食盐让其自由舔食均可治愈。有人认为，猪饲料中补镁有利于防止过敏反应和咬尾。

4. 硫

(1) 营养生理功能。硫以含硫氨基酸形式参与被毛、羽毛、蹄爪等角蛋白合成；硫是硫胺素、生物素和胰岛素的成分，参与碳水化合物代谢；硫以黏多糖的成分参与胶原蛋白和结缔组织代谢。

无机硫对于动物具有一定的营养意义。反刍动物瘤胃中的微生物能有效利用无机的含硫化合物如：硫酸钾、硫酸钠、硫酸钙等，合成含硫氨基酸和维生素。

(2) 缺乏症与过量危害。硫的缺乏通常是动物缺乏蛋白质时才会发生。动物缺硫表现：消瘦、角、蹄、毛生长缓慢。反刍动物用尿素作为唯一的氮源而不补充硫时，也可能出现缺硫现象，致使体重减轻，利用粗纤维能力降低，生产性能下降。

自然条件下硫过量现象少见。用无机硫作添加剂，用量超过 0.3%~0.5%，可能使动物产生厌食、失重、抑郁等症状。

(3) 来源与补充。动物性蛋白质饲料中含硫丰富，如鱼粉、肉粉和血粉等含硫可达 0.35%~0.85%。动物日粮中的硫一般都能满足需要，不需要另外补饲，但在动物脱毛期间，为加速脱毛的进行，以尽早地恢复正常生产，可补饲硫酸盐。

(三) 微量元素

1. 铁、铜、钴

这三种元素的共同功能是参与造血功能，并参与体内抗体的形成。

(1) 铁。

①营养生理功能：铁是合成血红蛋白和肌红蛋白的原料。血红蛋白作为氧和二氧化碳的载体，能保证其正常运输。肌红蛋白是肌肉在缺氧条件下做功的供氧原；铁作为细胞色素氧化酶、过氧化物酶、过氧化氢酶、黄嘌呤氧化酶的成分及碳水化合物代谢酶类的激活剂，参与机体内的物质代谢及生物氧化过程，催化各种生化反应；转铁蛋白除运载铁以外，还有预防机体感染疾病的作用。

②缺乏症与过量危害：因饲料中的含铁量超过动物需要量，且机体内红细胞破坏分解释放的铁90%可被机体再利用，故成年动物不易缺铁。哺乳幼畜容易发生缺铁症。

日粮干物质中含铁量达 1 000 mg/kg 时，导致慢性中毒，消化机能紊乱，引起腹泻，增重缓慢，重者导致死亡。

(2) 铜。

①营养生理功能：铜对造血起催化作用，促进合成血红素；铜是红细胞的成分，可加速卟啉的合成，促进红细胞的成熟；铜以金属酶的辅助因子形式，直接参与体内代谢；铜是骨骼的重要成分，参与骨形成并促进钙磷在软骨基质上的沉积；铜在维持中枢神经系统功能上起着重要作用，并可促进垂体释放生长激素、促甲状腺激素、促黄体激素和促肾上腺皮质激素等；铜能促进被毛中双硫基的形成及双硫基的多叉结合，从而影响被毛的生长。铜作为酪氨酸酶的成分参与被毛中黑色素的形成过程；铜对维持动物的妊娠过程和繁殖率均有影响；铜参与血清免疫球蛋白的构成并通过由它组成的酶类构成机体防御体系，增强机体的免疫功能。

②缺乏症与过量中毒：缺铜时，影响动物正常的造血功能，当血铜低于 0.2 μg/mL 时可引起贫血，缩短红细胞的寿命，降低铁的吸收率与利用率；缺铜时血管弹性蛋白合成受阻、弹性降低从而导致动物血管破裂死亡，缺铜时长骨外层很薄，骨畸形或骨折；羔羊缺铜致使中枢神经髓鞘脱失，表现为"摆腰症"；缺铜羊毛中含硫氨基酸代谢遭破坏，羊毛中角蛋白双硫基的合成受阻，羊毛生长缓慢，失去正常弯曲度，毛质脆弱。缺铜时参与色素形成的含铜酶合成受阻，活性降低，使有色毛褪色，黑色毛变为灰白色；缺铜动物机体免疫系统损伤，免疫力下降，动物繁殖力降低。

铜过量可危害动物健康，甚至中毒。每千克饲料干物质含铜量：绵羊超过 50 mg、牛超过 100 mg 均会引起中毒。过量铜在肝脏中蓄积到一定水平时，就会释放进入血液，使红细胞溶解，动物出现血尿和黄疸症状，组织坏死，甚至死亡。

③来源和补充：饲料中铜分布广泛，尤其是豆科牧草，大豆饼、禾本科籽实及副产品中含铜较为丰富，动物一般不易缺铜。但缺铜地区或饲粮中锌、钼、硫过多时，影响铜的吸收，可导致缺铜症。缺铜地区的牧地可施用硫酸铜化肥或直接给动物补饲硫酸铜。

(3) 钴。

①营养生理功能：钴是维生素 B_{12} 的成分，维生素 B_{12} 促进血红素的形成，在蛋白质、蛋氨酸和叶酸等代谢中起重要作用；钴是磷酸葡萄糖变位酶和精氨酸酶等的激活剂，与蛋白质和碳水化合物代谢有关。

②缺乏症与过量危害：反刍动物瘤胃中微生物能利用钴合成维生素 B_{12}。

如缺钴，维生素 B_{12} 合成受阻，病畜表现食欲不振，生长停滞，体弱消瘦，黏膜苍白等贫血症状。钴缺乏时，机体中抗体减少，降低了细胞免疫反应。

天然饲料钴过量的可能性很小。各种动物对钴耐受力较强，日粮中钴的含量超过需要量的 300 倍才会产生中毒反应。非反刍动物主要表现是红细胞增多，反刍动物主要表现是肝钴含量增高，采食量和体重下降，消瘦和贫血。

③来源与补充：各种饲料均含微量的钴，一般都能满足动物的需要。缺钴地区，可给动物补饲硫酸钴、碳酸钴和氯化钴。

(4) 采取综合措施预防幼龄动物贫血症。

①补给铁、铜、钴。

②设置矿物质补饲槽。在槽内装入食盐或添加硫酸亚铁、硫酸铜、氯化钴等盐类，供动物自由舔食。

③开食与放牧。

④饲喂幼龄动物富含蛋白质、维生素 B_6、维生素 B_{12} 和叶酸的饲料。

2. 硒

(1) 营养生理功能。硒具有抗氧化作用，它是谷胱甘肽过氧化酶的成分，此酶可促使组织产生的过氧化氢、过氧化物转变为无毒的醇，从而避免对红细胞、血红蛋白、精子原生质膜等的氧化破坏；硒是激活 5′-脱碘酶的重要物质，脂类和维生素 E 吸收时所需要的胰脂酶的形成受硒的影响；硒促进蛋白质、DNA 与 RNA 的合成并对动物的生长有刺激作用；硒与肌肉的生长发育和动物的繁殖密切相关；硒对胰腺的组成和功能也有重要影响；硒还能促进免疫球蛋白的合成，增强白细胞的杀菌能力；硒在机体内有拮抗和降低汞、镉、砷等元素毒性的作用，并可减轻维生素 D 中毒引起的病变。

(2) 缺乏症与硒中毒。我国东北、西北、西南及华东等省区为缺硒地区。幼年动物缺硒均可患"白肌病"，因肌球蛋白合成受阻，致使骨骼肌和心肌退化萎缩，肌肉表面有白色条纹；缺硒的母牛空怀或胚胎死亡；缺硒还加重缺碘症状，并降低机体免疫力。

饲粮中含有 0.1~0.15 mg/kg 的硒，就不会出现缺硒症。含有 5~8 mg/kg 时，可发生慢性中毒，其表现消瘦、贫血、关节僵直、脱毛、脱蹄、心脏、肝脏机能损伤，并影响繁殖等。摄入 500~1 000 mg/kg 时，发生急性中毒，患畜瞎眼、痉挛瘫痪、肺部充血，因窒息而死亡。

(3) 缺硒症预防或治疗。可用亚硒酸钠维生素 E 制剂，作皮下或深度肌内注射。或将亚硒酸钠稀释后，拌入饲粮中补饲。

3. 锌

（1）营养生理功能。锌是动物体内多种酶的成分或激活剂，催化各种生化反应；锌是胰岛素的成分，参与碳水化合物代谢；锌在蛋白质和核酸的生物合成中起重要作用；锌参与胱氨酸和黏多糖代谢，可维持上皮组织健康与被毛正常生长；锌是碳酸肝酶的成分，与动物呼吸有关；锌能促进性激素的活性，并与精子生成有关；锌参与肝脏和视网膜内维生素 A 还原酶的组成，与视力有关；锌参与骨骼和角质的生长并能增强机体免疫和抗感染力，促进创伤的愈合。

（2）缺乏症与过量危害。幼龄动物缺锌时食欲降低，生长发育受阻。犊牛和羔羊严重缺锌时，出现"侏儒"现象；绵羊缺锌羊角和羊毛易脱落；缺锌种公畜睾丸、附睾及前列腺发育受阻、影响精子生成，母畜性周期紊乱，不易受孕或流产。缺锌导致骨骼发育不良，长骨变短增厚；缺锌动物外伤愈合缓慢；缺锌引起免疫器官（淋巴结、脾脏和胸腺）明显减轻，免疫反应显著降低，影响机体免疫力。

各种动物对高锌都有较强的耐受力。但因动物种类不同，日粮中与锌拮抗的动物含量不同，耐受力也不同。过量锌对铁铜吸收不利，导致贫血。

（3）来源与补充。锌的来源广泛，幼嫩植物、酵母、鱼粉、麸皮、油饼类及动物性饲料中含锌均丰富。

4. 锰

（1）营养生理功能。锰是酶的成分或激活剂，参与蛋白质、碳水化合物、脂肪及核酸代谢；锰参与骨骼基质中硫酸软骨素的生成并影响骨骼中磷酸酶的活性；锰可催化性激素的前体胆固醇的合成，与动物繁殖有关；锰还与造血机能密切相关，并维持大脑的正常功能。

（2）缺乏症与过量危害。动物缺锰时，采食量下降，生长发育受阻，骨骼畸形，关节肿大，骨质疏松。缺锰母畜不发情或性周期失常，不易受孕，妊娠初期流产或产弱胎、死胎、畸胎。锰缺乏或过量都会抑制抗体的产生。

动物对过量锰具有耐受力。生产中锰中毒现象非常少见。锰过量，损伤动物胃肠道，生长受阻，贫血，并致使钙磷利用率降低，导致"佝偻症""软骨症"。

（3）来源与补充。植物性饲料中含锰较多，尤其糠麸类、青绿饲料中含锰较丰富。生产中采用硫酸锰、氧化锰等补饲。补饲蛋氨酸锰效果更好。

5. 碘

（1）营养生理功能。碘是甲状腺素的成分。甲状腺素几乎参与机体所有的物质代谢过程，与动物的基础代谢密切相关。并具有促进动物生长发育、繁殖和红细胞生长等作用。

（2）缺乏症与过量危害。缺碘会降低动物基础代谢，碘缺乏症多见于幼龄动物，其表现为：生长缓慢，骨架小，出现"侏儒症"。初生犊牛和羔羊表现为甲状腺肿大；妊娠动物缺碘，可使胎儿发育受阻，产生弱胎、死胎或新生胎儿无毛、体弱、成活率低。母牛缺碘发情无规律，甚至不孕；雄性动物缺碘，精液品质下降，影响繁殖。甲状腺肿大是缺碘地区人畜共患的一种常见病。

缺碘可导致甲状腺肿，但甲状腺肿不全是因为缺碘。十字花科植物中的含硫化合物和其他来源的高氯酸盐、硫脲或硫脲嘧啶都能造成类似缺碘一样的后果。

各种动物对过量碘耐受力不同。超过耐受量可造成不良影响，使奶牛产奶量减少。为了防止碘中毒，饲料干物质含碘量以不超过 4.8 mg/kg 为宜。

（3）来源与补充。动物所需的碘，主要是从饲料和饮水中摄取。一般情况下，远离海洋的内陆山区，土壤中含碘较少，其饲料和饮水中的含量也较低，成为缺碘地区。我国缺碘地区面积较大，此地区的动物尤其要注意补碘。

各种饲料含碘量不同，沿海地区植物的含碘量高于内陆地区植物，海洋植物含碘丰富。缺碘动物常用碘化食盐（含 0.01%~0.02% 碘化钾的食盐）补饲。据报道，补碘可促进奶牛泌乳。

6. 应激状态对主要微量元素需要量的影响

微量元素铁、铜、钴、锰、锌和碘等，均是影响动物免疫机能和抗应激能力的重要因素。由于应激因素如高温、疾病、转群等不良影响，动物食欲下降，微量元素摄入量相对减少，而此时机体的代谢却要增强，即从不同方面加大了对微量元素的需要量，必须额外补充。

五、维生素营养

（一）维生素营养概述

维生素是维持动物正常生理功能所必需的低分子有机化合物。维生素既不是动物体能量的来源，也不是构成动物组织器官的物质，但它是动物体新陈代谢的必需参加者。它作为生物活性物质，在代谢中起调节和控制作用。

1. 维生素的分类

（1）脂溶性维生素包括维生素A、维生素D、维生素E、维生素K。

（2）水溶性维生素包括B族维生素和维生素C。

2. 维生素的营养生理功能

（1）调节营养物质的消化、吸收和代谢。维生素作为调节因子或酶的辅酶或辅基的成分，参与蛋白质、脂肪和碳水化合物三种有机物的代谢过程，促进其合成与分解，从而实现代谢调控作用。

（2）抗应激作用。诸多应激因素，如营养不良、疾病、冷热、接种疫苗、惊吓、运输、转群、换料、有害气体的侵袭及饲养管理不当、抗营养因子及高产等，致使动物生产性能下降，自身免疫机能降低，发病率上升，甚至大群死亡，可通过应用维生素等来提高动物自身抗应激能力，减少生产水平的降低。

（3）激发和强化机体的免疫机能。几乎所有维生素都可提高动物的免疫机能，其中以维生素A、维生素D、维生素K、维生素B_6和维生素B_{12}及维生素C的免疫功能最为明显。

（4）提高动物繁殖性能。与动物繁殖性能有关的维生素有维生素A、维生素E、维生素B_2、泛酸、烟酸、维生素B_{12}、叶酸及生物素等，其需要量高于同等体重的商品动物。

（5）改善动物产品品质。饲粮中添加维生素E，可防止肉品中脂肪酸氧化酸败，阻止产生醛、酮及醇类等气味很差的物质，这些物质具有致癌、致畸等危害。

（6）预防集约化饲养条件下的疫病。添加高水平维生素具有一定的预防代谢疾病的作用，可通过在日粮中加入高水平生物素、叶酸、烟酸和胆碱，部分得到纠正。

（7）提高动物生产性能和养殖业的经济效益。现行的维生素需要量标准，是基于20多年前的研究确定的，按NRC标准配制日粮，难以获得最佳生产性能。超量添加维生素已成为获取动物高产的有效措施，并证明超量添加维生素所增加的成本，远低于动物增产所增加的收入，因此，超量添加维生素也是提高养殖业经济效益的有效措施之一。

（二）脂溶性维生素

1. 维生素A（抗干眼症维生素、视黄醇）

（1）营养生理功能与缺乏症。

①维持动物在弱光下的视力：缺少维生素A，在弱光下，视力减退或完

全丧失，患"夜盲症"。

②维持上皮组织的健康：维生素 A 与黏液分泌上皮的黏多糖合成有关。缺乏维生素 A，上皮组织干燥和过度角质化，易受细菌侵袭而感染多种疾病。泪腺上皮组织角质化，发生"干眼症"，严重时角膜、结膜化脓溃疡，甚至失明；呼吸道或消化道上皮组织角质化，生长动物易引起肺炎或下痢；泌尿系统上皮组织角质化，易产生肾结石和尿道结石。

③促进幼龄动物的生长：维生素 A 能调节碳水化合物、脂肪、蛋白质及矿物质代谢。缺乏时，影响体蛋白合成及骨组织的发育，造成幼龄动物精神不振，食欲减退，生长发育受阻。长期缺乏时肌肉脏器萎缩，严重时死亡。

④参与性激素的形成：维生素 A 缺乏时繁殖力下降，种公畜性欲差，睾丸及附睾退化，精液品质下降，严重时出现睾丸硬化。母畜发情不正常，不易受孕。妊娠母畜流产、难产、产生弱胎、死胎或瞎眼仔畜。

⑤维持骨骼的正常发育：维生素 A 与成骨细胞活性有关，影响骨骼的合成，缺乏时，破坏软骨骨化过程；骨骼造型不全，骨弱且过分增厚，压迫中枢神经，出现运动失调、痉挛、麻痹等神经症状。

⑥具有抗癌作用：维生素 A 对某些癌症有一定治疗作用。如给动物口服或局部注射维生素 A 类物质，发现乳腺、肺、膀胱等组织上皮细胞癌前病变发生逆转。维生素 A 的抗癌机理不完全清楚，推测可能是由于维生素 A 改变了细胞中内质网的结构及致癌物质的代谢，从而抑制了某些致癌物的活化。

⑦增强机体免疫力和抗感染能力：给妊娠母畜补充维生素 A，免疫力显著增强，产仔数和仔畜成活率提高。维生素 A 对传染病的抗感染能力是通过保持细胞膜的强度，而使病毒不能穿透细胞，则避免了病毒进入细胞利用细胞的繁殖机制来复制自己。

(2) 过量的危害。长期或突然摄入过量维生素 A 均可引起动物中毒。对于非反刍动物，维生素 A 的中毒剂量是需要量的 4~10 倍，反刍动物为需要量的 30 倍。

(3) 合理供应。动物对维生素 A 的需要量，通常采用国际单位 (IU) 或重量单位 (mg) 来表示。1IU 维生素 A 相当于 0.3 μg 的视黄醇或相当于 0.6 μg β-胡萝卜素。

为了保证动物对维生素 A 的需要，应饲喂富含维生素 A 或胡萝卜素的饲料，也可补饲维生素 A 添加剂。动物性饲料如鱼肝油、肝、乳、蛋黄、鱼粉中均含有丰富的维生素 A。青绿饲料和胡萝卜中胡萝卜素最多，红、黄心甘薯、南瓜与黄色玉米中也较多。冬季，优质干草和青贮饲料是胡萝卜素的良好来源。

2. 维生素 D（抗佝偻病维生素）

维生素 D 种类很多，对动物有重要作用的只有维生素 D_2（麦角钙化醇）和维生素 D_3（胆钙化醇），其天然来源：

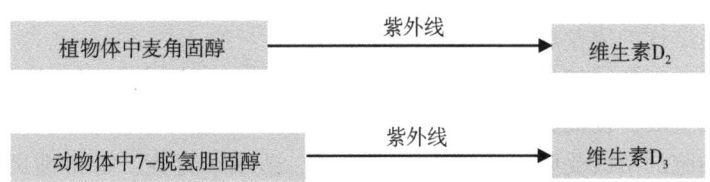

（1）营养生理功能与缺乏症。维生素 D 被吸收后并无活性，它必须首先在肝脏、肾脏中经羟化，如维生素 D_3 转变为 1,25-二羟维生素 D_3 后，才能发挥其生理作用。1,25-二羟维生素 D_3 具有增强小肠酸性，调节钙磷比例，促进钙磷吸收的作用，它还可直接作用于成骨细胞，促进钙磷在骨骼和牙齿中的沉积，有利于骨骼钙化。1,25-二羟维生素 D_3 还可刺激单核细胞增殖，使其获得吞噬活性，成为成熟巨噬细胞。维生素 D 影响巨噬细胞的免疫功能。

缺乏维生素 D 导致钙磷代谢失调，幼年动物患"佝偻症"，常见行动困难，不能站立，生长缓慢。成年动物，尤其妊娠母畜和泌乳母畜患"软骨症"，骨质疏松，骨骼脆弱，易折，弓形腿。成年动物，尤其妊娠母畜和泌乳母畜患"软骨症"，骨质疏松，骨骼脆弱，易折，弓形腿。

（2）过量的危害。过量会使早期骨骼钙化加速，后期钙从骨组织中转移出来，造成骨质疏松，血钙过高，致使动脉管壁、心脏、肾小管等软组织钙化。当肾脏严重损伤时，常死于尿毒症。短期饲喂，多数动物可耐受 100 倍的剂量。维生素 D_3 的毒性比维生素 D_2 大 10~20 倍，由于中毒剂量很大，故生产中少见。

（3）合理供应。动物对维生素 D 的需要量用国际单位（IU）表示。1IU 维生素 D 相当于 0.025 μg 维生素 D_3。为保证动物对维生素 D 的需要：一是饲喂富含维生素 D 的饲料。动物性饲料如鱼肝油、肝粉、血粉、酵母中都含有丰富的维生素 D。经阳光晒制的干草含有较多的维生素 D_2。二是加强动物的舍外运动，多晒太阳，促使动物被毛、皮肤、血液、神经及脂肪组织中 7-脱氢胆固醇大量转变为维生素 D_3。或在饲粮中补饲维生素 D_3。三是对病畜也可注射骨化醇。

3. 维生素 E（抗不育症维生素、生育酚）

（1）营养作用与缺乏症。

①抗氧化作用：维生素 E 是一种细胞内抗氧化剂，可阻止过氧化物的产生，保护维生素 A 和必需脂肪酸等，尤其保护细胞膜免遭氧化破坏，从而维持膜结构的完整和改善膜的通透性。

②维持正常的繁殖机能：维生素 E 可促进性腺发育，调节性机能。促进精子的生成，提高其活力。增强卵巢机能。缺乏时雄性动物睾丸变性萎缩，精细胞的形成受阻，甚至不产生精子，造成不育症；母畜性周期失常，不受孕。妊娠母畜分娩时产程过长，产后无奶或胎儿发育不良，胎儿早期被吸收或死胎。

③保证肌肉的正常生长发育：缺乏时肌肉中能量代谢受阻，肌肉营养不良，致使各种幼龄动物患"白肌病"。

④维持毛细血管结构的完整和中枢神经系统的机能健全。

⑤参与机体内物质代谢：维生素 E 是细胞色素还原酶的辅助因子，参与机体内生物氧化；它还参与维生素 C 和泛酸的合成；参与 DNA 合成的调节及含硫氨基酸和维生素 B_{12} 的代谢等。

⑥增强机体免疫力和抵抗力：研究确认维生素 E 可促进抗体的形成和淋巴细胞的增殖，提高细胞免疫反应，降低血液中免疫抑制剂皮质醇的含量，提高机体的抗病能力，它具有抗感染，抗肿瘤与抗应激等作用。

⑦改善肉质：添加适量维生素 E，可使肉用动物增重加快，并减少肉的腐败，有利于改善和保持肉的色、香、味等品质。

（2）合理供应。

动物对维生素 E 的需要量用国际单位（IU）和重量单位（mg/kg）表示。1 mg DL-α-生育酚乙酸酯相当于 1 IU 维生素 E；1 mg α-生育酚相当于 1.49 IU 维生素 E。

动物对维生素 E 的需要量与饲粮组成、饲料品质、饲料贮存时间以及不饱和脂肪酸、含硫氨基酸、硒、铁、铜、维生素 A、维生素 C 等的含量密切相关。谷实类的胚果维生素 E 含量丰富，青绿饲料、优质干草中较多，但谷实类在一般条件下贮存 6 个月后，维生素 E 可损失 30%～50%。维生素 E 添加剂已在生产中广泛应用。

4. 维生素 K（抗出血症维生素）

维生素 K 是一类萘醌衍生物。其中最重要的是维生素 K_1（叶绿醌）、维生素 K_2（甲基萘醌）和维生素 K_3（甲萘醌）。维生素 K_1 和维生素 K_2 是天然产物，维生素 K_3 是人工合成的产品，其中大部分溶于水，效力高于维生素 K_2。维生素 K 耐热，但易被光、辐射、碱和强酸所破坏。

（1）营养生理功能与缺乏症。维生素 K 主要参与凝血活动，致使血液凝固；维生素 K 与钙结合蛋白的形成有关，并参与蛋白质和多肽的代谢。维生素 K 还具有利尿、强化肝脏解毒功能及降低血压等作用。

（2）合理供应。动物对维生素 K 的需要量用 mg 或 mg/kg 表示。维生素 K_1 遍布于各种植物性饲料中，尤其是青绿饲料中含量丰富。维生素 K_2 除动物性饲料中含量丰富外，还能在动物消化道（反刍动物在瘤胃，马在大肠）中经微生物合成。因此，正常情况下家畜不会缺乏。

（三）水溶性维生素

1. B 族维生素

B 族维生素都是水溶性维生素；几乎都含有氮元素；都是作为细胞酶的辅酶或辅基的成分，参与碳水化合物、脂肪和蛋白质三种有机物的代谢过程；除维生素 B_{12} 外，很少或几乎不能在动物体内贮存。短时期的缺乏或不足都会降低一些酶的活性，阻碍相应的代谢过程，影响动物的健康及生产力，必须经常供给；B 族维生素可在成年反刍动物瘤胃中大量合成，故一般不必由饲料供给。而幼龄反刍动物因瘤胃发育不健全，合成能力差，必须由饲料来提供。B 族维生素的饲料来源基本一致，除了维生素 B_{12} 只含在动物性饲料中外，其他 B 族维生素广泛存在于各种酵母、干草、青绿饲料、青贮饲料、籽实类的种皮和胚芽中。

（1）主要 B 族维生素概况详见表 7-3。

表 7-3 B 族维生素概况

名称	主要营养生理功能	主要缺乏症	易受影响的动物
维生素 B_1（硫胺素）	以羧化辅酶的成分参与能量代谢；维持神经组织和心脏正常功能；维持胃肠正常消化机能；为神经介质和细胞膜组分，影响神经系统能量代谢和脂肪酸合成	心脏和神经组织机能紊乱	幼年反刍动物及成年反刍动物出现应激或高产时均需补充

(续表)

名称	主要营养生理功能	主要缺乏症	易受影响的动物
维生素 B_2（核黄素）	以辅基形式与特定酶结合形成多种黄素蛋白酶，参与蛋白质、能量代谢及生物氧化	食欲减退，生长停滞，被毛粗乱，眼角分泌物增多，伴有腹泻、皮肤炎、脱毛，皮肤发疹等	幼年反刍动物
维生素 PP（烟酸）	参与三大营养物质代谢；是多种脱氢酶的辅酶，在生物氧化中起传递氢的作用，参与视紫红质的合成；促进铁吸收和血细胞的生成；维持皮肤的正常功能和消化腺分泌等；参与蛋白质和 DNA 合成	皮毛粗，生长缓慢，消化机能紊乱，肠炎、呕吐、腹泻	幼年反刍动物。奶牛日粮中添加烟酸，可抗热应激，提高产奶量，预防酮病的发生
维生素 B_6（吡哆醇）	以转氨酶和脱羧酶等多种酶系统的辅酶形式参与氨基酸、蛋白质、脂肪和碳水化合物代谢；抗体合成；促进血红蛋白中原卟啉的合成	幼龄动物食欲下降，生长发育受阻，皮肤发炎，脱毛，心肌变性	日粮中能量和蛋白质水平高时，维生素 B_6 需要量增加，尤其生长动物
泛酸（遍多酸）	为辅酶 A 的成分，参与三大营养物质代谢，促进脂肪代谢及类固醇和抗体的合成，是生长动物所必需	生长缓慢，运动失调，脱毛，肾上腺皮质萎缩	幼年反刍动物。泛酸是 B 族维生素中最易缺乏的一种
维生素 B_{12}（氰钴素）	是几种酶系统中的辅酶，参与核酸、胆碱与蛋白质的生物合成及三种有机物的代谢	食欲减退，营养不良，贫血，神经系统损伤，行动不协调，皮炎，皮肤粗糙，抵抗力和繁殖性能降低	幼年反刍动物
叶酸	以辅酶形式通过一碳基团的转移、参与蛋白质和核酸生物合成及某些氨基酸的代谢，起催化作用。促进红细胞、白细胞的形成与成熟	营养性贫血，生长缓慢及停滞，慢性下痢，被毛粗乱，繁殖性能和免疫机能下降，患皮炎，脱毛，消化、呼吸及泌尿器官黏膜损伤	一般不会缺乏，特殊情况下会缺乏
生物素	以各种羧化酶的辅酶形成参与三种有机物代谢，主要起传递 CO_2 作用，它和碳水化合物与蛋白质转化为脂肪有关，与溶菌酶活化和皮脂腺功能有关	动物营养性贫血，生长缓慢，皮炎，繁殖机能和饲料利用率下降	一般可满足需要

（2）B 族维生素间的相互关系 各种 B 族维生素的作用，既有共同之处，也有各自的特点，但大多数的作用并不是单独孤立地进行，往往是几种 B 族维生素共同作用于一种或几种生理活动。生产实践中，通过观察动物的表

现，联系每种维生素特有的作用，并结合饲粮中含量情况，进行综合分析，从而确认究竟是缺少哪一种，或哪几种维生素，以便有针对性地补饲。

2. 胆碱

胆碱分子中除含有三个不稳定的甲基外，还有羟基，具有明显的碱性。胆碱对热稳定，但在强酸条件下不稳定，吸湿性强，可在肝脏中合成。

（1）营养生理功能与缺乏症。胆碱在动物体内是作为结构物质发挥其作用的。胆碱是细胞的组成成分，它是细胞卵磷脂、神经磷脂和某些原生质的成分，同样也是软骨组织磷脂的成分。因此，它是构成和维持细胞的结构，保证软骨基质成熟必不可少的物质，并能防止骨短粗病的发生；胆碱参与肝脏脂肪代谢，可促使肝脏脂肪以卵磷脂形式输送或者提高脂肪酸本身在肝脏内的氧化作用，防止脂肪肝的产生；胆碱在机体内作为甲基的供体参与甲基转移；胆碱还是乙酰胆碱的成分，参与神经冲动的传导。

动物缺乏胆碱时，精神不振，食欲丧失，生长发育缓慢，贫血，衰竭无力，关节肿胀，运动失调，消化不良等。脂肪代谢障碍，易发生肝脏脂肪浸润而形成脂肪肝。

（2）过量的危害。过量进食胆碱的症状是：流涎、颤抖、痉挛、发绀、惊厥和呼吸麻痹，增重与饲料转化率均降低。

（3）合理供应。胆碱广泛存在于各种饲料中，以绿色植物、豆饼、花生饼、谷实类、酵母、鱼粉、肉粉及蛋黄中最为丰富。因此，一般不易缺乏。但日粮中动物性饲料不足，缺少叶酸、维生素 B_{12} 及锰或烟酸过多时，常导致胆碱的缺乏。饲喂低蛋白高能量饲粮时，常用氯化胆碱进行补饲，补充胆碱的同时应适当补充含硫氨基酸和锰。

动物体可利用胆碱和甜菜碱等合成蛋氨酸等含硫氨基酸。因此，饲粮中补饲廉价的胆碱和甜菜碱，对于节省蛋氨酸具有一定的经济意义。

3. 维生素 C（抗坏血病维生素、抗坏血酸）

（1）营养生理作用与缺乏症。维生素 C 参与细胞间质胶原蛋白的合成。在机体生物氧化过程中，起传递氢和电子的作用。在体内具有杀灭细菌和病毒、解毒、抗氧化作用，可缓解铅、砷、苯及某些细菌毒素的毒性，阻止体内致癌物质亚硝基胺的形成，预防癌症及保护其他易氧化物质免遭氧化破坏。维生素 C 能使三价铁还原为易吸收的二价铁，促进铁的吸收，也可促进叶酸变为具有活性的四氢叶酸，并刺激肾上腺皮质素等多种激素的合成。维生素 C 还能促进抗体的形成和白细胞的噬菌能力，增强机体免疫功能和抗应激能力。

维生素 C 缺乏，毛细血管的细胞间质减少，通透性增强而引起皮下、肌肉、肠道黏膜出血。骨质疏松易折，牙龈出血，牙齿松脱，创口溃疡不易愈合，患"坏血症"。动物食欲下降，生长阻滞，体重减轻，活动力丧失，皮下及关节弥漫性出血，被毛无光，贫血，抵抗力和抗应激力下降。

动物对维生素 C 的需要量一般没有规定。维生素 C 的毒性很低，动物一般可耐受需要量的数百倍，甚至上千倍的剂量。

（2）合理供应。维生素 C 来源广泛，青绿饲料、块根鲜果中含量均丰富。动物体内可合成，因此，在动物饲养中，一般不用补饲，但动物处在高温、寒冷、运输等应激状态下，合成能力下降，而消耗量却增加，必须额外补充。日粮中能量、蛋白质、维生素 E、硒和铁等不足时，也会增加对维生素 C 的需要量。

（四）动物对维生素的需要量与供给

1. 影响维生素需要量的因素

（1）动物因素。动物对维生素的需要量在很大程度上取决于其种类、年龄、生理时期、健康与营养状况及生产水平等。

（2）维生素拮抗物。饲料中含有某种维生素拮抗物时，维生素的需要量增加。

（3）应激因素。各种应激因素均可增加维生素的需要量，尤其是维生素 C。例如动物患传染病和寄生虫病时，对维生素的需要量增加。

（4）集约化饲养。集约化饲养致使动物对维生素的需要量增加，因为在集约化饲养条件下，易产生维生素不足。

（5）日粮中营养成分。如日粮中脂肪含量不足时，脂溶性维生素的吸收受到影响，其需要量增加；蛋白质的供给量增加时，维生素 B_6 的需要量随之增加。

2. 生产中需要补充的维生素及添加量

（1）需要补充的维生素。反刍动物通常需要补充维生素 A，有时可能需补充维生素 E。若不接触阳光，应补充维生素 D。出现应激或处在高生产水平时，需补充维生素 B_1 和烟酸。断奶新生犊牛应补充所有维生素。

（2）维生素的添加量。动物对维生素的需要量，有几种表示方法。ARC 和 NRC 标准中使用的是"最低需要量"。它是在试验条件下测定的，以不发生特定的缺乏症为主要依据。因此，在拟定维生素的实际需要量时需考虑多种因素的影响。超量添加维生素已成为国内外获得动物最佳生产性能和最大效益的有效手段之一。

六、水营养

水对动物来说极为重要,动物绝食期间,几乎消耗体内全部脂肪,半数蛋白质或失去40%的体重时,仍能生存。但是,动物体水分丧失10%就会引起代谢紊乱,失水20%时死亡。

(一) 水的营养生理功能与动物缺水的后果

1. 水的营养生理功能

(1) 水是动物体内重要的溶剂。各种营养物质的消化吸收、运输与利用及其代谢废物的排出均需溶解在水中后方可进行。

(2) 水是各种生化反应的媒介。动物体内所有生化反应都是在水溶液中进行的,水也是多种生化反应的参与者,它参与动物体内的水解反应、氧化还原反应、有机物质的合成等。

(3) 水参与体温调节。水的比热大,导热性好,蒸发热高。所以水能吸收动物体内产生的热能,并迅速传递热能和蒸发散失热能。动物可通过排汗和呼气,蒸发体内水分,排出多余体热,以维持体温的恒定。

(4) 水的润滑作用。泪液可防止眼球干燥;唾液可湿润饲料和咽部,便于吞咽;关节囊液滑润关节,使之活动自如并减少活动时的摩擦。体腔内和各器官间的组织液可减少器官间的摩擦力,起到润滑作用。

(5) 水能维持组织器官的形态。动物体内的水大部分与亲水胶体相结合,成为结合水,直接参与活细胞和组织器官的构成。从而使各种组织器官有一定的形态、硬度及弹性,以利于完成各自的机能。

2. 缺水的后果

动物短期缺水,生产力下降、幼龄动物生长受阻、肥育家畜增重缓慢、泌乳母畜产奶量急剧下降。

动物长期饮水不足,会损害健康。动物体内水分减少1%~2%时,开始有口渴感,食欲减退,尿量减少;水分减少8%时,出现严重口渴感,食欲丧失,消化机能减弱,并因黏膜干燥降低了对疾病的抵抗力和机体免疫力。

严重缺水会危及动物的生命。长期水饥饿的动物,各组织器官缺水,血液浓稠,营养物质的代谢发生障碍,但组织中的脂肪和蛋白质分解加强,体温升高,常因组织内积蓄有毒的代谢产物而死亡。实际上,动物得不到水分比得不到饲料更难维持生命,尤其是高温季节。因此,必须保证供水。

（二）动物体内水分的来源与排出

1. 动物体内水的来源

（1）饮水。饮水是动物水的主要来源。作为饮水，要求水质良好，无污染，并符合饮水水质标准和卫生要求，总可溶固形物浓度（可溶总盐分浓度）是检查水质的重要指标。每升水中固体物含量为 150 mg 是理想的饮水，低于 500 mg 对幼龄动物无害，超过 7 000 mg 可导致动物腹泻，高于 10 000 mg 即不能饮用，1 000~5 000 mg 为安全范围。

（2）饲料水。各种饲料均含水分，但因种类不同，含水量差异很大，变动范围在 5%~95%。

（3）代谢水。是指三种有机物在体内氧化分解和合成过程中所产生的水。氧化每克碳水化合物、脂肪、蛋白质，分别产生 0.6 mL、1.07 mL 和 0.41 mL 的水；每一个分子葡萄糖参与糖原合成可产生一个分子水。甘油和脂肪酸合成一个分子脂肪时，可产生三个分子水。N 个分子氨基酸合成蛋白质时，产生 N-1 个分子水。代谢水只能满足动物需水量的 5%~10%，代谢水对于冬眠动物和沙漠里的小啮齿动物的水平衡十分重要，它们有的靠采食干燥饲料为生而不饮水，冬眠过程中不摄食不饮水仍能生存。

2. 动物体内水分的排泄

动物不断获取水分，并须经常排出体外，以维持机体水的平衡。

（1）通过粪与尿排泄。一般动物随尿排出的水占总排出水量的 50% 左右。以粪便形式排出的水量，因动物种类不同而异。牛、马等动物从粪中排出的水量较多，绵羊等动物由粪便排出的水较少。

（2）通过皮肤和肺脏蒸发。如马的汗液中含水量约为 94%，排汗量随气温上升及肌肉活动量的增强而增加。

（3）经产品排泄。泌乳动物泌乳也是水排出的重要途径。

（三）动物需水量及影响因素

1. 动物需水量

动物需水量受很多因素的影响，很难估计出动物确切的需水量，生产实践中，动物需水量（不包括代谢水），常以采食饲料干物质量来估计。每采食 1 kg 饲料干物质牛和绵羊需水 3~4 kg，马需 2~3 kg。

2. 影响动物需水量的因素

（1）动物种类。不同种类的动物，体内水的流失情况不同。哺乳类动物，粪、尿或汗液流失的水多，需水量相对较多。

(2) 年龄。幼龄动物比成年动物需水量大。

(3) 生理状态。妊娠肉牛需水量比空怀肉牛高50%；泌乳期奶牛，每天需水量为体重的1/7~1/6，而干奶期奶牛每天需水量仅为体重的1/14~1/13。

(4) 生产性能。生产性能是决定需水量的重要因素。高产奶牛和重役马需水量比同类的低产动物多。

(5) 饲料性质。饲喂含粗蛋白、粗纤维及矿物质高的饲料时，需水量多。饲料中含有毒素，或动物处于疾病状态，需水量增加。饲喂青饲料时，需水量少。

(6) 气温条件。气温对动物需水量的影响显著。气温高于30 ℃，动物需水量明显增加。气温低于10 ℃，需水量明显减少。

(四) 合理供水

有条件应采用自动饮水的办法，使动物需要水的时候，即能随时饮到清洁的水。如果没有自动饮水设备时，应注意：第一，饮水的次数基本上与饲喂次数相同，并做到先饲喂后饮水。第二，动物在放牧出圈舍前，要给以充足的饮水，以防止出圈饮脏水、粪尿水或冬天吃冰雪。第三，饲喂易发酵饲料，如豆类、苜蓿草等时，应在饲喂完1~2 h后饮水，以避免造成膨胀、引起疝痛。第四，使役家畜，尤其使重役后，切忌马上饮冷水，应休息30 min后慢慢饮用。第五，初生一周内的动物最好饮12~15 ℃的温水。

第三节 动物营养需要与饲养标准

一、动物生长营养需要

研究不同生理状态和生产水平下家畜对各种营养物质需要的特点、变化规律及影响因素，可作为制定饲养标准并进而实现家畜科学化和标准化饲养的依据。

(一) 营养需要基本理论

家畜因种类、品种、年龄、性别、生长发育阶段、生理状态及生产目的不同，对营养物质的需要亦不相同。家畜从饲料摄取的营养物质，一部分用来维持正常体温、血液循环、组织更新等必要的生命活动，另一部分则用于妊娠、泌乳、生长、产肉、产毛和劳役等生产活动。因此，家畜的营养需要是指每天每头（只）家畜对能量、蛋白质、矿物质和维生素等营养物质的总需要量。

研究家畜的营养需要，就是要探讨各种家畜对营养物质需要的特点、变化规律及影响因素，作为制定饲养标准和合理配合日粮的依据。

1. 营养需要的表示方法

（1）每天每头需要量。以一头某一体重某一生产形式的家畜每天对能量和各种养分的需要量表示。单位视不同养分而异，如能量用 MJ、kJ；蛋白质、氨基酸、矿物质元素、维生素等用 g、mg、μg、IU 等。此表示方法适用于估计饲料供给量或限制饲喂。

（2）养分浓度。按每千克饲粮的养分含量（MJ、g、mg）或百分含量表示，可按饲喂状态（含自然水分）或绝干状态计算。此法适用于自由采食的动物和饲粮配制。

（3）能量与养分的比例。按饲粮单位能量中的养分含量（g、mg）表示。能量和蛋白质的关系表示为能量蛋白比或蛋白能量比。此法适用于平衡饲粮养分。蛋白能量比指每兆焦代谢能含有粗蛋白克数，常以 g/MJ 表示。

（4）体重与养分的比例。按养分需要量与体重（自然体重或代谢体重）比表示。

（5）生产力与养分的比例。即每生产 1 kg 产品的养分需要量。如奶牛每生产 1 kg 标准奶需要可消化粗蛋白 55 g。

2. 测定动物营养需要的方法

（1）综合法。

①饲养试验法：既将试验动物分为数组，在一定时期内按一定的营养梯度，喂给一定量已知营养含量的饲料，观察其生理变化，如体重的增减、体尺的变化、泌乳量的高低等指标。若已知每千克饲料含若干千焦（kJ）热量（消化能、代谢能或净能），就可推断出维持一定生产水平的能量需要。

饲养试验法简单，需要的条件也不高，比较容易进行，但此法较粗糙，没有揭示动物机体内代谢过程中的本质，因此，必须要有大量的统计材料才能说明问题。

②平衡试验法：根据动物对各种营养物质或能量的"食入"与"排除"之差计算而得。这种方法纵然不了解体内转化过程，却可知道机体内的营养物质的收支情况，由此可测知该物质的需要量与利用率。此法适用于能量、蛋白质与某些矿物质需要量的测定。根据平衡试验法所测数值是绝对沉积量，并非家畜的供给量。例如，在对某家畜采用氮平衡试验，测定饲喂日

粮、粪及尿中的含氮量。若测得该家畜每天在体内沉积氮 10 g（相当于粗蛋白 62.5 g），则需要可消化粗蛋白量为：沉积数÷利用率。

③比较屠宰试验法：从一批试验动物中抽取具有代表性的样本，按一定要求进行屠宰并分析其化学成分，作为基样。其余动物按一定营养水平定量饲养一阶段，然后用同样的方法再进行屠宰测定，两次先后对比，得出在已知营养喂量条件下的体内增长量，也就是该增长量所需的营养量，即增长所需。此法比较简单，且有相当的准确性，但投资比较大。

另外，还有生物学法，来测定生长速度、疗效、防病效能等，经常用于测定维生素与矿物质的需要量。

(2) 析因法。动物的代谢活动包括许多方面，其营养需要也是多方面的总和，可概括为：

$$总营养需要 = 维持营养需要 + 生产营养需要$$
$$R = aW^{0.75} + cX + dY + eZ \tag{7-9}$$

式中：R——某一营养物质的总需要量；

W——自然体重（kg）；

$W^{0.75}$——代谢体重（kg，自然体重的 0.75 次方称为代谢体重）；

a——常数，即每千克代谢体重该营养物质需要量；

X、Y、Z——不同产品（如胚胎、体组织、奶、蛋、毛等）里该营养物质的数量；

c、d、e——利用系数。

析因法取得的营养需要量，一般来说略低于综合法。在实际应用中，常由于某些干扰，各项参数不易掌握。

(二) 维持营养需要

维持营养需要是指动物不从事任何生产（包括生长、妊娠、泌乳、产蛋等），只是维持正常的生命活动。包括维持体温、呼吸、血液循环、内分泌系统正常机能的实现、支持体态、体组织的更新、毛发、蹄角与表皮的消长，以及用于必需的自由活动等情况下，动物对各种营养物质的最低需要量。

1. 维持营养需要的意义

实际上维持状态下的家畜，其体组织依然处于不断的动态平衡中，生产中也很难使家畜的维持营养需要处于绝对平衡的状态。因此，只能把休闲的空怀成年役畜、干奶空怀成年母畜、非配种季节的成年公畜等看成相近的维持状态。

实践中可把维持需要视为全部非生产性活动所消耗的养分总和。这在经济上没有收效，是一项重要支出。尽管如此，家畜的不同生产活动都是在维持的基础上进行，而且二者是互相影响和制约的。用于维持消耗的营养物质的比例越大，家畜产品产量及饲料转化率也就越低。因此，我们研究家畜维持需要的主要目的在于尽可能减少维持营养需要量的份额，增大生产需要量的比例，最有效地利用饲料能量和各种营养物质，以提高生产的经济效益。例如在家畜生产潜力允许范围内，增加饲料投入，可相对降低维持需要，从而增加生产效益。当然，缩短肉用家畜的饲养时间，减少不必要的自由活动，加强饲养管理和注意保温等措施，也是减少维持营养需要、提高经济效益的有效方法。

2. 影响维持营养需要的因素

（1）年龄和性别。幼龄家畜代谢旺盛，以单位体重计，基础代谢消耗比成年和老年家畜多，故幼龄家畜的维持需要相对高于成年和老年。性别也影响代谢消耗，公畜比母畜代谢消耗高，如公牛高于母牛10%~20%。

（2）体重和体型。一般说来体重愈大，其维持需要量也愈多。但就单位体重而言，体重小的维持需要较体重大的为高。这是因为体重小者，单位体重所具有的体表面积大，散热多，故维持需要量也多。

（3）种类、品种和生产水平。高产乳牛比低产乳牛的代谢强度高10%~32%，乳用家畜在泌乳期比干乳期高30%~60%，乳用牛比肉用牛的基础代谢高15%。一般代谢强度高的家畜，按绝对量计，其维持需要也多；但相对而言，维持需要所占的比例就愈小。例如，1头500 kg体重的乳牛，日产20 kg标准乳时，其维持消耗占总营养消耗的37%；而日产标准乳达40 kg时，仅占23%。

（4）环境温度。家畜都是恒温动物，只有当产热量与散热量相等时，才能保持体温恒定。而散热量受环境温度、湿度、风速的影响很大。当气温低、风速大时，散热量显著增加。动物为了维持体温的恒定，必须加速体内氧化分解过程，提高代谢强度，以增加产热量。在这种情况下，维持的能量需要就可能成倍增加。动物由于气温低开始提高代谢率时的环境温度，称为"临界温度"，也称为临界温度下限。而当气温达到过高温度时，动物的散热受阻，这时由于体内蓄热而致体温升高，使呼吸与循环加速，代谢率也要提高。这种因高温而提高代谢率的环境温度称为"过高温度"，也称为临界温度上限。不同家畜的"临界温度"上限与下限都不同。在临界温度上限与临界温度下限之间的环境温度称为"等热区"。在等热区内动物代谢率最低，维持需要的能量最少。所以，无论严冬或酷暑都会增加动物的维持需要量。因此，实际饲养中，应注意调节舍温，以减少畜体无为的基础代谢消耗。

（5）活动量。自由活动量愈大，用于维持的能量就越多。所以，饲养肉用家畜应适当限制活动，可减少维持营养需要的消耗。

（6）被毛厚薄。家畜的被毛状态对维持能量需要的影响颇为明显。如绵羊在剪毛前，其临界温度为0℃左右，而剪毛后即迅速升高，可达30℃左右。故要避免在寒冷季节为绵羊剪毛。

（7）饲养管理制度。非群饲的家畜受低温影响较大，家畜在寒冷季节，加大饲养密度可互相挤聚以保持体温，减少体表热能散发，从而节省能量消耗。

3. 维持营养需要的估计

（1）能量需要。家畜维持能量的需要，可通过基础（或绝食）代谢等方法加以估测。

基础代谢是指家畜处于安静状态（立卧各占一半时间）和适宜的外界温度及绝食时的能量代谢。

试验表明，基础能量代谢大约与体重的0.75次方成正比。也与体表面积有关，每千克代谢体重每天需要293 kJ能量，即：

$$\text{基础代谢能量（净能, kJ/d）} = 293 \times W^{0.75} \quad (7\text{-}10)$$

家畜的维持能量需要，除了包括基础代谢能量消耗外，还包括非生产性自由活动及环境条件变化所引起的能量消耗。此外，还应充分考虑妊娠或高产状态下家畜基础代谢加强所引起的营养消耗增加的部分。所以，根据基础代谢估测家畜维持能量需要，可用公式表示为：

$$\text{维持能量需要（kJ）} = 293 W^{0.75} \times (1+a) \quad (7\text{-}11)$$

式中：a——家畜非生产性活动的能量消耗率。

在生产条件下，一般家畜舍饲时，应在基础代谢上增加20%，散养家畜增加50%。

（2）蛋白质的需要。家畜体内蛋白质的代谢是不间断的，即使喂不含蛋白质的日粮，从粪、尿中仍排出稳定数量的氮。从粪中排出的氮称代谢氮（MFN，主要来自消化道黏膜脱落部分和消化液等），从尿中排出的氮称内源氮（EUN，动物体内蛋白质始终处于一种分解和合成代谢的动态平衡中，而分解代谢产生的氨基酸不可能全部重新用于蛋白质的合成代谢，氧化分解部分主要从尿中排出）。代谢氮与内源氮之和为维持氮量。维持氮量乘以

6.25即得维持的蛋白质净需要量。

$$\text{维持蛋白质需要} = （内源尿 N+代谢粪 N）\times 6.25 \qquad (7-12)$$

（3）矿物质的需要。钙、磷、钠等矿物质在代谢过程中，可被机体重复利用。一般维持时每4 184 kJ净能，需钙1.25~1.26g，需磷1.25g。钠和氯以食盐形式供给，每100 kg体重2g。

（4）维生素的需要 维生素A的需要量为100 kg体重每日6 600~8 800 IU，或胡萝卜素6~10 mg；维生素D需要量为每100 kg体重每日90~100 IU。但不同家畜及不同年（日）龄个体有较大差异。

二、生产营养需要

生产需要同维持需要一起，构成了家畜总的营养需要。应充分认识到，生产与维持是一个复杂的整体过程中相互联系制约的两大方面。确定生产需要的主要依据是产品中养分的含量及饲料养分转换为产品养分的利用率。

（一）繁殖家畜的营养需要

根据种公畜和繁殖母畜的生理特点及对营养需要的规律，分别给以适宜的营养水平，是繁殖出量多质优幼畜的基础条件。

1. 种公畜的营养需要

正确饲养的种公畜应保持良好的种用体况及较强的配种能力，即精力充沛，性欲旺盛，能生产量多质优的精液。日粮中各种营养物质的品质和含量，无论对幼年公畜的培育或成年公畜的配种能力都有重要作用。

（1）能量的需要。能量供应不足，可导致未成年公畜出现睾丸和附属性器官发育异常，性成熟期推迟，更为严重的使成年家畜性欲降低，精子生成受阻，射精量少，精子活力差。因此，生产中在种公畜配种前的30~40 d内就必须加强饲养。但能量供应过多，又易引起种公畜过于肥胖而降低配种能力，甚至丧失配种能力。在过度配种的情况下，即使给予丰富的营养，也不能阻止性机能的减退和精液品质的下降。一般种公畜合理能量供给是在维持需要的基础上增加20%左右。

（2）蛋白质的需要。蛋白质的数量与质量均可影响各种公畜性器官发育和精液品质，从某种程度上讲，蛋白质对种公畜繁殖性能影响的程度比能量还大。合理的蛋白质供应，是在维持需要基础上增加60%~100%，尤其是赖氨酸对改进精液品质十分重要，日粮中加入5%左右的动物性饲料，可明显改善种公畜精液品质。

(3) 矿物质的需要。影响种公畜精液品质的矿物质元素有钙、磷、钠、氯、锌、锰、碘、钴、铜等，特别应注意锌的供给。试验证明，长期缺锌的公山羊，睾丸发育不良，精子生成完全停止；日粮中含有 0.75% 的钙，既可满足繁殖需要。钙与磷的比例应在 (1.5~2)∶1。同时，为了性机能的高度发挥，还要特别注意锌的补充。每千克饲粮中含 44 mg 锌，通常用 200 mg 硫酸锌来补充。锰不足可引起睾丸生殖腺上皮细胞退化，为保证公畜繁殖需要，每千克日粮含锰量不少于 20 mg，一般用硫酸锰来补充。

(4) 维生素的需要。维生素 A、维生素 E 与种公畜的性成熟和配种能力有密切关系。缺乏维生素 A，使未成年公畜延迟性成熟，成年公畜性欲下降，精液品质不佳。成年公畜每日需要 8 200 IU 维生素 A 或 16.4 mg β-胡萝卜素，幼年公畜为 10 250 IU 维生素 A 或 20.5 mg β-胡萝卜素。因此，种公畜日粮中一定要有胡萝卜素或维生素 A 的来源，如青绿饲料、青干草、优质青贮料或添加维生素添加剂。

维生素对于公牛精液品质有特殊重要的意义。繁殖力高的公牛，每 100 mL 精液中含 0.3~8 mg 维生素 C，繁殖力低的公牛，每 100 mL 精液中仅有 2 mg 以下。有人试验对繁殖力低或不育的公牛采用皮下注维生素 C，可以改善精液品质，使精液由稀变稠，精子活力增强，存活时间也长。

牛、羊等哺乳动物缺乏维生素时导致对繁殖力的下降。维生素 C 需要量与妊娠母畜相同，每千克饲粮为 11 IU。

2. 繁殖母畜的营养需要

母畜的繁殖性能包括发情、排卵、受精与妊娠等方面。母畜日粮中水平直接影响繁殖力。种母畜繁殖过程可分为配种前和妊娠后两个阶段。

(1) 配种前母畜的营养需要特点。科学合理的营养供给水平，才能保证母畜体质健壮，发情正常及受胎率高。反刍家畜的初情期在很大程度上与营养有依赖关系。在正常营养水平条件下，牛、羊体重分别达到成年体重的 45% 和 60% 时开始发情。而高营养水平，可使生长期的牛初情期出现较早，但受胎率低，不育淘汰率较高；即使受胎，也出现产仔少和难产等现象。相反，若能量和蛋白质水平过低（仅为饲养标准的 50%~60%），可使初情期推迟，受胎率降低。因此，营养水平过高或过低均可影响母畜的初情期和受胎率，甚至招致不孕。

一般配种前母畜的营养水平不必过高，在体况较好的情况下，可按维持需要的营养供给，对体况较差的经产母畜可采用"短期优饲"可增加排卵数。短期优饲是指在配种前 10~15 d 提高日粮能量水平，一般高于维持需要的60%~100%，到配种时再撤去其增加部分。对于后备母畜应适当限制营养，使其体况保持适中，既不过肥也不过瘦。对于发情仍不正常的母畜，应注意维生素A、维生素E等的补充，也可饲喂优质青饲料如苜蓿等。

（2）妊娠母畜营养需要的特点。母畜随妊娠期进展体重增加，代谢增强。妊娠母畜在妊娠期平均增重10%~20%。增重内容包括子宫内容物（胎衣、胎水和胎儿）的增长和母体本身的增重。胎儿器官主要是在妊娠初期形成的，这一时期增重较慢；妊娠后期增重越来越快，胎重的2/3是在妊娠最后1/4时期内增长的。这时胎体化学成分中，蛋白质、能量和矿物质随妊娠期进展而逐渐增加，而水分则逐渐减少，一般约50%的蛋白质和50%以上的能量是在妊娠最后1/4时期内沉积的，此时期内钙、磷的沉积率较高。

母畜在妊娠期的增重高于饲喂同等日粮的空怀母畜，这是因为妊娠母畜对营养物质的利用率高。尤其是在低能量水平条件下，能量和蛋白质的利用率要比空怀时分别高18.1%和12.9%。据测定，母畜在妊娠期间体内沉积的养分一般要超过胎重的1.5~2倍。

妊娠期间母畜代谢增强，一般来说，代谢率平均增加11%~14%，妊娠后期更为明显，可增加30%~40%（表7-4）。

表7-4 母牛妊娠期体重与代谢的相对变化

妊娠月份	0	2	4	6	8	分娩
能量代谢率（%）	100	101	107	114	120	141
体重变化（%）	100	102	107	111	118	120

妊娠母畜营养需要高于空怀母畜。①妊娠前期为胎儿各种器官分化形成时期，增重速度较慢，故日粮营养应保证质量。而妊娠后期的胎儿生长速度快，日粮营养应既全价又充足。②日粮达到适宜的营养水平，才能保证母畜正常的繁殖机能，若在妊娠期间供给过多能量，会导致母畜过肥，产仔数少，产弱胎，难产，泌乳力降低，特别是高能量水平对繁殖是有害的；低能量水平虽然对初情期有所延缓，但对现期和长期的繁殖性能反而有利。我国的饲养标准，乳牛在妊娠最后4个月的能量需要量比维持需要量高10%~50%，其他家畜也大体相似。③试验证明，母牛日粮中严重缺乏蛋白质，会造成母牛不孕和影响胎儿的生长发育，并使母牛发情不正常；若母牛日粮中蛋白质含量过高，则产犊率降低。妊娠蛋白质沉积量与代谢体重成正比，通

常按如下公式计算：

$$妊娠蛋白质需要量（g）= 1.136 \times W^{0.75} \qquad (7-13)$$

④矿物质中钙、磷、锰、碘、硒、锌和维生素 A、维生素 D、维生素 E 是维持母畜正常繁殖机能所必需的养分，在严重缺乏时，会影响母畜的正常繁殖和胎儿的发育，需要注意供给。

（二）生长的营养需要

生长期是指从出生到性成熟为止的生理阶段，包括哺乳和育成两个阶段。在这段时间内，家畜的物质代谢十分旺盛，同化作用大于异化作用。根据家畜生长发育规律，提供适宜的营养水平，是促进幼畜生长、培养出体型发育和成年后生产性能均良好的后备家畜的重要条件之一。

1. 生长的概念及衡量

生长可理解为：一是家畜体尺的增长和体重的增加；二是机体细胞的增殖与增大，以及组织器官的发育与功能的日趋完善；三是机体化学成分（蛋白质、脂肪、矿物质和水分）的合成积累。最佳的生长体现在生长速度正常和成熟家畜器官的功能健全。

在生长期中，动物的生长速度不一样。绝对生长速度—日增重取决于年龄和起始体重的大小，呈慢—快—慢的趋势。相对生长速度，即相对于体重的增长倍数或百分比，则以幼龄的高速度逐渐下降直至停止。绝对生长速度愈大，相对生长速度愈高，表明生长速度愈快。

2. 家畜生长的一般规律及其应用

（1）体重变化规律。家畜在生长过程中，前期生长速度较快，随着年龄的增长，生长速度逐渐转缓，生长速度由快向慢有一转折点，称为生长转缓点。不同类型与品种的家畜生长转缓点不同，如秦川牛为 1.5~2 岁，哈白猪为 8~10 月龄间。

公畜体重增长速度一般高于母畜，牛、羊尤为明显。

为此，在家畜生长前期应加强营养，以充分发挥其生长迅速的特点。对于生长期的公、母家畜应区别对待，使公畜的营养水平略高于母畜。

（2）生长重点顺序转移规律。家畜在生长过程中，各体组织和生长部位的生长速度及各时期生长重点不同，因而使其体型与体组织成分发生着变化。一般生长初期，体组织以骨骼生长，生长部位中头和四肢属于早熟部位，表现头大、腿高。生长中期，肌肉生长加快，生长速度以胸部和臀部为快，体长生长加快。生长后期，体组织则以沉积脂肪为主，腰部生长和体深增长加快。因此，畜体骨骼、肌肉与脂肪的增长和沉积尽管同时并进，但在不同阶段各有侧重。

根据这一规律,在生长早期重点保证供给幼畜生长骨骼所需要的矿物质,生长中期则满足生长肌肉所需要的蛋白质,生长后期必须供给沉积脂肪所需要的碳水化合物。对于种用畜禽及为了提高胴体瘦肉率的肥育家畜,应适当限制碳水化合物的供给,并在蛋白质沉积高峰过后屠宰。因此,生长家畜对矿物质、蛋白质、能量等的需要是有其侧重的。

(3) 内脏器官的增长规律。幼畜在生长期间,各种内脏器官增长的速度不同。例如,犊牛初生时瘤胃和大肠的容积与长度均较小,但在开始采食植物性饲料以后,瘤胃增长迅速,且其增长速度远比真胃和小肠快。据测定,初生犊牛瘤胃容积占复胃总量40%,3~4月龄时,瘤胃占复胃总容量的77%~85%。

因此,在饲养中幼龄反刍家畜提早开始采食粗饲料,有利于消化器官的发育及其机能的锻炼,增强对粗饲料的消化能力,然而种用和役用家畜,则不宜使胃肠早期发育,以免形成"草腹"而失去种用价值和影响速度。

3. 生长家畜营养需要特点

生长家畜代谢旺盛,对能量、蛋白质、矿物质和维生素的需要必须得到满足。还应注意,不同生长阶段,它们对各类养分的需要有所侧重。

根据体重增长规律,由于生长家畜能量代谢水平随年龄增长逐渐降低,并且单位增重中脂肪沉积渐多,能量逐渐提高,故在培育后备种畜及肥育家畜中,为避免后期过肥,日粮中的能量水平应在不致过肥的情况下加以控制,即对某些种用畜禽应实行必要的限饲。

蛋白质的沉积也随年龄的增长而减少,日粮中蛋白质的利用率也有降低的趋势,故生长家畜单位体重所需要的蛋白质也应随年龄增长而减少。家畜对日粮中蛋白质的利用不仅受数量的影响,还受必需氨基酸,特别是赖氨酸、蛋氨酸、色氨酸、苏氨酸和异亮氨酸等的影响,这在生长家畜表现尤为明显。生长期家畜,蛋白质需要量与能量相关,一般为:

牛:40~70 kg 体重时 DE:DCP=22:1

75~400 kg 体重时为 28:1

绵羊与马为:(25~30):1

或可消化粗蛋白占风干物质的 16%~10%。

各种家畜生长期的蛋白质需要量见表 7-5。

表7-5　各种家畜生长期的蛋白质需要量（风干饲料量%）

种类	肉牛	乳牛	马	绵羊
生长前期	15	16	19	10
生长后期	9	10	11	9

家畜在生长期间，由于骨骼生长最快，对钙、磷的需要也最迫切，其他如铁、铜、锰、钴、锌和硒等矿物质元素也需要较多。这期间，饲养不合理极易引起营养缺乏症和生长发育不良等。

生长家畜必须充分供应各种维生素，特别应注意维生素A、维生素D及B族维生素的供应。

初生幼畜必须及时喂给初乳，以增强抗病力；提早补料，促进消化机能发育，满足营养需要。

（三）泌乳家畜的营养需要

泌乳是哺乳动物特有的机能。乳汁营养价值高，既是新生幼畜不可替代的食物，又是人类富有营养的优质食品。

1. 乳的成分与形成

母畜分娩后头几天内所分泌的乳汁称为初乳，5~7 d后转为常乳。各种家畜乳成分的含量不相同。乳成分含量范围大致为：各种动物的乳汁均含有大量的水分，干物质10%~26%，蛋白质1.8%~10.4%，脂肪1.3%~12.6%，乳糖1.8%~6.2%，灰分0.4%~2.6%，乳中富含各种维生素，钙、磷含量符合幼畜需要。猪乳含铁较少。每千克乳含能量在1.966~7.531 MJ。

乳牛初乳中干物质（21.9%）、乳蛋白（14.3%）和灰分（1.5%）含量较高，而乳糖较低（3.1%）。初乳蛋白中含有较多免疫球蛋白（5.5%~6.8%），初生仔畜通过吸食初乳可获得抗体，这对不能通过胎盘从母体获得免疫力的牛、羊和马等幼畜十分重要。初乳中维生素A是常乳的5~6倍（45 μg/g 脂肪），在其矿物质中含有较多的镁盐（0.04%），具有轻泻作用，有助于胎粪的排除。所以，初生幼畜必须及早吸食初乳。

乳是在乳腺中形成的，其原料来自血液中的养分。据研究，每形成1 kg乳汁需500~600 L血液流经乳腺。乳腺内的蛋白质、脂肪和乳糖大多是通过血液供应的养分由乳腺重新合成的；而维生素、无机盐、酶、激素等，则是由血液直接滤过到乳中，不经改变成为乳的成分。

泌乳量按整个泌乳期的总产量或每天的产乳量计算。各种动物的泌乳期长短不同,因而总泌乳量不同。乳牛的泌乳期约10个月,泌乳量3 000~5 000 kg;水牛、绵羊和马的泌乳期分别为6个月、3~4个月、6~8个月。

同一动物的泌乳量受遗传、产子数、泌乳阶段、胎次、妊娠期营养水平、分娩时体况、泌乳期营养水平等多种因素影响。母畜分娩后泌乳量逐渐升高,乳牛在分娩后第二个月、猪在第20~30 d时达到高峰,以后逐渐下降,形成一个泌乳曲线。各种动物的日产奶量虽然不同,但泌乳曲线一致。

2. 影响泌乳的因素

影响泌乳和乳成分的因素,有品种、年龄、胎次、泌乳期、气温和营养水平等。其中饲料和营养是重要因素。

(1) 营养水平。产奶量和奶的品质,不仅受现期营养水平的影响,也受前期营养水平的影响。对生长期乳牛饲喂低于饲养标准规定营养水平的日粮,虽延迟产犊年龄,但以后产奶量逐胎上升,若按终身生产奶量计算,甚至高于饲喂高营养水平培育的牛,产奶效率也高。乳牛生长期采用高能日粮,造成乳房沉积脂肪过多,影响分泌组织增生,导致以后产奶量少,利用年限短,产奶效率低。

乳牛现期营养水平对产乳量和乳成分也有影响,长期喂低营养水平日粮则有利于产奶量提高,但乳脂量减少(表7-6)。一般日粮营养水平适当高于实际泌乳需要,并随泌乳量的提高而不断增加,可充分发挥母畜的泌乳潜力。

表7-6 高、低能量水平条件下干草与精饲料比例对产奶量及乳脂的影响

采食能量水平	干草:精饲料	产奶量 (kg)	乳脂含量 (g/kg)	乳脂产量 (g)
低	40:60	16.4	39.7	651
	20:80	17.2	36.8	633
高	40:60	17.8	36.9	657
	20:80	19.1	31.0	592

(2) 日粮精粗饲料比例。日粮中精粗饲料比例可影响瘤胃发酵性质和所产挥发性脂肪酸的比例,若精饲料比例大,则产乙酸少,丙酸多,从而影响乳脂合成而增加体脂。饲养实践证明:为提高泌乳量和乳脂率,乳牛日粮以精饲料占40%~60%、粗纤维占15%~17%为宜。

另外,母畜遗传性、内分泌、乳腺发育程度、体重、挤奶技术及泌乳期发情与否等因素均会影响泌乳量。

3. 泌乳期营养对其他繁殖性能的影响

泌乳期营养除影响泌乳量和乳成分外，还影响母畜的体重和其他繁殖性能。

（1）母畜体重变化。泌乳早期，母畜动用体组织供泌乳需要，导致失重。失重的主要成分是脂肪，其次为蛋白质。试验证明，泌乳乳牛在分娩后10周内平均每天失重0.54 kg，共失重35 kg，然后在泌乳中、后期得到恢复。

（2）产后发情。泌乳期用高能量水平饲养或补饲糖可以促使母畜发情。产后发情时间显著受前一繁殖周期妊娠和哺乳期蛋白质水平的影响，低蛋白日粮抑制产后发情。泌乳期失重越多，配种间隔愈长。母畜过肥过瘦均延长配种间隔，过瘦对初产母畜的影响尤大。

4. 泌乳奶牛的营养需要

测定泌乳需要的主要依据是泌乳量、乳的成分和营养物质形成乳中成分利用效率。我国乳牛饲养标准中，分为维持需要和生产（泌乳、体重变化）需要。

（1）能量需要。

①维持能量需要：我国饲养标准规定：乳牛的维持需要（净能 kJ）按 $356W^{0.75}$ 计（W 代表牛的体重）。

对第一胎和第二胎乳牛由于生长发育尚未停止，应在维持基础上分别增加20%和10%。当然，放牧运动、不同气温条件下的维持需要均有所变化。

②体重变化与能量需要：试验证明，成年母牛泌乳期每增重1 kg 约相当于生产8.0 kg 标准乳。每减重1 kg 约相当于生产6.56 kg 的标准乳。

③泌乳的能量需要：主要取决于泌乳量和乳脂率，可以直接用测热器测定，也可按乳中营养成分或乳脂率来间接推算。有以下几种公式计算：

每千克牛奶含有的能量（kJ/kg 奶）= 1 433.65+415.30×乳脂率　　（7-14）

每千克牛奶含有的能量（kJ/kg 奶）= 750.00+387.98×

乳脂率+163.97×乳蛋白率+55.02×乳糖率　　（7-15）

每千克牛奶含有的能量（kJ/kg 奶）= 166.19+249.16×乳总干物质率

（7-16）

泌乳后期和妊娠后期的能量需要计算为：妊娠6~9个月时，每天应在维持基础上增加4.18 MJ、7.11 MJ、12.55 MJ 和 20.92 MJ 产奶净能。

（2）蛋白质需要。

维持的可消化粗蛋白为 $3.0W^{0.75}$（g）或粗蛋白 $4.6W^{0.75}$（g）时，平均

每千克标准乳给粗蛋白 85 g 或可消化粗蛋白 55 g。在维持的基础上可消化粗蛋白的给量，妊娠 6~9 个月时分别为 77 g、145 g、255 g、403 g。

(3) 矿物质需要。维持需要每 100 kg 体重钙、磷分别为 6 g、4.5 g；每千克标准乳钙、磷分别为 4.5 g、3 g；食盐需要量为：维持需要每 100 kg 体重 3 g，每产 1 kg 标准乳 1.2 g。

另外，注意维生素 A、维生素 D 的供给及 B 族维生素的需要。

(4) 标准乳的折算与我国奶牛能量单位。为了提高泌乳量和改善乳的品质，必须满足母畜泌乳的营养需要。在日粮配合时，为了便于能量需要的计算和泌乳力的比较，一般将不同乳脂率的乳折算成含乳脂 4% 的乳（标准乳，F cm）。折算公式如下：

$$4\%乳脂率的乳量（kg）= 0.4M+15F \qquad (7-17)$$

式中：M——未折算的乳量（kg）；

F——乳中含脂量（kg）。

如 1 kg 含脂 3.6% 的乳按上式折算，等于 0.94 kg 含脂 4% 的乳。

根据实测，每千克乳脂率 4% 的标准乳净能含量在 3 054.32~3 138 kJ。我国乳牛饲养标准采用相当于 1 kg 含脂 4% 的标准乳所含能量（3 138 kJ 产奶净能）作为一个奶牛能量单位，缩写成 NND（汉语拼音首字母）。它可以用来标示各种乳牛饲料的产乳价值。

如：1 kg 干物质 89% 的优质玉米，产奶净能为 9 012 kJ，则为 9 012/3 138 = 2.87 kg（NND）。其生产应用上的概念为 1 kg 这种玉米（能量）相当于生产 2.87 kg 奶（能量）的价值。

(四) 肥育家畜的营养需要

肥育指家畜断奶后，不同于种用家畜的饲养，而是使体蛋白有时包括体脂肪等充分沉积，此方式称幼龄肥育。而对淘汰的种用、乳用及役用等成年畜禽的肥育，则主要是沉积脂肪。因此，肥育家畜包括肉牛、肉羊及淘汰的成年家畜。

1. 各种肉类的营养价值

各种肉类的营养成分含量差异很大，每千克肉含能量 8.368~20.92 MJ，而每 4.184 MJ 能量中含蛋白质 22~105 g，钙 13~83 g，铁 4.0~9.8 g，维生素 A 143~267 IU，维生素 D 2.7~10.2 IU。

2. 肥育家畜营养需要的特点

家畜生长肥育期体蛋白与体脂肪沉积随年龄和肥育方式而变化，但总趋势是随年龄的增长，蛋白质、水分和矿物质所占比例逐渐减少，而脂肪的比例相应增加；在肥育后期，单位增重中脂肪可占70%~90%。因此，幼龄肥育的家畜与生长家畜对营养物质的需要基本相似。

3. 影响肥育家畜饲料转化率的因素

表示肥育家畜饲料利用效率的方法是饲料转化率或料重比，是指每千克增重或产品所消耗的饲料干物质重量（kg）。影响饲料转化率的主要因素有：

（1）种类与品种。不同种类家畜的饲料转化率差异显著，肉牛约为6。在同种家畜中，培育及杂交的肉用品种饲料转化率高。

（2）年龄。饲料转化率随家畜年龄增长而下降。其原因是维持消耗的比例随年龄增长而相对增多，增重的水分减少而脂肪增多，单位体重采食量减少，且一定年龄时体重增长趋于停止。因此，为获得较高的饲料转化率，必须根据商品肉质要求确定适宜的屠宰体重。

（3）营养水平。过高或过低的营养水平均不利于提高饲料转化率。试验证明，随着营养水平的提高，每千克增重耗料减少，当营养水平高到一定程度，饲料消耗转而开始上升。所以，生长肥育家畜全期的高营养可缩短肥育期，并提高饲料转化率，从而获得最大日增重；对成年肥育家畜，高营养可达到在短时间内迅速催肥。

（4）能量转化效率。肥育家畜的能量除用于维持外，主要用于体蛋白和体脂肪等的合成。在一定范围内，日粮能量浓度降低，最大采食量仍达不到所需的能量水平。尽管如此，增重未必等比例下降，仅增重中的脂肪减少，蛋白质和水分相对增多。因此，能量浓度低，不利于提高增重和饲料转化率。家畜在不同生理状态下，消化能转化为代谢能的效率，见表7-7。由表中可知，家畜合成体脂的效率高于合成体蛋白。

表7-7 牛消化能（DE）转化为代谢能（ME）的效率（K）

	牛
Km（维持）	0.72
Kp（合成体蛋白）	0.38
Kt（合成体脂）	0.60
DE转化为ME的效率	0.82（牛、羊）

（5）蛋白质利用效率。蛋白质品质及食入蛋白质的数量，均影响蛋白质的利用效率。随着年龄的增长，用于生长育肥的蛋白质比例不断减少，利

用率也相应降低。

另外，饲粮中粗纤维过高时，每增加1个百分点，蛋白质的消化率下降1.0~1.5个百分点。随着蛋白质摄入量的增加，蛋白质的利用效率也下降。反刍家畜由于瘤胃微生物的作用，对优质饲料蛋白质利用率比单胃畜禽低，却能大大提高对质量差的饲料蛋白质利用率。

(五) 产毛的营养需要

绵羊是主要的产毛家畜。毛的产量及品质基本上取决于产毛的遗传特性，但在饲养以及其他环境因素中，营养是影响产毛数量和毛品质的主要因素。也是发挥产毛潜力的重要条件。

1. 毛的成分

毛是家畜皮肤毛囊长出的纤维蛋白。羊毛主要成分是角蛋白，并含有少量的脂肪和矿物质，硫元素含量较高。角蛋白中胱氨酸占蛋白总量的9%，这是毛成分最显著的特点。胱氨酸对羊毛的产量、弹性和强度等纺织性能有重要影响，但牧草中的胱氨酸含量仅占蛋白质总量的1.1%~1.5%。

2. 产毛营养需要的特点

毛的发育和生长与家畜胚胎发育、生长肥育、繁殖和泌乳同步进行。在羊的胚胎期及羔羊期，日粮营养水平能够制约其终身的产毛力。成年期的营养不但与毛的产量有关，而且还决定毛的品质。

（1）营养对生长早期毛的组织形成的影响。营养通过影响皮肤和毛囊的发育而限制毛的产量和品质。试验表明，饲喂充足营养水平的日量，可增加绵羊的皮肤面积和毛纤维的细度以及提高产毛量。所以，生长期必须供给充足的营养。

（2）营养对产毛量的影响。营养适当可增加毛的长度和直径。羊若摄取能量不足，几天内就可对羊毛生长产生影响。羊毛生长与摄入蛋白质的数量和质量关系更为密切，特别是蛋氨酸和胱氨酸等是限制羊毛生长的主要因素。试验表明：美利奴羊在饲草丰盛的夏天比缺草的冬季毛生长快4倍。断奶后放牧绵羊每天或2~3 d补饲蛋白质饲料与不补饲相比，羊毛生长显著加快。另外，补饲胱氨酸和蛋氨酸以及采取皮下注射胱氨酸、胃投入胱氨酸和蛋氨酸等方法，羊毛产量和羊毛含硫量都增加。

（3）营养对羊毛品质的影响。营养不足的羊，产毛较细、短、弯曲少，毛强度低，脆弱易断，纺织性能较差。若绵羊营养水平不能保持均衡供应，则低水平时，生长的羊毛纤维出现"弱节"，影响毛的品质。羊采食低铜饲料，羊毛弯曲明显减少，甚至无弯曲。缺铜使羊毛延伸力和弹性减弱，染料亲和力和羊毛胱氨酸含量降低。

维生素 A 或胡萝卜素还有保护皮肤健康的重要作用，所以对产毛有明显的影响。

(六) 役用家畜的营养需要

役用家畜有马、驴、骡、黄牛、水牛、牦牛、骆驼等。役用家畜在劳役时所需要的营养物质远远超过维持需要，较重劳役所需要的能量是维持需要的 2 倍左右，而短时间的剧烈劳役，其代谢率比维持升高 10 余倍。为了保证役畜健康和提高工作效率，除合理使役和管理外，还需要掌握其营养需要的特点。

1. 能量来源及工作量的衡量

役畜劳役时，靠骨骼肌肉收缩作功，不断消耗三磷酸腺苷（ATP），为保持肌肉中 ATP 含量恒定，三磷酸腺苷再合成所需要的能量是由磷酸肌酸水解产生。磷酸肌酸可由肌糖原酵解供能而重新合成。血中葡萄糖是形成肌糖原的主要原料，而日粮的碳水化合物又是血液中葡萄糖的主要来源。因此，必须充分供给役畜富含碳水化合物的日粮。

役用动物肌肉剧烈收缩，在提供作功用的能量时，将产生大量乳酸，当乳酸产生的速度超过肝脏重新用于合成糖原的速度时，使肌肉中乳酸量增加，pH 降低，引起肌肉疲劳。为维持役用动物的劳役效率，必须合理使役。

2. 影响役畜工作效率的因素

役马利用日粮中代谢能工作的能量净效率为 30.0%～37.0%，并随挽力的加大而变化。

(1) 体重。体重大的家畜挽力也大，挽力大工作效率即高。一般重挽马体重较乘骑马大。

(2) 调教和使役。调教可使役畜减少不必要的能量消耗，提高工作效率。合理使役是防止或延缓动物疲劳的有效措施。挽力过重或运动速度过快都会影响肌肉收缩。长期使役不当，会使役用动物中枢神经系统的功能状态发生异常，机体各器官系统协调活动发生障碍，甚至引起疾病，工作能力显著降低。

(3) 地面情况。路面坡度大，动物搬运货物除负重外，还要克服地心引力而做功，从而增加能量的消耗。若路面泥泞不平，也可降低工作效率。在下坡的路面上做功，可减少能量消耗。

(4) 速度。在一定范围内工作效率随速度的提高而提高。在速度超过动物耐力范围，将会因体内乳酸的蓄积，动物出现疲劳，从而降低工作效率。

此外，公畜挽力大于母畜。营养状况好，特别是前肢发育良好，肌肉丰满的役畜挽力大。使役的技术也影响挽力的发挥，必须做到轻重缓急，适当安排，合理使役。

3. 工作营养需要的特点

能量的来源除碳水化合物外，脂肪和挥发性脂肪酸也是能量的主要来源。碳水化合物中的葡萄糖是短时间内最大挽力或运动急需的最好能源，脂肪却是长时间工作或低强度工作的能量来源。据报道，马在低强度运动状态下，70%~80%的能量由游离脂肪酸提供。驴饲喂8%~16%的脂肪和油脂的日粮，工作强度可由10 km/h提高到15 km/h。

役畜工作消耗的能量较多，能量需要也比其他动物高，但工作役畜对蛋白质要求不高，过多的蛋白质反而加重役畜的负担。

矿物质的合理供应，可以保证役畜的健康及工作性能。钙、磷在役畜全部运动过程中如神经兴奋、肌肉的收缩起着主要作用，役畜工作由于出汗而排出较多的钠，所以，役畜工作时要注意补充食盐和供给充足的饮水。

第八章 牛羊饲养管理技术

第一节 羊饲养管理技术

一、常见品种介绍

(一) 主要绵羊品种

1. 中国美利奴羊

中国美利奴羊是我国在引入澳美羊的基础上,于1985年培育成的第一个毛用细毛羊品种。由内蒙古的嘎达苏种畜场、新疆的巩乃斯种羊场和紫泥泉种羊场、吉林的查干花种羊场育成。按育种场所在地区,分为新疆型、军垦型、科尔沁型和吉林型4类。该品种的羊毛产量和质量已达到国际同类细毛羊的先进水平,也是我国目前最为优良的细毛羊品种。

中国美利奴羊体质结实,体型呈长方形。公羊有螺旋形角,母羊无角,公羊颈部有1~2个皱褶或发达的纵皱褶。胸宽深,背长直,尻宽而平,后躯丰满。四肢结实,肢势端正。毛被呈毛丛结构,闭合性良好,密度大,全身被毛有明显大、中弯曲;头毛密长,着生至眼线;毛被前肢着生至腕关节,后肢至飞节;腹部毛着生良好,呈毛丛结构。体重40.9~48.8 kg。

中国美利奴羊公羊与各地细毛羊杂交,对体型、毛长、净毛率、净毛量、羊毛弯曲、油汗、腹毛的提高和改进均有显著效果,表明其遗传性较稳定,对提高我国现有细毛羊的毛被品质和羊毛产量具有重要的影响。

2. 新疆细毛羊

1934年用高加索羊和泊列考斯等品种与哈萨克羊和蒙古羊杂交经长期选育于1954年由农业部批准并命名为"新疆毛肉兼用细毛羊",是我国育成的第一个细毛羊品种。目前仅在新疆就有纯种羊238万多只。

该品种体形较大,结构匀称。公羊体重85~100 kg,母羊体重47~

55 kg。公羊大多有螺旋形大角，鼻梁微隆起，颈部有 1~2 个完全或不完全的横皱褶。母羊无角，鼻梁呈直线形，颈部有 1 个横皱褶或发达的纵皱褶。胸部宽深，背腰平直，体躯长深无皱，后躯丰满，肢势端正。被毛白色。成年公羊体高 75.3 cm，母羊 65.9 cm，体长分别为 81.9 cm、72.6 cm，胸围分别为 101.7 cm、86.7 cm。

该品种适于干燥寒冷高原地区饲养，具有采食性好，生活力强，耐粗饲料，增膘快，生活力强等特点，已推广至全国各地。

3. 内蒙古细毛羊

内蒙古细毛羊原名锡林郭勒盟细毛羊，是在锡林郭勒盟生态条件下经多年培育而成的毛肉兼用型品种，于 1976 年 8 月，经内蒙古自治区人民政府批准命名。主要分布在内蒙古自治区锡林郭勒盟正蓝旗、太仆寺旗、多伦县、镶黄旗及正镶白旗等地。

该品种体质结实，结构匀称，公羊多为螺旋角，颈部有 1~2 个完全或不完全的横皱褶；母羊无角，颈部有发达的纵皱褶。头大小适中，背腰平直，胸宽深，体躯长。被毛闭合良好，头毛着生至两眼连线或稍下，前肢至腕关节，后肢至飞节。公羊平均体高 77.7 cm，母羊 65.2 cm；公羊平均体长 79.5 cm，母羊 70.3 cm；平均胸围，公羊 112.4 cm，母羊 92.1 cm；公羊体重 82 kg 左右，母羊体重 46 kg 左右。公羊剪毛量为 11.0 kg，母羊 5.5 kg。净毛率 36%~45%，产羔率 110%~125%，屠宰率 44.1%~48.4%。内蒙古细毛羊耐粗饲，抗寒耐热、抗灾、抗病能力强。冬季刨雪采食牧草，夏季抓膘复壮快。在冬春适当补饲和正常年景的条件下，成年、幼畜保育率达 95% 以上，是典型的干旱寒冷草原地区大群放牧的品种。

4. 乌珠穆沁羊

乌珠穆沁羊产于内蒙古自治区锡林郭勒盟东部乌珠穆沁草原，故以此得名。主要分布在东乌珠穆沁旗和西乌珠穆沁旗，以及毗邻的锡林浩特市、阿巴嘎旗部分地区，目前数量约 100 万只，是我国古老三大粗毛羊之一的蒙古羊的典型代表和优良类群，国家重点保种群体。乌珠穆沁羊属肉脂兼用短脂尾粗毛羊，以体大、尾大、肉脂多、羔羊生产发育快而著称。乌珠穆沁羊是在当地特定的自然气候和生产方式下，经过长期的自然和人工选择而逐渐育成的。

乌珠穆沁羊体质结实，体格高大，体躯长，背腰宽，肌肉丰满，后躯发育良好，肉用体型比较明显。头中等大小，耳大而下垂，额稍宽，鼻梁微隆起。公羊大多无角，少数有角，母羊多无角。胸宽深，肋骨开张良好，胸深接近体高的1/2,背腰宽平,后躯发育良好。肌肉丰满,结构匀称。四肢粗壮,有小脂尾。毛色以黑头羊居多,约占6.2%%,全身白色者约占10%,体躯花色者约11%。6个月龄的公、母羔平均达40 kg和36 kg,成年公羊60~70 kg,成年母羊56~62 kg,平均胴体重17.90 kg,屠宰率50%左右;乌珠穆沁羊肉水分含量低,富含钙、铁、磷等矿物质,肌原纤维和肌纤维间脂肪沉淀充分。产羔率仅为100.2%。

乌珠穆沁羊的饲养管理极为粗放,通常终年放牧,不补饲,只是在雪大不能放牧时稍加补草。乌珠穆沁羊具有增膘快、蓄积脂肪能力强、产肉率高、性成熟早等特性,适于利用牧草生长旺期,开展放牧育肥或有计划的肥羔生产。

5. 小尾寒羊

小尾寒羊产于河北南部、河南东部和东北部、山东南部及皖北、苏北一带。小尾寒羊主要分布于山东省的菏泽济宁两地区嘉祥、梁山为主产区。现已被引种到全国20多个省、自治区、直辖市,主产区现有77万只以上。小尾寒羊原属蒙古羊,在中原农区长期选育而培育成的、繁殖力高、生长发育快的地方良种。

小尾寒羊体型匀称,体质结实。头略显长,鼻梁隆起,耳大下垂,公羊头大颈粗,有角,呈三棱形螺旋状;母羊多数有小角或角根,颈较长,背腰平直,体躯高大,前后躯发育匀称,四肢粗壮,蹄质结实。尾略呈椭圆形,下端有纵沟,尾长在飞节以上。被毛白色、异质,有少量干死毛,少数个体头部有色斑,有的羊眼圈周围有黑色刺毛。根据被毛形态可分为裘皮型、细毛型和粗毛型三种。公羊体高90.87 cm,母羊77.07 cm;公羊体长91.87 cm,母羊77.53 cm;公羊胸围107.05 cm,母羊87.55 cm。成年公羊平均体重94.15 kg,母羊48.75 kg,屠宰率55.6%,公羊剪毛量3.5 kg,母羊2.1 kg,净毛率63.0%,小尾寒羊生长发育快,成熟早,生产性能好,母羊四季发情,通常2年产3胎,优良条件下1年2胎,每胎产双羔,三羔者屡见不鲜,产羔率为270%,居我国地方绵羊品种之首。

裘皮型小尾寒羊数量较多,其体格较大,产羔率高,毛股清晰,花弯多而明显,花穗美观,制裘价值高。细毛型小尾寒羊毛细而密,毛股不清晰,花弯少,体质精致紧凑,体格较小,产肉好。粗毛型小尾寒羊数量较少,毛股花弯大,羊毛粗硬干燥,有较多的干死毛,体格大而骨骼疏松。

6. 萨福克羊

原产于英国东南部的萨福克、诺福克等地区,是英国古老的肉羊杂交而育成，1959年宣布育成，是理想的生产优质肉杂羔父系品种之一。内蒙古地区从1980年开始引进多次，目前主要集中在内蒙古地区西部盟市生产基地。

体格较大，四肢粗壮，颈长而粗，胸宽而深，背腰和臀部长宽，肌肉丰满，后躯良好，呈桶型，脸、四肢为黑色，头肢无毛覆盖，被毛白色，公母羊均无角。成年公羊体重为110~150 kg，成年母羊70~100 kg，4月龄56~58 kg，繁殖率175%~210%。

萨福克羊具有早熟，生长快，肉质好，繁殖率很高，适应性强等特点。与国内细毛杂种羊、哈萨克羊、阿勒泰羊、蒙古羊等杂交，在相同的饲养管理条件下，杂种羔羊具有明显的肉用体型。利用这种方式进行专门化的羊肉生产，羔羊当年即可出栏屠宰，使羊肉生产水平和效率显著提高。

7. 无角道赛特羊

原产于英国，但在澳大利亚和新西兰饲养很多。我国新疆和内蒙古自治区20世纪80—90年代引入曾从澳大利亚引入该品种，该品种性状相对比较稳定，是理想的肉羊生产的终端父本之一。

该品种羊具有早熟，遗传力强，生长发育快，全年发情和耐热及适应干燥气候等特点。公母羊无角，颈粗短，体躯长，胸宽深，背腰平直，躯体圆桶状，四肢粗短，后躯丰满，全身被毛白色。成年公羊体重90~100 kg，母羊55~65 kg，剪毛量2~3 kg，胴体品质和产肉性能好，产羔率130%，用作大型羔羊肉的父系。

8. 夏洛来羊

夏洛来羊产于法国中部的夏洛来丘陵和谷地。以英国莱斯特羊、南丘羊为父本，当地的细毛羊为母本杂交育成。20世纪80—90年代引入我国，主要饲养在河北、河南、辽宁、内蒙古等地，除用于纯种繁殖外，还用作羔羊肉生产的杂交父本。

夏洛来羊公、母羊均无角，头部无长毛，脸部呈粉红色或灰色，被毛同质、白色。额宽，耳大，颈短粗，肩宽平，胸宽而深，肋部拱圆，背部肌肉发达，体躯呈圆桶状，后躯宽大。两后肢距离大，肌肉发达，呈"U"形，四肢较短。

成年公羊体重110~140 kg，母羊54~72 kg，周岁公羊70~90 kg，母羊50~70 kg，4月龄育肥羔羊35~45 kg，屠宰率50%以上，肉质好，瘦肉多，脂肪少；产羔率180%以上，初产母羊为135%。

夏洛来羊早熟，耐粗饲、采食能力强，对寒冷潮湿或干热气候表现较好的适应性,是生产肥羔的优良品种。

(二) 主要山羊品种

1. 辽宁绒山羊

辽宁绒山羊原产于辽宁省东南部山区步云山周围各市县,中心产区在盖州市的东部,属绒肉兼用型品种。近年来被引入到西北及内蒙古等 8 个省区,改良当地土种山羊效果良好。

辽宁绒山羊体质结实,结构匀称,额上有长毛,公、母羊均有角,有髯,公羊角发达,向两侧平直伸展,母羊角向后上方。颈部宽厚,颈肩结合良好,背平直,后躯发达,呈倒三角形状。四肢较短,蹄质结实,短瘦尾,尾尖上翘。被毛为全白色,外层为粗毛,且有丝光光泽,长而无弯曲,内层为绒毛厚密。

辽宁绒山羊生长发育较快,1 周岁时体重在 25~30 kg,成年公羊在 80 kg 左右,成年母羊在 45 kg 左右。屠宰率为 51.15%。辽宁绒山羊的初情期为 4~6 月龄,8 月龄即可进行第一次配种。适宜繁殖年龄,公羊为 2~6 周岁,母羊为 1~7 周岁。成年母羊产羔率 110%~120%,断奶羔羊成活率 95% 以上。

辽宁绒山羊所产山羊绒因其优秀的品质被专家称作"纤维宝石",是纺织工业最上乘的动物纤维纺织原料。羊绒的生长开始于 6 月,9—11 月为生长旺盛期,2 月趋于停止,4 月陆续脱绒。脱绒的一般规律为:体况好的羊先脱,体弱的羊后脱;成年羊先脱,育成羊后脱,母羊先脱,公羊后脱。一般抓绒时间在 4 月上旬至 5 月上旬。

成年公羊产毛 0.5 kg,产绒 0.54 kg。母羊产毛 0.43 kg,产绒 0.47 kg,绒具有丝光。产绒高,品质好,是世界白色绒用高产品种。

2. 内蒙古绒山羊

内蒙古绒山羊主要产于内蒙古西部。产区地形复杂,山峦重叠,悬崖峭壁。气候变化大,十年九旱,为典型的大陆性高原气候。主要分布于二郎山地区、阿尔巴斯地区和阿拉善左旗地区。

内蒙古绒山羊体质结实。公、母羊均有角,公羊角粗大,自上向后外方捻曲,母羊角细小,两角向上向后向外伸展,呈扁螺旋状、倒"八"字形。背腰平直,体躯深而长。四肢端正,蹄质结实。尾短而上翘。有须,耳大向两侧半下垂,额部有软长的卷毛一束。全身毛被白色,由外层的粗毛和内层的绒毛组成,层粗毛较长呈丝状,内层绒毛厚密。

根据粗毛的长短,内蒙古绒山羊又分长毛型和短毛型两类。长毛型羊主要分布在山区，体大，胸宽而深，四肢较短。毛长而洁白，杂质少，光泽好，净绒率高。短毛型羊主要分布在梁地或沙漠、滩地一带，体质粗糙，两耳覆盖短刺毛，髯短，额毛少。毛短而粗，绒毛短而密。

内蒙古绒山羊，皮板厚而致密，富有弹性，是制革的上等原料。制作的皮夹克，光亮、柔软、经久耐穿，颇受欢迎。长毛型绒山羊的毛皮与中卫山羊裘皮近似，可供制裘。内蒙古绒山羊所产山羊绒纤维柔软，具有丝光、强度好、伸度大、净绒率高的特点，所产羊肉细嫩。这种山羊抗逆性强，适应半荒漠草原和山地放牧。

3. 中卫山羊

中卫山羊又称沙毛山羊，是我国特有的裘皮用山羊品种，原产于宁夏回族自治区的中卫、中宁、同心、海源及甘肃省的景泰、靖远等县及内蒙古阿拉善左旗，现已分布宁夏南部及全国10余省（区）。

中卫山羊被毛分为内外两层，外层为粗毛，由有浅波状弯曲的真丝样光泽的两型毛和有髓毛组成；内层由柔软纤细的绒毛和微量银丝样光泽的两型毛组成。毛色纯白者占75%，纯黑者较少，羔羊体躯短，全身生长着弯曲的毛辫，呈细小萝卜丝状，光泽良好，呈丝光。成年羊头清秀，额部丛生长毛一束，公、母羊均有长须。公羊角粗大向上、向后、向外方伸展呈半螺旋状，母羊角较细短，多呈小镰刀形。体型中等，体躯短深，近似方形。成年公羊体重30~40 kg，成年母羊25~30 kg。

中卫山羊所产山羊肉细嫩，脂肪分布均匀，膻味小。羯羊屠宰率平均为44.8%。在6月龄性成熟，1.5岁配种，产羔率为103%。中卫山羊盛产花穗美观、色白如玉、轻暖、柔软的沙毛皮而驰名中外。沙毛皮是宰杀生后35日龄的羔羊所剥取的毛皮。沙毛皮有黑、白两种，白色居多，黑色毛皮油黑发亮。沙毛皮具有保暖、结实、轻便、美观、穿着不擀毡的特点。

4. 承德无角山羊

承德无角山羊又名"燕山无角山羊"，俗称"秃羊"，是河北省承德市特有的肉、皮、绒兼用型山羊品种。主产区为河北省东北部，已被引入河南、内蒙古、山东等地。

承德无角山羊公母羊均无角，但有角痕，头大、额宽、颈粗、胸阔、耳宽大，略向前伸，眼大珠黄略外突，额头上有旋毛，颌下有髯，毛长绒密。被毛以全黑色居多，约占70%。体质结实、骨骼粗壮、腿肌充实、蹄质结实，姿势端正、腰背平直、体躯深广，侧视体呈长方形，尾短小上翘。在正常的饲养管理条件下，成年公羊体重45~65 kg，最高可达75 kg。成年母羊平均体重35~45 kg，最高个体可达58 kg。该品种具有体大健壮，生长发育快，产肉性能高，耐粗饲，适应性和抗逆性强的特点。

5. 波尔山羊

波尔山羊是一个肉用山羊品种。原产于南非共和国的好望角地区，改良型波尔山羊以初生重大、生长快、体型大、产肉多、肉质好、繁殖率高、适应性强而闻名世界。现已出口到澳大利亚、德国、美国、新西兰等许多国家，我国1995年开始引进，受到各地普遍欢迎。

波尔山羊被毛短密，白色，头、颈棕色并带有白斑，头部坚实，耳大下垂，头平直。公羊鼻梁稍隆起，角坚实，中等长度，向后向外弯曲呈镰刀状，母羊角小而直立。体质强壮，头颈部及前肢比较发达，体躯匀称且长宽深，胸部发达，背部结实宽厚，肋骨开张良好，臀部丰满，四肢粗壮，结实有力。公羊体高75~90 cm，体长85~95 cm，体重为95~120 kg；母羊体高65~75 cm，体长70~85 cm，体重65~95 kg。屠宰率平均为48.3%。波尔山羊瘦肉多，肉质细嫩，膻味小，味道鲜美。波尔山羊板皮质量好，可与牛皮相媲美。多次发情动物，繁殖无明显的季节性，6月龄性成熟，平均产羔率150%~220%，1年2胎或两年3胎。波尔山羊性情温顺，适应性强，抗病力强。

二、生活习性及营养需要

（一）生活习性

1. 绵羊的生活习性

（1）合群性强，饲料范围广。绵羊的合群性比其他家畜强，但绵羊的群居性有品种间差异，地方品种比培育品种的合群性强，毛用品种比肉用品种的合群性强。绵羊的饲料利用范围很广，可采食的牧草种类很广。牧草、灌木和农副产品，均可作为绵羊的饲料。在荒漠草原、灌丛草地、田畔路旁、低矮杂草，绵羊都可以牧食利用。

（2）忍受极端环境（耐受极端环境）的能力强。绵羊能忍受自然环境和营养状况的剧烈变化而生存。当夏秋牧草繁茂、营养丰富时，它能在较短时间内迅速增膘，积蓄大量脂肪。而在冬春枯草季节营养缺乏时，再将脂肪重新转化成糖原，供机体维持和繁殖生产之用。

（3）性情温顺，喜干厌湿。绵羊性情温顺、胆小怯懦，突然的惊吓容易发生"炸群"而四处乱跑、乱挤，所以圈门不能太小，以免撞伤。绵羊宜在干燥通风的地方采食和卧息，湿热、湿冷的圈舍对绵羊生长发育不利，应遮阴，防止暴晒。在夏季炎热天气放牧，常常发生低头拥挤、呼吸急喘、驱赶不散现象，细毛羊更为明显。高温高湿的环境尤其不利于绵羊生存，容易感染多种疾病，生殖能力明显下降。

（4）母子相认。绵羊的母子即使在大群的情况下也可以准确相识，其中嗅觉起主要作用，听觉和视觉也起到一定的辅助作用。绵羊具有趾腺、眶下腺和腹股沟腺，是与其他羊属动物区别的特征。腹股沟腺的分泌物也是羔羊识别母亲的主要依据。

（5）其他生活习性。绵羊除了上述几个习性外，在舍饲绵羊时，要设置足够的运动场。另外，绵羊还有黎明或早晨交配的习性，有研究表明：在繁殖季节，绵羊在中午、傍晚和夜间很少活动，在 6：30—7：30 期间交配比例最高，下午和黄昏时次之。因此，在采用人工授精时，为获得较好的受胎率，输精时间最好选择在早晨。

2. 山羊的生活习性

（1）活泼好动，喜欢登高。山羊生性好动，除卧息反刍外，大部分时间处于走走停停的逍遥运动之中。羔羊的好动性表现得尤为突出，经常有前肢腾空、身体站立、跳跃嬉戏的动作。山羊有很强的登高和跳跃能力，根据山羊的这一习性，舍饲山羊时应设置宽敞的运动场，圈舍和运动场的墙要有足够的高度。

（2）采食性广，适应性强。山羊的生态适应能力较强，无论高原或平原，森林或沙漠，热带或寒带，沿海或内陆均有山羊分布，山羊在地球上的分布之广，远超过其他草食家畜。我国的福建、广东、广西及海南等热带、亚热带地区没有绵羊，但却饲养着一定数量的山羊。山羊对水的利用率高，使它能够忍受缺水和高温环境。山羊的觅食能力极强，能够利用大家畜和绵羊不能利用的牧草，对各种牧草、树木枝叶、作物秸秆、农副产品及食品加工的副产品及许多灌木均可采食，其采食植物的种类远多于其他家畜。山羊对饲草的选择能力也高于绵羊和其他草食家畜，具有根据其身体需要而选择采食不同种类牧草或同种牧草不同部位的能力。

（3）喜欢干燥，厌恶潮湿。山羊同绵羊一样喜欢干燥，适宜在干燥凉爽的地区生活，在炎热潮湿的环境下山羊易感染多种疾病，特别是肺炎和寄生虫病，但山羊对高温、高湿环境适应性明显高于绵羊，在我国南方夏季高温高湿的气候条件下，山羊仍能正常地生活和繁殖。

（4）合群性好，喜好清洁。山羊的合群性也较强，无论是放牧还是舍饲，一个群体的成员总喜欢在一起活动，其中年龄大、后代多、身体强壮的羊场担任"头羊"的角色，带领全群统一行动。除繁殖季节公羊之间偶有因争夺配偶发生争斗外，一般一群羊各个成员之间都可以和睦相处。山羊同绵羊一样，喜好清洁，采食前先用鼻子嗅，凡是有异味、污染、沾有粪便或腐败的饲料，或已遭践踏过的牧草都不爱吃。山羊也喜欢清洁的饮水。在舍饲山羊时，饲草要放在草架里，以减少饲草的浪费，饮水要保持清洁，经常更换。

（5）性成熟早，繁殖力强。山羊的繁殖力强，主要表现在性成熟早、多胎和多产上。山羊一般在5~6月龄达到性成熟，6~8月龄即可初配，大多数品种的山羊每胎可产羔2~3只，平均产羔率超过200%。

（6）胆大灵巧，便于驯养。山羊胆大勇敢、神经敏锐，易于领会人的意图，在草原上放牧羊群时，牧羊人挑选去势山羊加以训练，作为头羊。

（二）羊的营养需求

1. 维持的营养需要

维持需要是指在仅满足羊的基本生命活动（呼吸、消化、体液循环、体温调节等）的情况下，羊对各种营养物质的需要。羊的维持需要得不到满足，就会动用体内贮存的养分来弥补亏损，导致体重下降和体质衰弱等不良后果。只有当日粮中的能量和蛋白质等营养物质超出羊的维持需要时，羊才能维持一定水平的生产能力。干乳空怀的母羊和非配种季节的成年公羊，大都处于维持饲养状态，对营养水平要求不高。山羊的维持需要，与同体重的绵羊相似或略低。

（1）碳水化合物。碳水化合物是一类结构复杂的有机物，包括淀粉、糖类、半纤维素、纤维素和木质素等。碳水化合物是组成羊日粮的主体。依靠瘤胃微生物的发酵，将碳水化合物转化为挥发性脂肪酸，以满足羊对能量的需要，是羊对碳水化合物消化利用的特点。瘤胃中分解的淀粉和糖类可占总量的95%，只有少量可溶性碳水化合物进入后段消化道中。在高粗饲料日粮条件下，所产生的挥发性脂肪酸主要是乙酸；改喂高能低蛋白日粮时，乳酸的比例上升；而改喂高能高蛋白日粮时，丁酸的比例增加。后两种情况对羊都有不利的影响。

（2）蛋白质。蛋白质是由氨基酸组成的含氮化合物，是羊体组织生长和修复的重要原料。同时，羊体内的各种酶、内分泌、色素和抗体等大多是氨基酸的衍生物；离开了蛋白质，生命就无法维持。在维持饲养条件下，蛋白质的需要主要是满足组织新陈代谢和维持正常生理机能的需要。

(3) 脂肪。脂肪是羊各种组织器官如皮肤、骨骼、肌肉、神经、血液及各种脏器的重要组成部分,其主要是甘油三酯、卵磷脂、脑磷脂和胆固醇等。脂肪和蛋白质按一定比例构成细胞膜和细胞原生质。在供给羊能量同时脂肪所放出的热能为同重量碳水化合物的 2.25 倍。羊在水草丰盛的季节在体内存贮一定量的脂肪,作为安全越冬或饲喂条件恶劣时维持用的体内贮存的能量。

(4) 矿物质。羊即使处于完全饥饿的状态下,为维持正常的代谢活动,仍需消耗一定的矿物质。所以,在维持饲养时,必须保证一定水平的矿物质量。羊最易缺乏的矿物质是钙、磷和食盐。此外,还应补充必要的矿物质微量元素。

(5) 维生素。维生素是一类低分子的有机化合物,维生素虽然不能提供能量,一般也不是体组织的结构成分,但大多数是辅酶和辅基的组成成分,起着促进和调节新陈代谢的多方面作用。羊在维持饲养时也要消耗一定的维生素,必须由饲料补充,特别是维生素 A 和维生素 D。在羊的冬季日粮中搭配一些胡萝卜或青贮饲料,能保证羊的维生素需要。

(6) 水。水对人、畜都是不可缺少的重要营养物质。为羊提供充足、卫生的饮水,是羊只保健的重要环节。

2. 生长和肥育的营养需要

从性状度量的角度来讲,羊的生长和肥育都表现为增重和产肉量增加。但在羊的不同生理阶段,增重对营养物质的需要有很大的差异。

(1) 生长的营养需要。羊从出生到 1.5 岁,肌肉、骨骼和各器官组织的发育较快,需要沉积大量的蛋白质和矿物质,尤其是初生至 8 月龄,是羊出生后生长发育最快的阶段,对营养的需要量较高。羔羊在哺乳前期（0~8 周龄）主要依靠母乳来满足其营养需要,而后期（9~16 周龄）,必须给羔羊单独补饲。哺乳期羔羊的生长发育非常快,每千克增重仅需母乳 5 kg 左右。羔羊断奶后,日增重略低一些,在一定的补饲条件下,羔羊 8 月龄前的日增重可保持在 100~200 g。绵羊的日增重高于山羊。羊增重的可食成分主要是蛋白质（肌肉）和脂肪。在羊的不同生理阶段,蛋白质和脂肪的沉积量是不一样的,例如,体重为 10 kg 时,蛋白质的沉积量可占增重的 35%；体重在 50~60 kg 时,此比例下降为 10% 左右,脂肪沉积的比例明显上升。在羔羊的育成前期,增重速度快,每千克增重的饲料报酬高、成本低。育成后期（8 月龄以后）羊的生长发育仍未结束,对营养水平要求较高,日粮的粗蛋白水平应保持在 14%~16%（日采食可消化蛋白质 135~160

g）。育成期以后（1.5岁）羊体重的变化幅度不大，随季节、草料、妊娠和产羔等不同情况有一定的增减，并主要表现为体脂肪的沉积或消耗。

（2）肥育的营养需要。肥育的目的就是要增加羊肉和脂肪等可食部分，改善羊肉品质。羔羊的肥育以增加肌肉为主，而对成年羊主要是增加脂肪。因此，成年羊的肥育，对日粮蛋白质水平要求不高，只要能提供充足的能量饲料，就能取得较好的肥育效果。如果在羊只屠宰前（1.5~2个月）采用短期放牧肥育，既可提高产肉量，又可改善羊肉品质，增加养羊收入。

3. 产奶的营养需要

产奶是母羊的重要生理机能。母羊的泌乳量直接影响羔羊的生长发育，同时也影响奶羊生产的经济效益。绵羊奶和山羊奶在营养成分含量、品质等方面有一定的差异。一般而言，山羊奶水分高、乳脂低、膻味较大，乳蛋白中酪蛋白含量稍高，奶酪制品稍粗糙，但山羊的产奶量较高，是发展奶羊生产的主体。羊奶中的酪蛋白、乳脂和乳糖等营养成分，都是饲料中不存在的，必须经过乳房合成。当饲料中碳水化合物和蛋白质供应不足时，会影响产奶量，缩短泌乳期。对于高产奶山羊，当仅靠放牧或补喂干草不能满足产奶的营养需要，必须根据产奶量的高低，补喂一定数量的配合精饲料。据测定，每1 kg山羊奶含0.46 kg饲料单位的净能、49 g可消化蛋白质、2.8 g钙和2.2 g磷，此外还含有一定数量的矿物质微量元素和维生素。在奶山羊的补饲精饲料中，钙、磷的含量和比例对产奶量都有较明显的影响，较合理的钙、磷比例为（1.5~1.7）:1。维生素A、维生素D对奶山羊的产奶量有明显的影响，必须从日粮中补充，尤其在舍饲饲养时，给羊提供较充足的青绿多汁饲料，有促进产奶的作用。当母乳中缺乏维生素D时，羔羊对钙、磷的吸收和利用能力下降，有碍羔羊的生长和发育。

4. 产毛的营养需要

羊毛是一种由18种氨基酸组成的角化蛋白质，富含含硫氨基酸，其胱氨酸的含量可占角蛋白总量的9%~14%。瘤胃微生物可利用饲料中的无机硫合成含硫氨基酸，以满足羊毛生长的需要，提高羊毛产量，改善羊毛品质。在羊日粮干物质中，氮、硫比例以保持（5~10）:1为宜。产毛的营养需要与维持、生长、肥育和繁殖等的营养需要相比，所占比例不大，并远低于产奶的营养需要。但是，当日粮的粗蛋白水平低于5.8%时，也不能满足产毛的最低需要。产毛的能量需要约为维持需要的10%。铜与羊的产毛关系密切，缺铜的羊除表现贫血、瘦弱和生长发育受阻外，羊毛弯曲变浅，被毛粗乱，直接影响羊毛的产量和品质。绵羊对铜的耐受力非常有限，每千克饲料干物质中铜的含量达 5~10 mg 已能满足羊的各种需要；超过 20 mg 时有可能造成羊的铜中毒。维生素 A 对羊毛生长和羊的皮肤健康十分重要。夏秋季一般不易缺乏，而冬春季则应适当补充，其主要原因是牧草枯黄后，维生素 A 已基本上被破坏，不能满足羊的需要。对以高粗饲料日粮或舍饲饲养为主的羊，应提供一定的青绿多汁饲料或青贮料，以弥补维生素的不足。

5. 繁殖的营养需要

羊的体况好坏与繁殖能力有密切的关系，而营养水平又是影响羊体况的重要因素。

（1）种公羊的营养需要。一年中，种公羊处于两种不同的生理阶段，即配种期和非配种期。在配种期内，要根据种公羊的配种强度或采精次数，合理调整日粮的能量和蛋白质水平，并保证日粮中真蛋白质占有较大的比例。公羊的射精量平均为 1 mL，每毫升精液所消耗的营养物质约相当于 50g 可消化蛋白质。配种结束后，种公羊随即进入非配种期。在此阶段，种公羊的营养水平可相对较低。通常，日粮的营养水平比维持高 10%~20%，已能满足需要；日粮的粗饲料比例也可较高。

值得注意的是：

①配种结束后的最初 1~2 个月是种公羊体况恢复的时期，配种任务重或采精多的公羊由于体况下降明显，在恢复期内应继续饲喂配种期的日粮，同时提供充足的青绿、多汁饲料，待公羊的体况基本恢复后再逐渐改喂非配种期日粮。

②种公羊的日粮不能全部采用干草，必须保持一定比例的混合精饲料，以免造成公羊腹围过大而影响配种。在生产中，公羊在非配种期的混合精饲料补喂量一般为 0.5~1.0 kg，同时应尽可能保证一定量的青绿、多汁饲料。

（2）繁殖母羊的营养需要。母羊配种受胎后即进入妊娠阶段，这时除满足母羊自身的营养需要外，还必须为胎儿提供生长发育所需的养分。

①妊娠前期（前 3 个月）：这是胎儿生长发育最强烈的时期，胎儿各器官、组织的分化和形成大多在这一时期内完成，但胎儿的增重较小。在这一阶段，对日粮的营养水平要求不高，但必须提供一定数量的优质蛋白质、矿物质和维生素，以满足胎儿生长发育的营养需要。在放牧条件较差的地区，母羊要补喂一定量的优质干草或混合精饲料。

②妊娠后期（后 2 个月）：到妊娠后期，胎儿和母羊自身的增重加快，母羊增重的 60% 和胎儿贮积纯蛋白质的 80% 均在这一时期内完成。随着胎

儿的生长发育，母羊腹腔容积减小，采食量受限，草料容积过大或水分含量过高，均不能满足母羊对干物质的要求，应给母羊补饲一定的优质青干草或混合精饲料。妊娠后期母羊的热能代谢比空怀期高 15%~20%，对蛋白质、矿物质和维生素的需要量明显增加，50 kg 体重的成年母羊，日需可消化蛋白质 90~120 g、钙 8.8 g、磷 4 g，钙、磷比例为（2~2.5）：1。

③泌乳期：母羊分娩后泌乳期的长短和泌乳量的高低，对羔羊的生长发育和健康有重要影响。母羊产后 4~6 周泌乳量达到高峰，维持一段时间后母羊的泌乳量开始下降。一般而言，山羊的泌乳期较长，尤其是乳用山羊品种。母羊泌乳前期的营养需要高于后期。

综上所述，为了使公母羊保持良好的体况和高的繁殖力，应根据羊不同的营养需要合理配制和调整日粮，满足其对各种营养物质的需求；饲料种类要多样化，日粮的浓度和体积要符合羊的生理特点，并注意维生素 A、维生素 D 及矿物质微量元素铁、锌、锰、钴和硒的补充，使羊保持正常的繁殖机能，减少流产和空怀。

三、饲养管理技术

（一）饲养管理技术

1. 种公羊的饲养管理

种公羊是发展养羊生产的重要生产资料，对羊群的生产水平、产品品质都有重要影响。种公羊的饲养应常年保持中上等膘情，健壮、活泼、精力充沛、性欲旺盛，能够产生优良品质的精液。

（1）饲养方法。种公羊的饲养可分配种期和非配种期进行。配种期又可分配种预备期（配种前 1~1.5 个月）、配种正式期（正式采精或本交阶段）及配种后复壮期（配种停止后 1~1.5 个月）三个阶段。在非配种期除放牧外，冬、春季每日每只可补给混合精饲料 0.4~0.6 kg，胡萝卜 0.5 kg，干草 3 kg，食盐 5~10 g。夏、秋季以放牧为主，每日每只补混合精饲料 0.4~0.5 kg，饮水 1~2 次；配种预备期应增加精饲料量，按配种正式期给量的 60%~70%补给，要求逐渐增加并过渡到正式期的喂量。配种正式期以补饲为主，适当放牧。饲料补饲量大致为：混合精饲料 0.8~1.2 kg，胡萝卜 0.5~1.0 kg，青干草 2 kg，食盐 15~20 g。草料分 2~3 次饲喂，每日饮水 3~4 次。配种后复壮期，初期精饲料不减，增加放牧时间，过些时间后再逐渐减少精饲料，直至过渡到非配种期的饲养标准。

（2）管理。种公羊的管理要专人负责，保持常年相对稳定，单独组群或放牧。经常观察羊的采食、饮水、运动及粪尿的排泄等情况，保持饲料、饮水、环境的清洁卫生，注意采精训练和合理使用。

采精训练开始时，每周采精检查一次，以后增至每周两次，并根据种公羊的体况和精液品质来调整日粮或增加运动。对精液稀薄的种公羊，应增加日粮中蛋白质饲料的比例；当精子活力差时，应加强种公羊的放牧和运动。

种公羊的合理使用要根据羊的年龄、体况和种用价值来确定。对 1.5 岁左右的种公羊每天采精 1~2 次为宜，不要连续采精；成年公羊每天可采精 2~3 次，每次采精应有 1~2 h 的休息时间。

2. 成年母羊的饲养管理

成年母羊的饲养应保证配种、妊娠、泌乳等任务的顺利完成。生产实践中，由于母羊在空怀期、妊娠期和泌乳期的生理特点和营养需要不同，应给予适宜的饲养管理。

（1）空怀期。空怀期母羊正处在青草季节，不配种也不怀孕，营养需要量低。只要抓紧时间搞好放牧，即可满足母羊的营养需要。但在母羊体况较差或草场植被欠缺时，应在配种前 1~1.5 个月对母羊加强营养，提高饲养水平，使母羊在短期内增加体重和恢复体质，促进母羊发情整齐和多排卵。短期优饲的方法，一是延长放牧时间，二是除放牧外，适当补饲精饲料。舍饲时，应按空怀母羊的饲养标准，制定配合日粮进行饲养。

（2）妊娠期。母羊妊娠期分妊娠前期和妊娠后期两个阶段，妊娠前期（前 3 个月），因胎儿生长发育缓慢，营养需要与空怀期差不多。若是放牧饲养，只要牧地条件良好，加强放牧即可满足营养需要。只是在枯草季节，放牧效果不好时，可酌情补给粗饲料或少量的精饲料，应按照饲养标准进行；妊娠后期（后 2 个月）的母羊，胎儿生长迅速，其中 70%~80% 的初生羔羊体重是此时生长的，营养物质的需要量很大。在妊娠后期，一般母羊要增加 7~8 kg 的体重，因此，单靠放牧是不够的，必须给予补饲。要求按营养标准配合日粮进行饲养。一般在放牧条件下，每羊每天补饲混合料 0.4~0.5 kg，优质青干草 11.5 kg，胡萝卜 5 kg，食盐 10~15 g。

妊娠期母羊的管理中心是保胎，不要让羊吃霜冻草或发霉饲料，不饮冰碴水，严防惊吓、拥挤、跳沟和疾病发生。羊群出牧、归牧、饮水、补饲时，要慢而稳，羊舍保持温暖、干燥、通风良好。

（3）泌乳期。母羊的泌乳期分泌乳前期和泌乳后期两个阶段，泌乳前期（羔羊生后 2 个月）的母羊，因泌乳旺盛，营养需要量很大。如果母羊营养良好，奶水充足，羔羊生长发育好，抗病力强，成活率高。如果母羊营养差，泌乳量减少，羔羊生长发育受阻，抗病力减弱，成活率降低。而在大多数地区，哺乳前期的母羊正处在枯草或青草萌发期，单靠放牧显然满足不了营养需要。因此，对于哺乳前期的母羊，要求以补饲为主，放牧为辅。应根据母羊的体况及所带单、双羔的情况，按照营养标准配制日粮进行饲养。一般情况下，产单羔的母羊，每羊每日补饲混合精饲料 0.3~0.5 kg，优质青干草最好是豆科牧草 11.5 kg，多汁饲料 1.5 kg；哺乳后期（羔羊 2 月龄后）的母羊，泌乳能力下降，即使增加补饲量也难以达到泌乳前期的泌乳水平。而此时羔羊的胃肠功能也趋于完善，可以利用青、粗饲料，不再主要依靠母乳而生存。因此，对哺乳后期的母羊，应以放牧采食为主，逐渐取消补饲。若处于枯草期，可适当补喂青干草。

哺乳母羊的管理应注意安全断奶，断奶前 1 周要减少母羊的精饲料、多汁料和青贮料，以防乳房炎的发生。产后 1 周内的母子群应舍饲或就近放牧，1 周后逐渐延长放牧距离和时间，并注意天气变化，防止暴风雪对母子的伤害。舍内保持清洁，胎衣、毛团等污物及时清除，以防羔羊食入生病。

3. 育成羊的饲养管理

育成羊是指断奶后至第一次配种前的幼龄羊。羔羊断奶后的前 3~4 个月生长发育快，增重强度大，对饲养条件要求高，当营养条件良好时，日增重可达 200~300 g。8 月龄后，羔羊的生长发育强度逐渐下降，到 1.5 岁时生长基本趋于成熟。因此，在生产中一般将育成羊分育成前期（4~8 月龄）和育成后期（8~18 月龄）两个阶段进行饲养。

（1）育成前期。育成前期尤其是刚断奶不长时间的羔羊，生长发育快，瘤胃容积有限且机能不完善，对粗饲料的利用能力差。这一阶段饲养的好坏，直接影响羊的体格大小、体型和成年后的生产性能，必须引起高度重视。应按羔羊的平均日增重及体重，依据饲养标准，提供合适营养水平的日粮。因此，育成前期羊的饲养应以精饲料为主，适当补饲优质青、粗饲料或选用优良放牧地完成。

（2）育成后期。育成后期羊的瘤胃消化机能趋于完善，可以采食大量的牧草和农作物秸秆。这一阶段，育成羊可以放牧为主，结合补饲少量的混合精饲料或优质青干草进行饲养。

育成羊在配种前应安排在优质草场放牧或适当补喂混合精饲料，使其保持良好的体况，力争满膘，迎接配种。当年的第一个越冬度春期，一定要搞好补饲,首先保证足够的干草或秸秆,在放牧的条件下,每羊每日补饲混合精饲料 200~300 g。

4. 羔羊的培育

哺乳期的羔羊是一生中生长发育强度最大而最难饲养的一个阶段,稍有不慎不仅会影响羊的发育和体质,还会造成发病率和死亡率增加,给养羊生产造成重大损失。因此,应采取措施,合理饲养。

(1) 早吃、多吃初乳。羔羊在哺乳前期主要依赖母乳获取营养,母乳充足时,羔羊生长发育好、增重快、健康活泼。母乳可分为初乳和常乳,母羊产后第一周内分泌的乳叫初乳,以后的则为常乳。初乳浓度大,养分含量高,尤其是含有大量的抗体球蛋白和丰富的矿物质元素,可增强羔羊的抗病力,促进胎粪排泄。因此,应保证羔羊在产后 15~30 min 内吃到初乳。哺乳时,生产人员应对弱羔、病羔或保姆性差的母羊人工辅助羔羊吃乳,并安排好吃乳时间。

(2) 适时补饲。羔羊时期生长发育迅速,1~2 月龄以后,羔羊逐渐以采食草、料为主,哺乳为辅。羔羊生后 7~10 日龄,在跟随母羊放牧或补饲时,会模仿母羊的采食行为。此时,可将大豆、蚕豆、豌豆等炒熟粉碎后,撒于饲槽内对羔羊进行诱食。同时选择优质的青绿饲料或青干草(最好是豆科和禾本科草),放置在运动场内的草架上,训练羔羊采食。初期,每只羔羊每天可补喂混合料 10~50 g,待羔羊习惯后逐渐增加补喂量。一般 2 周龄至 1 月龄为 50~80 g;1~2 月龄为 100~120 g;2~4 月龄为 250~300 g。补喂的青、粗饲料可任其自由采食。补饲的日粮最好按羔羊的体重和日增重要求,依据饲养标准进行配合。应种类多样,适口性好,易消化,粗纤维含量少,富含蛋白质、矿物质、维生素。补饲的方法应少喂勤添,定时、定量、定点,保证饲槽和饮水的清洁卫生。

(3) 加强管理,及时断奶。羔羊出生时,要保温防暑,进行称重;7~15 d 内进行编号、去角(山羊)或断尾(绵羊),1 月龄左右对不符合种用的公羔进行去势;羔羊时期容易发病,如羔痢、肺炎、胃肠炎等,应经常性观察食欲、粪便、精神状态的变化,发现问题,及时处理。保持舍内的干燥、清洁、温暖,勤换垫草或垫土,定期消毒,搞好防疫注射。

羔羊一般在 3~4 月龄断奶,断奶时间要根据羔羊的月龄、体重、补饲条件和生产需要等因素综合考虑。在国外工厂化肥羔生产中,羔羊的断奶时间通常为 4~8 周龄。对早期断奶的羔羊,必须提供符合其消化特点和营养需要的代乳饲料,否则会造成损失。断奶时,要求母羊转移,母子不再合群，并做好饲料、环境、饲养方式的逐渐过渡。羔羊时期还应定期检测月龄体重和平均日增重，为选育提供科学依据，并结合放牧搞好运动，促进羔羊的生长发育。

(二) 肉用羊的育肥技术

1. 肉用羊的育肥方式

肉用羊生产多用杂交的方式，产生具有杂种优势的杂种羊，或者利用本地的粗毛羊、细毛羊或半细毛羊等进行育肥，方式有放牧育肥、舍饲育肥和混合育肥。至于到底采取何种方式进行育肥，要根据当地牧草资源状况、羊源种类与质量、肉羊生产者的技术水平、肉羊场的基础设施等条件来确定。

(1) 放牧育肥。利用天然草场、人工草场或秋茬地放牧抓膘的一种育肥方式，生产成本低，应用较普遍。在安排得当时，能获得理想的效益。

①选好放牧草场，分区合理利用：应根据羊的种类和数量，充分利用夏、秋季天然草场，选择地势平坦、牧草茂盛的放牧地。幼龄羊适于在豆科牧草较多的草场放牧育肥；成年羊适于在禾本科较多的草场放牧育肥。

为了合理利用草场和保护牧草的再生能力，放牧地应按地形划分成若干小区，实行分区轮牧，每个小区放牧 4~6 d 后移到另一个小区放牧，使羊群能经常吃到鲜嫩的牧草和枝叶，同时也使牧草和灌木有再生的机会，有利于提高产草量和利用率。

②加强放牧管理，提高育肥效果：放牧育肥的羊只，应按品种、年龄、性别、放牧的条件分群，保证育肥羊在牧地上采食到足够的青草量，一般羔羊可达 4~5 kg 以上，大羊可达 7~8 kg 以上。放牧时，尽可能延长放牧时间，早出牧，晚归牧，必要时进行夜牧，就地休息，保证饮水，每天放牧时间应达 10~12 h 以上。放牧方法上讲究一个"稳"字，少走冤枉路，多吃草，避免狂奔。这种育肥方法成本较低，效益相对较高，一般经过夏、秋季节，育肥羔羊体重可增加 10~20 kg。

为提高放牧育肥效果，养羊生产上应安排母羊产冬羔和早春羔，这样羔羊断奶后，正值青草期，可充分利用夏、秋季的牧草资源，适时育肥和出栏。

(2) 舍饲育肥。根据肉羊生长发育规律，按照羊的饲养标准和饲料营养价值，配制育肥日粮，并完全在舍内喂、饮、运动的一种育肥方式。饲料的投入相对较高，但羊的增重快，胴体大，出栏早，经济效益高，便于按照市场的需要进行规模化、工厂化的肉羊生产。适合在放牧地少的地区或饲料资源丰富的农区使用。

①合理利用育肥饲料：舍饲育肥羊的饲料主要由青、粗饲料、农副业加工副产品和各种精饲料组成，如干草、青草、树叶、作物秸秆，各种糠、糟、渣、油饼、作物籽实等。粗饲料需经加工调制，精饲料需制成混合料，按肥育标准饲喂。

一般舍饲育肥羊的混合精饲料可占到日粮的45%~60%，随着育肥强度的加大，精饲料比例应逐渐升高。注意不要过食精饲料。

②使用添加剂：羊的育肥添加剂包括营养性添加剂和非营养性添加剂，其功能是补充或平衡饲料营养成分，提高饲料适口性和利用率，促进羊的生长发育，改善代谢机能，预防疾病等，正确使用饲料添加剂，可提高羊育肥的经济效益。

尿素：每千克尿素的含氮量相当于2.6~2.9 kg粗蛋白或6~7 kg豆饼的含氮量。尿素饲喂时应严格控制饲喂量，仅在日粮蛋白质不足时才可进行饲喂，饲喂量可按羊体重的0.02%~0.05%计算。喂尿素应由少到多，逐渐增加到规定喂量，一般每日2~3次，喂后不能马上饮水，切忌单纯饮用或直接喂饲，必须配合易消化的精饲料喂饲；饲喂尿素不能空腹饲喂或时停时喂，连续饲喂效果才好；也不能和生豆类饲料混合饲喂，因生豆饼含有脲酶，对尿素分解很快，易使羊中毒。

若饲喂方法不当或喂量过大，造成羊尿素中毒，可静脉注射10%~25%葡萄糖，每次100~200 mL，或灌服食醋0.5~1 L来急救。

瘤胃素：又名莫能菌素，是链霉菌发酵产生的抗生素。其功能是控制和提高瘤胃发酵效率，从而提高增重速度及饲料转化率。瘤胃素的添加量一般为每千克日粮干物质中添加25~30 mg，要均匀地混合在饲料中，最初喂量可低些，以后逐渐增加。

羊育肥复合饲料添加剂：是由微量元素（铁、铜、锰、锌、硒等）、瘤胃代谢调节剂、生长促进剂及对有害微生物抑制物质组成，适于生长期和育肥期间饲喂，用量每天每只羊2.5~3.3 g，混入饲料中饲喂。

杆菌肽锌：是抑菌促生长剂，对畜禽都有促生长作用，有利于养分在肠道内的消化吸收，改善饲料利用率，提高增重。羔羊用量每千克混合料中添加10~20 mg（42万~84万单位），在饲料中混合均匀饲喂。

(3) 混合育肥。放牧与补饲相结合的育肥方式，既能利用夏、秋牧草生长旺季，进行放牧育肥。又可利用各种农副产品及少许精饲料，进行补饲或后期催肥。这种方式比单纯依靠放牧育肥效果要好，适合全国各地的肉羊育肥生产条件。

放牧兼补饲的育肥可采用两种途径：一种是在整个育肥期，自始至终每天均放牧并补饲一定数量的混合精饲料和其他饲料。要求前期以放牧为主，舍饲为辅，少量补料，后期以舍饲为主，多量补料，适当就近放牧采食。另一种是前期安排在牧草生长旺季全天放牧，后期进入秋末冬初转入舍饲催肥，可依据饲养标准配合营养丰富的育肥日粮，强度育肥30~40 d，出栏上市。我国肉羊生产中，常对一些老残羊和瘦弱羊，在秋末集中1~2个月舍饲育肥，可充分利用粮食加工副产品或少许精饲料补饲催肥，费用少，经济效益高。

2. 羔羊育肥技术

羔羊在生长期间，由于各部位的各种组织在生长发育阶段代谢率不同，体内主要组织的比例也有不同的变化。通常早熟肉用品种羊在生长最初3个月内骨骼的发育最快，此后变慢、变粗，4~6月龄时，肌肉组织发育最快，以后几个月脂肪组织的增长加快，到1岁时肌肉和脂肪的增长速度几乎相等。

按照羔羊的生长发育规律，周岁以内尤其是4~6月龄以前的羔羊，生长速度很快，平均日增重一般可达200~300 g。如果从羔羊2~4月龄开始，采用强度育肥的方法，育肥期50~60 d，其育肥期内的平均日增重能达到或超过原有水平，这样羔羊长到4~6月龄时，体重可达成年羊体重的50%以上。出栏早，屠宰率高，胴体重大，肉质好，深受市场欢迎。对于2~4月龄平均日增重达不到200 g的羔羊，需等体重达25 kg以上，至少是20 kg以上，才能转入育肥。羔羊断奶后育肥是羊肉生产的主要方式，因为断奶后的羔羊除小部分选留到后备畜群外，大部分要进行出售。一般来讲，对体重小或体况差的进行适度育肥，对体重大或体况好的进行强度育肥。

对进行羔羊肉生产的育肥羔羊，适合采用能量较高、保持一定蛋白质水平和矿物质含量的混合精饲料来进行育肥。育肥期可分预饲期（10~15 d）、正式育肥期和出栏三个阶段。

育肥前应做好饲草（料）的收集、贮备和加工调制，圈舍场地的维修、清扫、消毒和设备的配置等工作。预饲期应完成对羊只的健康检查、防疫、驱虫、去势、称重、健胃、分群、饲料过渡等项目的执行；正式育肥期主要是按饲养标准配合育肥日粮，进行投喂，定期称重，了解生长发育情况。合理安排饲喂、放牧、饮水、运动、消毒等生产环节。采用正确的饲喂方法，避免羊只拥挤和争食，尤其防止弱羊采食不到饲料，保证饮水充足，清洁卫生。出栏阶段主要是根据品种和育肥强度，确定出栏体重和出栏时间，应视市场需要、价格、增重速度和饲养管理等综合因素确定。

3. 成年羊育肥技术

大羊育肥在年龄上可划分为 1~1.5 岁羊和 2 岁以上的成年羊，并按膘情好坏、年龄、性别、品种、体重、外貌等进行必要的挑选，然后进行育肥。依据生产条件，可选择使用放牧育肥、舍饲育肥、混合育肥的方式，但以混合育肥和舍饲育肥的方式较多。

（1）育肥羊的选择。成年羊育肥应挑选好羊只，一般来讲，凡不做种用的公、母羊和淘汰的老弱病残羊均可用来育肥，但为了提高肥育效益，要求用来育肥的羊体型大，增重快，健康无病，最好是肉用性能突出的品种，年龄在 1.5~2 岁。

（2）育肥期的饲养管理。成年羊的整个育肥期可划分为预饲期（15 d）、正式育肥期（30~60 d）、出栏三个阶段。

预饲期的主要任务是让羊只适应新的环境、饲料、饲养方式的转变，完成健康检查、注射疫苗、驱虫、称重、分群、灭癣、修蹄等生产环节。预饲期应以粗饲料为主，适量搭配精饲料，并逐步将精饲料的比例提高到 40%，进入正式育肥期，精饲料的比例可提高到 60%。补饲用混合精饲料的配方比例可大致为：玉米、大麦、燕麦等能量籽实类饲料占 80% 左右，蚕豆、豌豆、饼粕类等植物性蛋白质饲料占 20% 左右，食盐、矿物质和添加剂的比例可占到混合精饲料的 1%~2%。

成年羊育肥应充分利用秸秆、天然牧草、农副产品及各种下脚料，制定合理的饲料配方，必要时可使用尿素和各种饲料添加剂。舍饲肥期间，要制定合理的饲养管理工作日程，正确补饲，先给质量较差的草料，后给混合精饲料，定时定量饲喂，保证饮水，注意清洁卫生，定期称重，随市场需要适时出栏。

（三）日常管理

1. 建立档案

在分娩季节，记录母羊的分娩日期、编号、品种、与配公羊编号、品种及其羊羔的出生日期、编号、性别、羔羊的初生重。大部分档案还留有备注栏用于记录如母羊是否难产、母性和羔羊出现的问题等。断奶体重可以作为衡量母羊生产性能的一项指标。在羔羊屠宰时（一般为 100~110 日龄）记录其出栏重，通过断奶体重和出栏重计算平均日增重。

2. 编号

质量可靠的耳标可以帮助您建立方便的身份识别体系，并可帮助识别畜群中优良的牲畜。编号要求简明，易于识别，字迹清晰，不易脱落，有一定的科学性、系统性，便于资料的保存、统计和管理。

（1）耳标法。即用金属耳标或塑料耳标，在羊耳的适当位置（耳上缘血管较少处）打孔、安装。耳标可在使用前按规定统一编号后分戴，耳标上应标明品种标记、年号、个体号。

（2）等级号。羊只经过鉴定在耳朵上将鉴定的等级进行标记，等级号一律在育成鉴定后，根据鉴定结果，用剪耳缺口的方法注明该羊的等级。纯种羊打在右耳上，杂种羊打在左耳上。

特级羊：在耳尖剪一缺口。

一级羊：在耳下缘剪一个缺口。

二级羊：在耳下缘剪二个缺口。

三级羊：在耳上缘剪一个缺口。

四级羊：在耳上、下缘各剪一缺口。

3. 断尾

断尾主要针对长瘦尾型的绵羊品种而言，如纯种细毛羊、半细毛羊及其杂种羊。目的是保持羊体清洁卫生，保护羊毛品质和便于配种。羔羊应于出生后 7~15 d 内断尾，具体方法如下：

（1）烧烙法。断尾时，需一特制的断尾铲和两块 20 cm 见方（厚 35 cm）的木板，在一块木板一端的中部锯一个半圆形缺口，两侧包以铁皮。术前用另一块木板衬在条凳上，由一人将羔羊背贴木板进行保定，另一人用带缺口的木板卡住羔羊尾根部（距肛门约 4 cm），并用烧至暗红的断尾铲将尾切断。下切的速度不宜过快，用力要均匀，使断口组织在切断时受到烧烙，起到消毒、止血的作用，最后用碘酒消毒。

（2）结扎法。用橡皮筋圈在距尾根 4 cm 处将羊尾紧紧扎住，阻断尾下端的血液流通，10~15 d 后，尾下端自行脱落。

4. 去势

凡不宜作种用的公羔要进行去势，去势时间一般在 1~2 月龄，多在春、秋两季气候凉爽、晴朗的时候进行。去势的方法有阉割法和结扎法。

（1）阉割法。将羊保定后，用碘酒和酒精对术部消毒，术者左手紧握阴囊的上端，将睾丸压迫到阴囊的底部，右手用刀在阴囊的下端与阴囊中隔平行的位置切开，切口大小以能挤出睾丸为度。睾丸挤出后，将阴囊皮肤向上推，暴露精索，采用剪断或拧断的方法均可。在精索断端涂以碘酒消毒，在阴囊皮肤切口处撒上少量消炎粉即可。

(2) 结扎法。术者左手握紧阴囊基部，右手撑开橡皮筋将阴囊套入，反复扎紧，以阻断下部的血液流道。经 15~20 d，阴囊连同睾丸自然脱落。此法较适合 1 月龄左右的羔羊。在结扎后，要注意检查，防止结扎效果不好或结扎部位发炎、感染。

5. 剪毛

(1) 剪毛的时间。细毛羊和半细毛羊一般每年剪毛一次，粗毛羊可剪毛两次。剪毛时间主要取决于当地的气候条件和羊的体况。北方牧区和西南高寒山区通常在 5 月中、下旬剪毛，而在气候较温暖的地区，可在 4 月中、下旬剪毛。在生产上，一般按羯羊、公羊、育成羊和带羔羊的顺序来安排剪毛。患有疥癣、痘疹的病羊留在最后剪。

剪毛时，将羊固定后，先从体侧到后腿剪开一条缝隙，顺此向背部逐渐推进（从后向前剪）。一侧剪完后，将羊体翻转，由背向腹剪毛（以便形成完整的套毛），最后剪下头颈部、腹部和四肢下部的羊毛。套毛去边后，单独打包。边角毛、头腿毛和腹毛装在一起，作为等外毛处理。

(2) 注意事项。剪毛应在干净、平坦的场地进行，羊毛留茬高度为 0.3~0.5 cm，尽可能减少皮肤损伤，若毛茬因技术原因而过高，切记不要重剪；剪毛前绵羊应空腹 12 h，以免翻转羊体时造成肠扭转。剪毛 1 周后，尽可能避开降温下雨天气，以免羊只感冒，造成损失；对种公羊和核心群母羊，应做好剪毛量和剪毛后体重的测定和记录工作。

6. 药浴

药浴是预防绵羊疥癣病、保持皮肤健康、促进羊毛生长、提高产毛量的重要措施。定期药浴是绵羊饲养管理的重要环节。

(1) 药浴的时间和药浴液。药浴一般在剪毛后 10~15 d 进行，此时羊皮肤的创口已基本愈合，毛茬较短，药浴液容易浸透，防治效果好。常用的药浴液有双甲脒、蝇毒灵、敌百虫、除癞灵等。为保证药浴安全有效，必须严格按不同药品的使用说明书，正确配制药浴液。

(2) 药浴的方法。药浴的方式有池浴、淋浴和盆浴三种。池浴、淋浴在羊数较多的地区比较普遍，盆浴多在羊数较少的地区流行。药浴前应事先维修、清洗池场，入水和排水渠道严防漏水，然后放足清水（水温保持在 35~40 ℃），配制药液。

①池浴法：药浴时，一人负责推引羊只入池，两人手持压杆负责池边照护，遇有背部没有浴透的羊，将其压入水中浸透；遇有拥挤互压现象时，要及时分开，以防药水呛入羊肺或羊淹死在池内。羊只在入池 2~3 min 后即可

出池，使其在滤液场停留 5~10 min 后再放出。

②淋浴法：淋浴时，应先清洗好淋浴场进行试淋，若机械部分运转正常，即可按规定浓度配制药液。淋浴时先将羊群赶入淋浴场，开动水泵进行喷淋，经 23 min 淋透全身后，关闭水泵，将已淋浴羊只赶入滤液栏中，经 3~5 min 可放出。

（3）注意事项。药浴时，先浴健康羊，后浴病羊尤其是疥癣病羊；药浴前，要让羊只饮足水，以免羊误喝药水，发生中毒现象；药浴时，应适当控制羊只通过药浴池的速度，保证药浴液浸透被毛和皮肤；药浴应选晴朗无风天气，防止羊只受凉感冒。

7. 山羊抓绒

山羊脱绒规律一般是：体况好的羊先脱，体弱的羊后脱；成年羊先脱，育成羊后脱；母羊先脱，公羊后脱。

（1）抓绒的时间和工具。山羊抓绒的时间一般在 4—5 月，当羊绒的毛根开始出现松动时进行。在生产中，常通过检查山羊耳根、眼圈四周毛绒的脱落情况来判断抓绒的时间。

抓绒工具是特制的铁梳，有两种类型：密梳通常由 12~14 根钢丝组成，钢丝相距 0.5~1.0 cm；稀梳通常由 7~8 根钢丝组成，钢丝相距 2.0~2.5 cm。钢丝直径 0.3 cm 左右，弯曲成钩状，尖端磨成圆秃形，以减轻对羊皮肤的损伤。

（2）抓绒方法。抓绒时需将羊的头部及四肢固定好，先用稀梳顺毛沿颈、肩、背、腰、股等部位，由上而下将毛梳顺，再用密梳作反方向梳刮。抓绒时，梳子要紧贴皮肤，用力均匀，不能用力过猛，防止抓破皮肤。第一次抓绒后，过 7 d 左右再抓一次，尽可能将绒抓净。

8. 防疫

怀孕母羊产前 20~30 d，羔羊痢疾菌苗皮下注射 2 mL，10 d 后再注射 3 mL。2 月底，羊三联苗无论成羊、羔羊每只肌内注射 5 mL。3 月上旬羊痘苗每只 0.5 mL。3 月中旬口蹄疫苗每只 1 头份。9 月上、中旬布鲁氏菌、炭疽苗按说明防疫。9 月下旬再注射一次羊三联苗。

9. 驱虫

羊体的寄生虫有数十种，根据当地寄生虫病的流行情况，每年应定期驱虫。羊易感染的寄生虫病有羊鼻蝇蛆病，羊捻转胃虫病、羊结节虫病、羊肝片吸虫病、羊绦虫病、羊肺丝虫病、羊多头蚴病、羊毛圆线虫病等。常用的驱虫药物有敌百虫与硫双二氯酚（别丁）咪唑类药物、驱虫净、虫可星等。

一般在每年春、秋两季选用合适的驱虫药，按说明要求进行驱虫。驱虫后10 d 内的粪便，应统一收集，进行无害化处理。

10. 修蹄

羊的蹄形不正或蹄形过长，将造成行走不便，影响放牧或发生蹄病，严重时会使羊跛行。因此，每年至少要给羊修蹄 2 次。修蹄时间一般在夏、秋季节，此时蹄质软，易修剪。修蹄时，应先用蹄剪或蹄刀，去掉蹄部污垢，把过长的蹄壳削去，再将蹄底的边沿修整到和蹄底一样齐平，修到蹄底可见淡红色时为止，并使羊蹄成椭圆形。

（四）其他

1. 膘情评分

给家畜体膘打分对于家畜当前的营养状况是非常好的评价。为了及早了解家畜营养状况及时作出补饲调整，通常在育种前一个月或产羔前一个月打分。给家畜体膘打分也非常便捷。用拇指和食指摸家畜的背部和腰部，看这两个部位的脂肪情况，根据脂肪厚度来打分。

在绵羊的腰椎骨上（最后一根肋骨后面）可以摸到两个突起，连接腰椎的棘突形成高低不平的背中线，横突是从腰椎横向突出的骨头。棘突和横突很容易摸到，它们是体况评分的主要依据（图 8-1）。

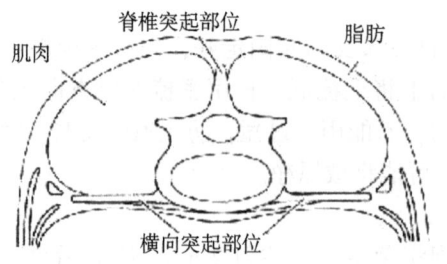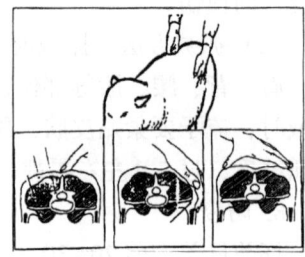

图 8-1 膘情评分

体况评分具体操作如下：

（1）用手指压腰椎评定棘突的突出程度。

（2）通过挤压腰椎两侧评定横突的突出程度。

（3）将手伸到最后几个腰椎下触摸横突下面的肌肉和脂肪组织。

（4）评定棘突与横突间眼肌的丰满度。

（5）按图 8-2 所示，给每只羊评分并做记录，用于进行个体之间或同一个体不同时间体况间的比较。

评分	1	2	3	4	5
图例					
描述	脊椎骨突出，背部肌肉浅薄，无脂肪	脊椎骨突出，背部肌肉饱满，无脂肪	可以摸到脊椎骨，背部肌肉饱满，有少量脂肪	几乎摸不到脊椎骨，背部肌肉非常饱满，有较厚脂肪	摸不到脊椎骨，有非常厚的脂肪，脂肪存积覆盖尾部
评价	瘦		良好		肥

图 8-2 评分记录标准

2. 家畜生产相关记录例表

（1）接种疫苗和打虫记录。

日期	疫苗	使用产品

（2）淘汰母畜记录。

母畜编号	原因

(3) 育种记录。

放种公羊的日期	隔离种公羊的日期

(4) 接羔记录。

母畜编号	种公畜编号	生产日期	羔羊编号	性别	备注

(5) 家畜死亡及损失记录。

日期	家畜等级	耳标号	原因
如：2/20	羔羊	223	发育不全

(6) 家畜售购记录。

种类	原始情况		备注
	头/只数	平均重量	
山羊			
母山羊羔			
成熟母山羊			
公山羊羔			

(续表)

种类	原始情况		备注
	头/只数	平均重量	
成熟公山羊			
羯山羊羔			
成年羯山羊			
绵羊			
母绵羊羔			
成熟母绵羊			
公绵羊羔			
成熟公绵羊			
羯绵羊羔			
成年羯绵羊			

3. 生产日历表

（1）早产羔。

8月：在催情补饲前10 d使用兽药驱虫；检查母羊的蹄子是否需要加以修剪；对母羊膘情进行评价并分群；于8月15日左右开始按照需要催情补饲；可以考虑进行修剪公羊蹄子，评价其繁殖性能并开始补饲等工作。

9月：如果在1月25日产羔，应从9月1日开始公、母羊同群放牧；从9月17日开始，在公羊胸前放不同颜色的标记，通过观察母羊身上的标记来监控公羊的交配效率，并记录交配日期。

10月：10月4日开始，用阉公羊来代替交配的公羊，对母羊进行记录。在母羊交配后2~3星期开始，进行早期妊娠补饲。

11月：检查母羊膘情状况，根据年龄和膘情情况，改善母羊的饲料；如果有足够的棚圈设施提供给冬季羔羊，可以考虑给羔羊剪毛。

12月：12月15日左右，开始补后期妊娠日粮，并购买产羔所要用的饲料添加剂。

1月：给母羊接种疫苗；准备产羔所需要的设施（如畜栏等），检查交配时间，确定产羔日期。

2月：新生羔羊的肚脐用碘浸泡，检查母羊的乳房以保证羔羊能够吮吸母乳；打耳标、画标号、称羔羊体重；羔羊食用初乳一天后将羔羊断尾、去势；如果母羊的蹄子发痒，就对母羊的蹄子进行修剪；当母羊离开畜栏的时候，应考虑对其驱虫；根据羔羊的出生类型（如单胎或双胎），将母羊和羔羊分成若干小群；对产羔的母羊提供泌乳期日粮；一周后，在光线较好并且干燥的幼畜补饲地方，对新生的羔羊提供幼畜补饲日粮。

3月：对羔羊补饲；3月24日，给母羊提供低质量的牧草来准备断奶，在断奶前两天减少对母羊的谷物饲料供给；将生长日粮和补饲日粮混合，作为羔羊日粮；根据前期所做的标记，在断奶以前对羔羊进行免疫接种。

4月：4月1日，羔羊断奶并迁走母羊；草地返青前，给母羊提供低质量的牧草和水；保证给母羊用的垫草干净、干燥，并且在两星期内持续检查母羊是否有乳房炎；给羔羊提供生长日粮。

5月：在生长到40 kg左右时，将后备母羊和市场销售的羔羊分群；当草地可利用的时候，将母羊迁到草地，而早产羔即可销售；当母羊迁到草场3个星期后，对母羊进行驱虫。

（2）晚产羔。

10月：在催情补饲前10 d用兽药驱除蠕虫；检查母羊的蹄子是否需要修剪；对母羊膘情加以评价并分类；10月15日开始按照需要催情补饲母羊；可以考虑进行修剪公羊蹄子，评价其繁殖性能并开始补饲等工作。

11月：如果在3月27日产羔羊，应从11月1日开始公羊母羊同群放牧；从11月18日开始，在公羊身上放不同颜色的标记，通过观察母羊身上的标记来监控公羊的交配效率，并记录交配日期。

12月：12月5日开始，用阉公羊来代替交配的公羊，对母羊进行记录，在母羊交配后2~3星期开始，进行早期妊娠补饲。

1月：检查母羊膘情状况，根据年龄和膘情情况，改善母羊的饲料营养。

2月：2月15日左右，开始补妊娠后期日粮，并购买产羔所要用的饲料添加剂。

3月：给母羊接种疫苗；准备产羔所需要的设施（如畜栏等）；检查交配时间来确定产羔日期；如果有足够的棚圈设施提供给冬季羔羊，可以考虑给羔羊剪毛。

4月：新生羔羊的肚脐用碘浸泡，检查母羊的乳房以保证羔羊能够吮吸母乳；打耳标、画标号、称羔羊体重，羔羊食用初乳一天后，将羔羊断尾、去势；根据羔羊出生的类型（如单胎或双胎），将母羊和羔羊分成若干小群；对产羔的母羊提供泌乳期日粮，一周后，在光线较好并且干燥的幼畜补饲地方，对新生的羔羊提供幼畜补饲日粮。

5月：继续对羔羊补饲，给羔羊接种疫苗；放牧前，对母羊和羔羊进行驱虫，放牧3个星期后，对母羊和羔羊再进行驱虫。

6月：对羔羊进行草地放牧时，考虑在补饲栏里给羔羊持续提供生长日粮。

7月：给羔羊接种疫苗。

8月：牧草质量下降时，羔羊断奶，并给母羊提供低质量的牧草，给羔羊提供生长日粮；保证给母羊用的垫草干净、干燥，并且在两星期内持续检查母羊是否有乳房炎。

四、常见病防治及产科学

（一）羊的常见病及防治方法

1. 急性瘤胃臌胀

症状：多在采食后很快出现腹围膨大。触诊瘤胃充满气体，不留压痕。叩诊呈臌音。听诊瘤胃蠕动音初期增强，后减弱或消失。食欲、反刍、嗳气停止。站立不安，呻吟，拱背，头看腹部，后肢踢腹。呼吸困难，口吐白沫。脉搏快而弱，黏膜发绀，常因窒息、心衰竭而死亡。

治疗：重病畜，立即用粗长针于左肋部穿刺放气，但要缓放。放完气，从长针头内注入止酵药物，如松节油20~40 mL，或来苏尔10~20 mL，福尔马林1~3 mL，鱼石脂5~10 g，加水适量，插入针芯，完后拔出针头，局部消毒。

缓泻止酵，用盐类泻剂或油类泻剂，如人工盐200 g，或硫酸镁（硫酸钠）100~150 g，加鱼石脂10 g，水1 000~1 500 mL；或植物油150~300 mL；或液体石蜡油150~300 mL，加水适量内服。

醋20 mL，松节油3 mL，酒精10 mL混合后一次内服；将少许花椒（新鲜最好）或者茴香放在羊嘴咀嚼，羊张口就能将气体排出；用臭椿枝放在羊嘴上让羊咀嚼排气，柳枝、山桃枝均可代用。

预防：不要饲喂大量豆科植物，不吃露水草和霜化水珠草，不喂发霉及腐败饲料等。

2. 瘤胃积食

症状：采食过量饲料后不久即出现症状，不愿行动，精神沉郁，腹围增大，左腹部隆起，有腹痛感，反刍减少或停止，嗳出恶臭味的气体，并有呻吟声。触诊瘤胃内容物坚实，拳压有压痕；叩诊呈浊音。发病初期瘤胃蠕动音增强，后期减少或消失。鼻镜干燥，呼吸、脉搏均增快，结膜潮红。病后期，瘤胃内容物腐败分解产生有毒物质，可引起中毒。此时病羊四肢发抖，常卧地呈昏迷状态。

治疗：轻者绝食 1~2 d，勤给水喝，按摩瘤胃，每次 10~15 min，可自愈；用盐类和油类泻剂法配合后灌服，如硫酸镁 50 g，石蜡油 80 mL 加水溶解内服；5%氯化钠溶液 50~100 mL，静脉注射，对兴奋瘤胃活动有良好作用；制酵药来苏尔或福尔马林 1~3 mL，或鱼石脂 1~3 g，加水适量内服；强心药，可用 10%安钠咖 1~2 mL，或 20%樟脑水 3~5 mL 皮下或肌内注射；也可使用中药治疗，神曲 9 g，山楂 6 g，大黄 9 g，研末，开水冲服；若瘤胃内容物多而坚硬，一般泻药不易奏效时，应及早实施瘤胃切开术，取出胃内食物。

预防：喂适口性好的饲料时，要限制数量，由少渐多。

3. 肺炎

症状：精神不振、食欲减退或拒食，体温升高至 40~42 ℃，呼吸困难、短促，咳嗽有疼痛感，流出浆液性或脓性鼻液，脉搏快而弱。叩诊肺部，呈浊音或半浊音，在病变周围处带鼓音。可听诊到湿性啰音及黏膜发绀。病情恶化时，因窒息而死。

治疗：

抗生素：青霉素 20 万~50 万 IU，0.5%普鲁卡因 5~10 mL 肌内注射，每天 3 次。或氨苄青霉素、卡那霉素、小诺霉素、麦迪霉素等均可选用。氨苯磺胺：第一天用 16~18 g，分 3 次，每 8 h 服一次。以后用量减到 12 g，分 3 次内服，但连服不得超过 5 d。

中药：黄芩 10 g、知母 5 g、桔梗 5 g、贝母 5 g、元参 5 g、杏仁 10 g、瓜蒌 5 g、枇杷叶 5 g、栀子 5 g、甘草 5 g，一起研成末，开水冲服。

预防：羊舍内应干燥、清洁、通风良好、有阳光。饲料要富有营养而易消化。对病畜进行隔离，并在安静处治疗。

4. 感冒

症状：精神不振，低头，耳下垂，发热，发抖，流清鼻涕，咳嗽，食欲减退，反刍减少或停止，皮毛不整等。个别羊伴有结膜炎和流泪等。

治疗：内服阿司匹林 2~5 g，扑热息痛 1~4 g。也可用安痛定液，或百尔定液 5~10 mL，肌内注射，每天 1 次。若发热不退，可配合青霉素或磺胺类药物治疗。

预防：加强饲养管理，冬季注意防寒保暖。病畜放在清洁干燥、温暖的圈舍里，勤给水喝，饲喂易消化的饲料。

5. 胃肠炎

症状：精神沉郁，喜躺卧，眼半闭，头弯向侧方，食欲废绝，反刍停止。腹壁紧缩，触诊有痛感。肠音增强，初期便秘，后期出现腹泻，粪便似水样，恶臭，混有黏液，甚至有血液。若肠内发酵及腐败产物被吸收，则可引起中毒，使病畜虚脱而死。

治疗：病初期，给轻泻剂，内服石蜡油 50~100 mL，或菜油 100~200 mL，以排除有毒物质。

消炎杀菌可用盐酸黄连素片 0.2~0.5g 内服，或用 1%硫酸黄连素 5~10 mL 肌内注射。或用磺胺脒每千克体重 0.4 g，分 3 次内服。或盐酸四环素 40 万 IU 肌内注射。下泻不止可用鞣酸、鞣酸蛋白或次硝酸铋 2~5 g 内服。为了止泻和吸收毒素，还可用药用炭 5~20 g，硅炭银 5~20 片内服。防止酸中毒可用 5%碳酸氢钠注射液 50~100 mL 静脉注射。强心剂可用安钠咖或樟脑水等。

预防：加强饲养管理，凡是变质、有毒的饲料，禁止喂养。饲料宜清洁，不应该混有泥沙或其他杂物，不要饮死水，变换草料宜逐渐进行。群中病羊应及时隔离观察和治疗，查明原因采取相应措施。

6. 羔羊消化不良

症状：羔羊食欲减少或完全拒乳。精神不振，卧地不起。腹泻，粪便呈糊状，色黑黄或发绿色，有酸臭味，混有未消化小凝乳块，肠音亢进。病重时，食欲绝废，全身衰弱无力，卧地，出现痉挛，角弓反张等神经症状。水样腹泻有时带血，造成脱水及酸中毒。心音混浊，心跳加快，呼吸浅而疾速，最终导致昏迷而死。

治疗：由于病因复杂，应根据具体情况，选用适当药物，进行治疗。

初病下痢不重时，可投喂盐类或者油类缓泻剂，以促使胃肠内有毒物质排出。下痢重者，可投喂止泻药，口服浓茶、次硝酸铋 1~2 g，或活性炭 3~5 g，鞣酸或鞣酸蛋白 0.2~0.5 g，也可用乳酸钙或者碳酸钙，应输入复方氯化钠液及 5%葡萄糖盐液 100~200 mL，并可加入 5%碳酸氢钠液 10~20 mL，防止机体脱水。胃蛋白酶或乳酶生 0.5 g 口服，服胃蛋白酶时加少量稀盐酸效果好。

出现中毒性消化不良时，应使用抑制肠道细菌的药物。磺胺脒 1~2 g，一日 2~3 次内服。黄连素 0.1~0.2 g，日服 2~3 次。另外，土霉素可选用。

预防：加强对妊娠母羊的饲养管理。羔羊尽早吃到初乳，哺乳要定时、定量，不要饥饱不均。羊舍要保温、清洁，不让羔羊饮污染水或吃污染食物等。

7. 羔羊异食

症状：初期个别羔羊的股、腹、尾部被粪尿污染的毛，或羔羊相互啃咬被毛和采食落在地上的羊毛以及舔墙土等。多数羔羊逐渐出现异食现象。羔羊呈现慢性消化障碍，被毛粗乱，生长缓慢，日渐瘦弱。常有下痢，贫血。当有毛球阻塞幽门时，则出现腹痛不安、鸣叫、拱腰、食欲绝废、肚胀、不排粪、磨牙、流口水、气喘。触诊腹部、真胃、肠道或瘤胃内可触到核桃大硬块，有移动感，指压不变形，压迫时羔羊表现有痛感。

防治：每 5 只羔羊，每天喂一个鸡蛋，连蛋壳捣碎，拌在饲料内，或放入奶中饲喂，连喂 5 d，停 5 d，再喂 5 d，可控制食毛癖的发生和发展。若胃或肠道发生阻塞，则应及时手术切开，取出毛球。否则引起坏死，后果严重。圈内脱落的羊毛应随时打扫干净，以免羔羊食入。

(二) 产科学

做好产羔母羊的接产工作，是提高羔羊的成活率和维护母羊健康体况的关键，常见母羊生产情况如下：

1. 产道狭窄

产道狭窄属于一种正常的分娩，但是因为羔羊较大或母羊产道狭窄，羔羊可能在分娩前已经死亡。产前应密切注意母羊，助产员需面向尾部，用手拉出羔羊的一条腿，然后用左手轻轻拉，用右手向前拉羊皮，使羔羊露出前额。下一步绕过羔羊颈部用右手将羔羊向外拉 3~5 cm，仍用左手拉住羊羔的前腿。这时能安全拉伸羔羊的另一条前腿，同时抓住羔羊的两条腿和颈部拉出羔羊，完成分娩。也可尝试首先拉直羊羔的两条腿，然而在这种情况下，如果羊羔大腿部与羔羊头部处于相反的位置，这时分娩就会更加困难。

2. 一条前腿向后

一条前腿向后这种情况与正常分娩很相似。如果右腿向后，使母羊向右侧卧倒，向后的腿处于最上面。用产道狭窄病例的操作方法，先拉出一条腿，然后抓住羔羊头部分的皮肤向外拉出 3 cm。

现在向后的前腿肩部卡在母羊骨盆上部，扭转羊羔同时向外拉。这时的做法向前上方拉羔羊的前腿，向前下方拽羔羊头部。前肩通过盆骨时能够感觉到一个痉挛，之后仅需要直直向前拉出。如果羔羊左腿向后，使母羊向左侧卧倒，向后的前腿位于最上面。掌握这些技巧非常重要，能够简化其他病例。

3. 没有露出腿

如果只是露出头部，应该先判断是一条还是两条前腿在膝关节外弯曲。如果是这样很容易用手指钩出前腿。如果没看见腿，两条腿都从肩部向后。这时如果头的大小适中，把羔羊推进到骨盆中后顺着颈部摸到肩部，用手指钩住前腿将其向外拉。

现在，把前腿从膝关节处伸直，操作过程中要压住趾蹄。把腿向前拉一点，使胎儿蹄部通过骨盆部。校正头部小心向前拉使头部通过盆骨。一旦头部露出，向前拉羔羊的腿，过程同一条前腿向后病例。

4. 胎儿过大

如果由于受骨盆限制不能产出较大的羔羊，一般情况下，是因为胎儿头部的方向不在母羊的纵轴线上。如果在母羊子宫中向上捻转胎儿头部很难矫正其胎位。

翻转母羊使羔羊头部朝下。如果两条前腿都向前伸出，将一条腿转为向后，这时分娩较容易。操作过程与一条前腿向后病例一样。

通常头大肩宽的胎儿会出现难产，即使是体格健壮的母羊也不例外。瘦的、老的、弱的母羊都需要助产。对这种情况，先抓住一条腿往外拉，然后用同一只手拉住第二条腿，同时另一只手的拇指和食指置于羔羊前额和耳朵后撑开母羊的阴户。这需要较大的力气，通常羊羔会滑出。一种好的方法是一旦胎儿肩部露出，仅靠母羊的努力就能产出，或仅仅慢慢拉动胎儿，把产下的羔羊立即放在母羊头部附近，母羊舔干羔羊。如果母羊不愿意立即舔其羔羊和认羔，需要强迫母羊嘴和鼻子接触温暖的羔羊，促使其认羔。

拉宽肩胎儿比拉左腿或右腿屈曲的胎儿容易。直拉时两个肩胛骨正好处于对立位置，成为胎儿最宽的部位，所以必须用力挤压才能使其进入和通过骨盆。在拉的同时旋转胎儿，肩胛骨姿势将发生改变，能够较容易地拉出。

5. 没有露出头部

如果只见前腿，那么头部可能侧弯到胁骨处。这时让母羊侧卧，使胎儿的头位于上面，把胎儿推回到子宫内，尽可能使颈部伸直，使其颈、头部与母羊脊椎平行。现在有些同1。

这是一个难度较大的操作，也可以想其他方法。腿从盆骨伸出后，以后可能需要多次来校正颈头部才能使头部通过骨盆。如果一开始只拽一条腿，头部会回到原先位置，不成功的助产会对母羊造成伤害，也使助产员感到很累。在这种情况下，用产羔索套套住两条前腿，两条腿在子宫内向后靠近，确定产羔索套突出。这时，胎儿肩部在骨盆口不再保持原先位置，在子宫内用手掌将胎儿头部拉直，通过拉产羔索套拉出羔羊。

为了有助于拉出胎儿头部，如果不能用手掌引导，需要一段铁丝。该铁丝必须干净而且较粗。从中间折弯铁丝并形成一个略大于羔羊头的套索，把铁丝扭成一个环。用手掌把这个环送入母羊子宫内，滑过胎儿头部，铁丝盘旋位于胎儿下颚下面，环位于胎儿耳朵后面。这样用产羔套索拉胎儿前腿，通过拉铁丝在子宫中引导下颚。把铁丝套索小心地放在胎儿头部，向外拉之前，确信没有卡在产道皱褶处，因为那样会引起母羊子宫破裂和死亡。如果发现很难在子宫内引导头部，就应该重新调整铁丝套索。

宽胸、大头和直前肢为一体的胎儿是常见的，这些胎儿相对骨盆而言太大以至于前面的方法都不合适。这首先需要在母羊子宫内调换分娩方向，使胎儿尾部和后腿先从产道出来。虽然这种做法有时有困难，但常常能成功。助理助产员抬起母臀部，让助产员找到后腿并拉出后腿。

用这种助产方法取出胎儿后应该给母羊注射抗生素，除非助产员确信产道没有严重的擦伤或是撕裂尿道。

对取出胎儿前尽早作出决定是非常重要，这会减少胎儿进入产道时对其固有的润滑作用和尿道壁的破坏。

6. 后腿先露出

通过后腿牵引胎儿是比较容易的，当胎儿先露出背部时，可能是胁骨被卡住。牵拉时要左右摆动后腿，小心造成胎儿胁骨骨折。当胁骨已经露出时，就较容易完成助产。要注意尽快清理口、鼻中的液体以免羔羊窒息。

7. 只露出尾巴

胎儿推回骨盆直至找到后腿跗关节为止。用手指钩住后腿，再用大拇指将其伸直。朝上牵拉胎儿通过骨盆。用同样方法处理胎儿的另一条后腿。处理同6。

8. 横卧

有时胎儿会横卧在骨盆口处，只能摸到其背部。推进胎儿，能感觉到胎儿的躺卧姿势。如果头部和前腿离骨盆口最近，推胎儿背部，用胎儿过大病例方法处理；否则，用后腿先露出病例的处理方法处理。

9. 双羔同时露出

2~4条腿同时露出时，仅仅腿在骨盆外，常常是处理第一个在侧面的胎儿。

首先，找到一个胎儿的腿和头。把胎儿推回子宫的最深处，目的是用手找到另一条腿。把产羔索套套在胎儿腿上,避免与另外一个胎儿混淆。

把第二胎儿推回,对第一个胎儿实施助产。在类似例子中,把第二条腿推向后,按一条前腿向后助产。首先让最容易的羔羊先产出。

10. 双羔一只后腿露出

一旦确定先露出的是后腿,通常另一个胎儿比较容易先产出。抓住后腿,推回其头部和前腿。对于双羔,饲养员必须判断出哪个胎儿比较容易助产。

总之,顺产是最好,不要轻易拉羊羔,除非母羊处于危急时刻。如果母羊分娩持续 1 h,还没有露出胎儿的任何部位或问题严重时,可进行助产。当拉胎儿时要向外而且斜向下,拉的节奏与母羊努责同步。把手插入母羊的产道以前,先剪短指甲、洗手并涂润滑剂。有些羔羊太大,不能从产道产出。对于这样病例,有必要请兽医做剖腹产挽救母羊。

五、圈舍建设

家畜生产潜力的发挥,在很大程度上受到外界环境的制约。因此,需要通过人为手段给家畜创造了一个比较适宜的外部环境,使之在一定程度上摆脱自然界气候等条件影响,从而使家畜比较充分地发挥其生产潜力。

（一）选址及建设要求

圈舍应选在向阳、干燥、通风的地方,夏季凉爽,冬季保暖,由羊舍（棚）和运动场两部分组成。羊舍面积以每只羊 $0.7 \sim 1.0 \ m^2$ 为宜。运动场要求围墙高 $1.3 \sim 1.5 \ m$,地面平坦,排水流畅。每只羊应不少于 $1.5 \sim 2.0 \ m^2$。

饲槽应设置在运动场,为便于给饲料,最好同运动场的围墙靠在一起。槽高 40 cm 左右,用水泥复面。用钢筋条或木棒做成 10 cm 宽的栏杆,装草喂羊。饲槽一端应设置水槽,供羊只自由饮水。圈舍内要经常保持干燥、卫生、勤清粪,勤垫圈,而且每月应用20%石灰液或5%来苏尔消毒一次。消毒时最好用喷雾器。

（二）羊舍类型

羊舍建设的类型依据气候条件、饲养要求、建筑场地、建材选用、生产习惯和经济实力等条件而定。常见的羊舍类型有房屋式、塑料大棚式等。也可按屋顶形式分为单坡式、双坡式,按墙通风情况有封闭式、敞开式及半敞开式;按地面羊床设置可分双列式、单列式等（图8-3,图8-4）。

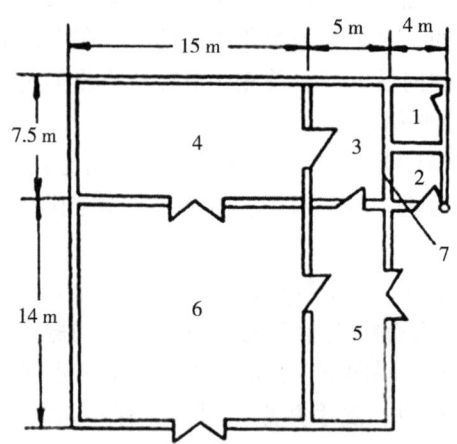

1. 饲料室 2. 饲养员室 3. 产羔圈 4. 母羊圈
5. 羔羊运动场 6. 母羊运动场 7. 观察窗

图8-3 房屋式羊舍结构示意

1. 房屋式

房屋式羊舍是羊场和农民普遍采用的羊舍类型之一。在北方寒冷地区为冬春羊只怀孕产羔期所使用，饮水、补饲多在运动场内进行，室内不设其他设备。羊舍多为砖木结构，建筑也多采用长方形式。

2. 塑料大棚式

塑料大棚式羊舍是将房屋式和棚舍式的屋顶部分用塑料薄膜代替而建造的一种羊舍。这种羊舍具有经济实用、采光保温和通风性好的特点。它既可以利用太阳使羊舍升温，又能防止羊体热量的损失，从而保持羊舍温度。这种暖棚适合于寒冷地区和冬季采用。

棚舍式羊舍改建为塑料大棚式羊舍时，先在棚前2~3 m处筑一高1.5 m、宽0.24~0.37 m的矮墙，矮墙中部留1.5~2.0 m宽的舍门，在棚檐和矮墙之间每隔1 m用木杆或铁杆支撑，上面覆盖塑料薄膜，用木条、铁片等加以固定，并在薄膜与矮墙连接处用泥土压封。棚顶部留一排气孔，在墙左右各留一排气孔，以利舍内空气交换。这种羊舍冬季舍温可比外界气温高10~20 ℃，基本保证了羊越冬的需要。目前，这种羊舍也有完全用钢骨架为主体，围墙及所有部体采用组合体的太阳能活动暖棚。无论何种形式，都要注意喂前打开进气口、排气窗和圈门，逐渐降低舍温，待内外气温大体平衡之后15~20 min，再进行饲喂。同时，塑料薄膜易老化或被硬物碰破，要

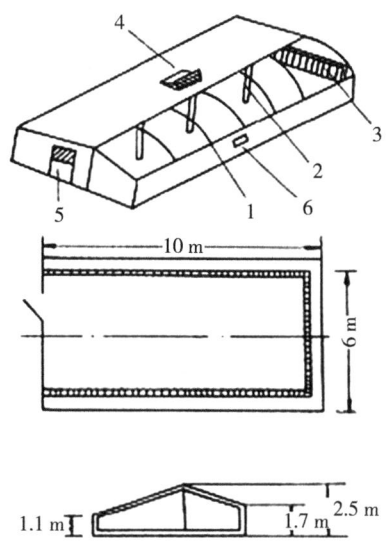

1. 竹片弓形棚架 2. 顶柱 3. 补饲槽 4. 百叶窗排气孔
5. 单扇门 6. 进气孔

图 8-4 单列半拱面塑膜暖棚羊舍构造示意

及时予以修补。

3. 双坡式

(1) 封闭双坡式。这种类型的羊舍,四周墙壁封闭严密,屋顶为双坡,跨度大,保温性能好。适合于舍饲饲养或寒冷地区冬季产羔。但造价较高,有效利用面积偏小。其长度可根据羊的数量适当延长或缩短(图 8-5)。

(2) 半开放双坡式。这种羊舍平面布局可分为曲尺形,也可为长方形。羊舍内可以根据分群饲养的需要分隔成若干个固定羊栏,也可依据羊只多少、产羔需要,用活动隔栏临时分隔,使用较为方便,适合于温暖地区或半农半牧区(图 8-6,图 8-7)。

(三) 羊场附属设施及主要设备

1. 人工授精室

修建的人工授精室要求保温、光亮。配种时要求精液检查室温度 25 ℃,输精、采精室 20 ℃,其他房舍不低于 15 ℃。输精室的采光系数不少于 1∶5。

2. 青贮设施

青贮饲料是农区舍饲或冬春补饲的主要优质粗饲料。为了制作青贮饲

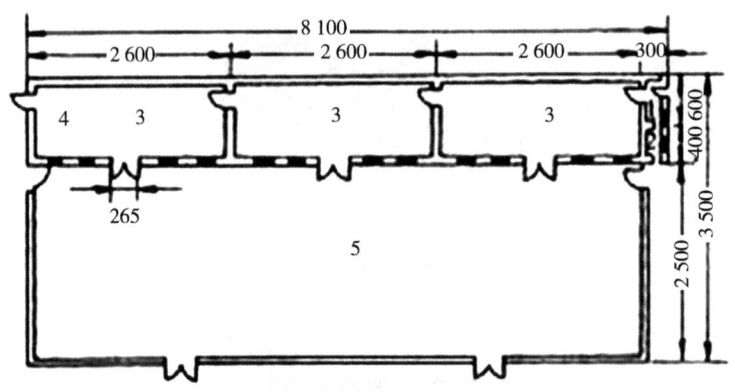

（可容纳600只母羊）（单位：cm）
1. 值班室　2. 饲料间　3. 羊圈　4. 通气管　5. 运动场

图 8-5　封闭双坡式羊舍

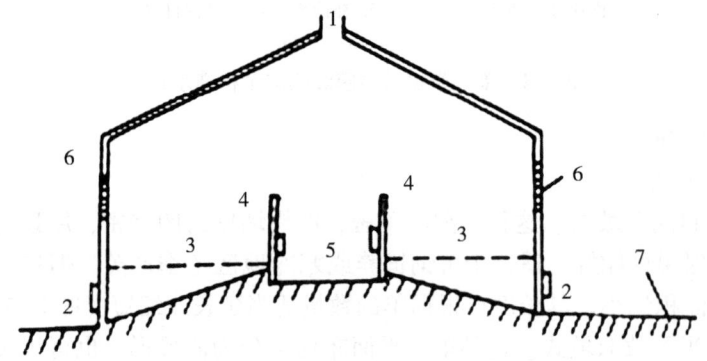

1. 排气孔　2. 排污孔　3. 漏缝地板　4. 羊栏、饲槽　5. 饲喂通道　6. 窗户　7. 运动场

图 8-6　半开放双列式普通羊舍示意

料，应在羊舍附近修建青贮窖或青贮塔等设施。

青贮窖：一般是圆桶形、长方形，为地下式或半地下式，窖壁、窖底用砖、石灰、水泥砌成。窖的容积大小依据羊群规模及其饲喂量决定。每只成年母羊每天可喂青贮玉米秸秆 3.0 kg 左右，每立方米青贮窖（塔）能贮青贮玉米秸秆 450~750 kg。

青贮塔：用砖、石、钢筋、水泥砌成。可直接建造在羊舍旁边，取用方便。并且具有不透气、不渗水、压得紧、损耗少、单位容积贮量多等优点。

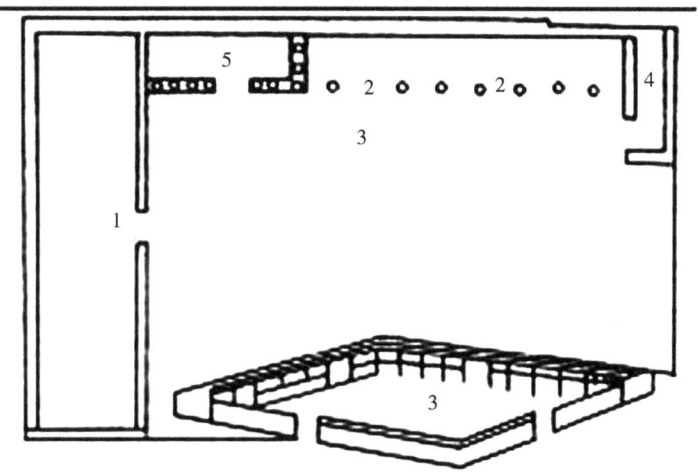

1. 普通羊舍 2. 羊棚 3. 运动场 4. 值班室 5. 贮草圈

图 8-7　半开放单列式普通羊舍构造示意

青贮塔一般直径为 4 m 左右。

3. 药浴池

羊场应修建药浴池，定期给羊药浴，以防治疥癣等体外寄生虫病。药浴池一般为长方形狭长小沟，用砂石、砖、水泥砌成。池的深度不少于 1 m，长约 10 m，上口宽 0.5~0.8 m，池底宽 40~60 cm，以一只羊能通过而不能转身为度。池的入口处为陡坡，以便羊只迅速入池；出口端筑成台阶式缓坡，以便消毒后的羊只攀登上岸。入口端设储羊栏，出口端设滴流台，使药浴后羊只身上多余的药液回流池内。

4. 饲槽和饲草架

固定式永久饲槽：通常在羊舍内，尤以舍饲为主的羊舍应修建固定式永久性饲槽。若为双列式对头羊舍，饲槽应在中间走道两侧；若为对尾式羊舍，饲槽应修在靠窗户走道侧。走道墙高 1.2 m（为半砖墙、水泥抹面、下半截成隔栅状），顺墙用砖、水泥砌成通槽，一般槽高 40~50 cm，上宽 50 cm，深 20 cm，槽底呈圆弧形。隔栅可用钢筋或木料、砖制成。栅间距宜较窄；且每隔 30~40 cm 留一较大栅缝（宽 15 cm），以便羊头伸进栅缝从饲槽中采食草料，避免羊只践踏、污染草料，造成浪费。

悬挂式草架：用竹片、木条或钢筋、三角铁等材料做成的栅栏或草架，固定于墙上，方便补饲干草，避免羊只践踏，减少污染、损失。

第二节　牛饲养管理技术

一、常见品种介绍

（一）肉用牛

1. 夏洛来牛

夏洛来牛原产于法国中西部到东南部的夏洛来省和涅夫勒地区，是举世闻名的大型肉牛品种，自育成以来就以其生长快、肉量多、体型大、耐粗放而受到国际市场的广泛欢迎，早已输往世界许多国家。目前夏洛来牛分布在我国的13个省、自治区、直辖市。

夏洛来牛属于大陆型肉用牛中的大型牛。头小而宽，角圆而较长、向两侧向前方伸展、并呈蜡黄色。颈粗短，体躯呈圆筒状，胸极深、背、腰、臀部肌肉鼓突明显，尻部肌束沟清晰。骨骼结实，四肢强壮。公牛双鬐甲和凹背者甚多。被毛色白或乳白，有的呈黄白色（奶油白色），皮肤及黏膜上有肉色的色素。

夏洛来牛具有体格大、增重快、瘦肉多、适应我国自然条件的特点，其后代体格大，增长速度加快，役用能力增强，是一个最理想的杂交组合。夏洛来牛成年公牛平均为1 100~1 200 kg，母牛700~800 kg。在良好的饲养条件下，6月龄公犊可达250 kg，母犊210 kg。日增重可达1 400 g。该牛作为专门化大型肉用牛，产肉性能好，屠宰率一般为60%~70%，胴体瘦肉率为80%~85%。16月龄的育肥母牛胴体重达418 kg，屠宰率66.3%。夏洛来母牛泌乳量较高，一个泌乳期可产奶2 000 kg，乳脂率为4.0%~4.7%，但该牛纯种繁殖时难产率较高（13.7%）。

2. 海福特牛

海福特牛是英国最古老的早熟中小型肉牛品种之一，原产于英格兰岛，以该岛西部的威尔士地区的海福特县及牛津县等地最为集中。分布在世界许多国家，我国从1964年开始引进，现在在我国分布于17个省、自治区、直辖市。

海福特牛体格较小，骨骼纤细，具有典型的肉用体型；头短，额宽，角向两侧平展且微向前下方弯曲，母牛角前端也有向下弯曲的。颈粗短，垂肉发达。躯干呈矩形，四肢短。毛色主要为浓淡不同的红色，并具有"六白"

(即头、四肢下部、腹下部、颈下、鬐甲和尾帚出现白色)的品种特征。角蜡黄色。

海福特犊牛初生重，公为34 kg，母为32 kg；12个月龄体重达400 kg，平均日增重1 kg以上。成年公牛体重为1 000~1 100 kg，母牛为600~750 kg。出生后400 d屠宰时，屠宰率为60%~65%，净肉率达57%。肉质细嫩，味道鲜美，肌纤维间沉积脂肪丰富，肉呈大理石状。海福特牛具有体质强壮、较耐粗饲、适于放牧饲养、产肉率高等特点，在我国饲养的效果也很好。哺乳期日增重，公牛为1.14 kg，母牛为0.89 kg；7~12月龄日增重，公牛为0.98 kg，母牛为0.85 kg。海福特牛具有抗寒、耐粗、高产、早熟、饲料利用率高、遗传性稳定等优良特性，与本地黄牛杂交的效果很好。但因白头和体小，个别地区农民不大欢迎。

3. 利木赞牛

利木赞牛原产法国中部的利木赞高原，原为役肉兼用牛，1850年开始培育，经50多年的改良和选育，到1900年以后转化为专一的肉用型，现在世界上许多国家都有该牛分布，属于专门化的大型肉牛品种，我国于1974年以来分批引入，重点用于黄牛改良。

利木赞牛为大型肉用品种，头短额宽，肩峰隆起，肉垂发达，体躯长而宽，胸宽而深，背腰较宽，尻平而宽，肌肉丰满，前躯发达，背腰臀及股部的肌肉厚实，四肢较矮，蹄质良好。缺点是生长发育不够均匀，体型不太整齐。它的皮肤厚而较软，有斑点，毛色由棕黄色到深红色，深浅不一，具有明显的三粉特征，即眼圈、鼻端和四肢下端的毛色较浅。角为白色。公牛角较粗短，向两侧伸展略向外卷；母牛角较细，向前弯曲再向上。蹄为红褐色。成年公牛平均体重为1 100 kg、母牛为600 kg。利木赞牛产肉性能高，出肉率高，在肉牛市场上很有竞争力。集约饲养条件下，犊牛断奶后生长很快，10月龄体重即达408 kg，周岁时体重可达480 kg左右，哺乳期平均日增重为0.86~1.0 kg；因该牛在幼龄期，8月龄小牛就可生产出具有大理石纹的牛肉。因此，是法国等一些欧洲国家生产牛肉的主要品种。

利木赞牛体质健壮，性情温顺，适应性强，耐粗饲，食欲旺盛。夏季高温没有厌食与喘息表现，并能正常采食；严冬季节，无弓腰缩体的畏寒表现，喜在舍外采食和运动，不易发生感冒或卷毛现象。

4. 乌珠穆沁牛

乌珠穆沁牛属蒙古牛中的一个优良类群，是在锡林郭勒盟乌珠穆沁草原地区肥美的水草条件下，蒙古族牧民长期人工选择形成的。主要产区内蒙古多为高原和山地。

乌珠穆沁牛体躯较长,胸围粗大,胸宽腿短,近似肉用体型。乌珠穆沁牛成年公牛体高、体长、胸围、管围、体重分别为:(118.9±4.2)cm、(144.7±6.8)cm、(185.3±5.0)cm、(18.4±0.6)cm、(415.4±39.9)kg,成年母牛分别为:(112.8±3.4)cm、(135.3±5.8)cm、(171.2±4.7)cm、(16.1±0.7)cm、(370.0±41.6)kg。乌珠穆沁牛的胸围、体长较内蒙古西部牛分别大17.3%、10.2%,一岁半阉牛皮厚为0.54 cm,较同龄三河牛厚17.4%。皮下结缔组织比较发达,脂肪沉积能力强。被毛密而性,冬季绒毛厚。这些均为生态地理特征,使它在严峻的条件下能安全越冬,正常繁殖。

5. 秦川牛

秦川牛因产于陕西关中的"八百里秦川"而得名。其中以渭南、蒲城、扶风、岐山等15个县市为主产区,尤以礼泉、乾县、扶风、咸阳、兴平、武功和蒲城等7个市县的牛最为著名。

秦川牛属大型牛,骨骼粗壮,肌肉丰厚,体质强健,前躯发育好,具有役肉兼用牛的体型。被毛细致有光泽,毛色多为紫红色及红色;鼻镜肉红色;部分个体有色斑;蹄壳和角多为肉红色。前躯发育良好而后躯较差;公牛颈上部隆起,鬐甲高而厚,母牛鬐甲低,荐骨稍隆起,缺点是牛群中常见有尻稍斜的个体。

该品种役用性能好,肉用性能突出,经过数十年的选育,秦川牛不仅数量大大增加,而且牛群质量、等级、生产性能也有很大提高。

6. 南阳牛

南阳牛原产于河南省南阳地区白河和唐河流域的广大平原地区,以南阳市郊区、南阳市、唐河、邓州等9个县市为主要产区,属大型役肉兼用品种。

该品种毛色以深浅不一的黄色为主,另有红色和草白色,面部、腹下、四肢下部毛色较浅。体型高大,结构紧凑,公牛以萝卜头角为多,母牛角细;鬐甲较高,肩部较突出;背腰平直,荐部较高;额微凹,颈短厚而多皱褶。部分牛胸欠宽深,体长不足,尻部较斜,乳房发育较差。南阳牛产肉性能良好,适应性强,采食性和生长能力均较好。

7. 晋南牛

晋南牛产于山西省南部晋南盆地的运城地区,属我国大型役肉兼用品种。该品种体型粗大,体质结实,前躯较后躯发达;公牛头中等长,额宽,顺风角,颈较短粗,垂皮发达,肩峰不明显;胸部发达,臀端较窄;母牛头清秀；乳房发育较差。毛色以枣红色为主，红色和黄色次之，富有光泽；鼻镜粉红色。晋南牛不仅役用性能良好，持久力大，而且肉用性能也较好。

8. 鲁西牛

鲁西牛产于山东南部的菏泽地区、济宁市，以郓城、鄄城、菏泽、嘉祥等10市县为中心产区，另外在鲁南地区、河南东部、河北南部、江苏和安徽北部也有分布。

该品种鲁西牛体躯高大，结构紧凑，肌肉发达，前躯较宽深，具有肉用牛的体型。被毛从浅黄色到棕红色，以黄色为最多，多数具有三粉特征（眼圈、口轮、腹下四肢为粉色）；垂皮较为发达，角多为龙门角；公牛肩峰宽厚而高，母牛后躯较好，起鬐甲低平；背腰短，尾毛多扭生如纺锤状。

鲁西牛役用性能好，肉用性能良好。该牛皮薄骨细，肉质细嫩，大理石纹明显，市场占有率较高。总体上看，鲁西牛的以体大力强、外貌一致、品种特征明显、肉质良好而著称，但存在成熟较晚、增重较慢、后躯欠丰满等缺陷。

9. 延边牛

延边牛产于吉林省延边朝鲜族自治州以及朝鲜，尤以延吉、珲春和龙及汪清等市县的牛著称。现东北三省均有分布，属寒温带山区役肉兼用品种。

该品种毛色深浅不一的黄色，鼻镜呈淡褐色，被毛密而厚、有弹力；胸部宽深；公牛颈厚隆起，母牛乳房发育较好。成年公牛活重465.5 kg，母牛365.2 kg；成年公牛体高为130.6 cm，母牛121.8 cm，体长分别为151.8 cm、141.2 cm。该牛适于水田作业，善走山路，具有耐寒、耐粗，抗病力强，适应性良好等特点。

（二）乳用牛

1. 荷斯坦牛

荷斯坦牛原产于荷兰北部的北荷兰省和西弗里生省，其后代分布到荷兰全国乃至法国北部以及德国的荷斯坦省。荷斯坦牛的培育历史十分悠久，早在15世纪荷斯坦牛就以产奶量高而闻名于世。荷斯坦牛是世界上分布最广、最著名的大型乳用牛。由于各国对其选育方向不同，牛群状况各有其特点，有的被冠以本国名称，有的仍有原产地命名。中国荷斯坦牛由于各省情况不同，各地的品种特征和性能也有所区别。

荷斯坦牛具有典型的乳用型牛外貌特征，成年母牛体型从前望、上望、侧望均呈楔形，后躯发达；体格高大，结构匀称，被毛细短；乳房庞大，发达且结构良好，乳静脉粗大而多弯曲，乳头大小适中匀称；毛色特点为界限分明的黑白花片，额部多有白星，四肢下部，腹下和尾尖为白色毛。

荷斯坦牛成年公牛体重900~1 200 kg，母牛650~750 kg，犊牛初生重平均40~50 kg，甚至高达55~60 kg。母牛平均年产奶量一般为6 000~7 000 kg，含脂率3.6%~3.8%。高产优质奶牛其年平均产奶量已高达8 500~9 000 kg。

2. 新疆褐牛

新疆褐牛原产于新疆伊犁、塔城等地区。由瑞士褐牛及含有该牛血液的阿拉塔乌牛与当地黄牛杂交育成。

该品种被毛为深浅不一的褐色，额顶、角基、口轮周围及背线为灰白色或黄白色。体躯健壮，肌肉丰满。头清秀，嘴宽，角大小中等，向侧前上方弯曲，呈半椭圆形；颈适中，胸较宽深，背腰平直。成年公牛体重950.8 kg，母牛430.7 kg，平均产乳量2 100~3 500 kg，高的可达5 162 kg，乳脂率4.03%~4.08%。具有适应性好，产肉性能好，适应性强，抗病力强等特点。

（三）乳、肉兼用牛

1. 西门塔尔牛

西门塔尔牛原产于瑞士西部的阿尔卑斯山区，主要产地为西门塔尔平原和萨能平原。20世纪初引入我国内蒙古呼伦贝尔市的三河地区和滨州铁路沿线。西门塔尔牛分布在我国东北的森林草原和科尔沁草原，中南的南岭山脉和其他山区，新疆的广大草原和青藏高原等地。西门塔尔牛适应性强，成为世界上分布最广，数量最多的乳、肉、役兼用品种之一。西门塔尔牛在我国现分布于黑龙江、吉林、内蒙古、河北、山西、河南、山东、浙江、湖南、湖北、四川、甘肃、青海、新疆和西藏15个省、自治区。

西门塔尔牛毛色为黄白花或淡红白花，头、胸、腹下、四肢及尾尖多为白色，皮肤为粉红色，头较长，面宽，属宽额牛，角较细为左右平出、向前扭转、向上外侧挑出，角尖肉色。颈长中等；体躯长，呈圆筒状，肌肉丰满；前躯较后躯发育好，胸深，尻宽平，四肢结实，大腿肌肉发达；乳房发育好，成年公牛体重平均为800~1 200 kg，母牛650~800 kg。

西门塔尔牛乳、肉用性能均较好，平均产奶量为4 070 kg，乳脂率3.9%。该牛生长速度较快，平均日增重可达1.0 kg以上，生长速度与其他大型肉用品种相近。胴体肉多，脂肪少而分布均匀，公牛育肥后屠宰率可达65%左右。成年母牛难产率低，适应性强，耐粗放管理。总之，该牛是兼具乳牛和肉牛特点的典型品种。

2. 草原红牛

草原红牛是以乳肉兼用的短角公牛与蒙古母牛长期杂交育成的，主要产于吉林白城地区、内蒙古赤峰市、锡林郭勒盟及河北张家口地区。1985年经国家验收，正式命名为中国草原红牛。目前约有草原红牛总头数达14万头，主要分布于内蒙古的赤峰市、锡林郭勒盟、乌兰察布市、鄂尔多斯市和巴彦淖尔市，吉林省白城地区的通榆、镇赉、大安、洮安、乾安、长岭等县，以及河北省的张家口和张北县等地。

草原红牛被毛为紫红色或红色，部分牛的腹下或乳房有小片白斑。体格中等，头较轻，大多数有角，角多伸向前外方，呈倒八字形，略向内弯曲。颈肩结合良好，胸宽深，背腰平直，四肢端正，蹄质结实。乳房发育较好。成年公牛体重700~800 kg，母牛为450~500 kg。犊牛初生重30~32 kg。适应性强，耐粗饲。夏季完全依靠草原放牧饲养，冬季不补饲，仅依靠采食枯草即可维持生活。对严寒酷热气候的耐力很强，抗病力强，发病率低，当地以放牧为主。其肉质鲜美细嫩，为烹制佳肴的上乘原料。皮可制革，毛可织毯。

3. 三河牛

三河牛是我国培育的第一个乳肉兼用品种，原产于内蒙古自治区的呼伦贝尔草原，因集中分布在额尔古纳市的三河地区（根河、得勒布尔河、哈布尔河地区）而得名。三河牛90%分布在呼伦贝尔市，其次分布在兴安盟、通辽市、锡林郭勒盟。

三河牛毛色以红（黄）白花为主，花片分明，头白色，额部有白斑，四肢膝关节下部、腹部下方及尾尖为白色。体格高大，骨骼粗壮，结构匀称，四肢强健，肌肉发达，性情温驯。头清秀，有角，粗细适中，稍向上向前方弯曲，少数牛角向上。乳房大小中等，质地良好，乳静脉弯曲明显，乳头大小适中，分布均匀。成年公、母牛的体重分别为1 050 kg和547.9 kg，体高分别为156.8 cm和131.8 cm。犊牛初生重，公犊为35.8 kg，母犊为31.2 kg。6月龄体重，公牛为178.9 kg，母牛为169.2 kg。从断奶到18月龄之间，在正常的饲养管理条件下，平均日增重为500 g，从生长发育来看，6岁以后体重停止增长，三河牛属于晚熟品种。

三河牛产奶性能好，年平均产奶量为4 000 kg，乳脂率在4%以上。在良好的饲养管理条件下，其产奶量会显著提高。三河牛的产肉性能好，肉质良好。瘦肉率高。2~3岁公牛的屠宰率为50%~55%，净肉率为44%~48%。三河牛耐粗饲，耐寒，抗病力强，适合放牧，但由于三河牛来源复杂，个体之间差异大，无论在外貌上或是生产性能上表现均不一致。

二、生物学特性

（一）牛生活习性

1. 合群性

牛的合群性很强，利用合群性，可以大群放牧，节省劳力。这种本能与其模仿行为有关，当群体中有一头领头的牛做某一动作时，其他个体往往也跟着做同样的动作，大多数牛群中存在着良好的群居等级，出牧、过河、过桥、饮水、换草地等，只要有领头家畜先行，其他个体就尾随而来，管理方便。

2. 性情

公畜比母畜好斗，去势的公畜性情温驯。乳用牛比其他用途的性情温驯，高产的乳牛也较温和，即使密切靠近也不致相互抵斗。

3. 采食性

放牧饲养的牛喜欢采食含蛋白质多、粗纤维少的豆科牧草，能够依据牧草的外表和气味，识别不同的植物；如果牧草青嫩，则采食时间长而反刍时间短，如果粗纤维含量高或青干草，则采食时间短，而反刍时间长。在牛羊混放的草场上，牛善于利用较大较高的牧草，而羊则可以利用牛所不能利用的小草，在半荒漠地区牧场上的各种植物，牛不能很好利用或完全不能利用的植物占66%，而绵羊和山羊仅为38%，牛羊除白天采食外，夜间还需一定的采食量，因此，不管是舍饲还是放牧的牛羊，晚上必须加夜草，对于高产和肥育中的家畜尤为重要。

4. 环境

喜欢干燥清凉，耐寒冷，怕湿热；喜爱清洁，对有异味的草料及受粪尿污染的水源拒食。

5. 适应性和抗病力强

牛的适应性很强，在我国各地都有分布，能够很好地利用农牧区各类型自然条件下提供的草料，发展前景很好。抗病力很强，特别是一些古老品种，在一些潮湿多寄生虫的地方，也能很好地生存，正是由于抗病力强，往往在发病初期不易被发现，没有经验的饲养员一旦发现病畜，多半病情已很严重。因此，必须时刻细致观察，尽早发现，及时采取治疗措施。

(二) 消化特点

牛的胃由四个部分组成,占据腹腔的绝大部分空间,容纳着所进食的草料。每个部分在饲料的消化过程中都有特殊的功能。

1. 胃的组成

(1) 瘤胃。俗称"草包",体积最大,是细菌发酵饲料的主要场所,有"发酵罐"之称。容积因牛大小各异,一般牛为 94.6 L。瘤胃是由肌肉囊组成,通过蠕动使食团按规律流动。

(2) 网胃。也称"蜂巢胃",靠近瘤胃,功能同瘤胃。还能帮助食团逆呃和排出胃内的发酵气体（嗳气）,但当饲料中混入金属异物时,易在网胃底沉积或刺入心包。

(3) 瓣胃。也称"百叶肚",位于瘤胃右侧面,占 4 个胃的 7%,其功能是榨干食糜中的水分和吸收少量营养。

(4) 皱胃。也称真胃,产生并容纳胃液和胃酸,也是菌体蛋白和过瘤胃蛋白被消化的部位。食糜经幽门进入小肠,消化后的营养物质通过肠壁吸入血液。

2. 消化生理现象

(1) 反刍。反刍动物将采食的富含粗纤维的草料,在休息时逆咽到口腔,经过重新咀嚼,并混入唾液再吞咽下去的过程叫反刍。通过反刍粗饲料被二次咀嚼,混入唾液,以增大瘤胃细菌的附着面积。

(2) 唾液分泌。为适应消化粗饲料的需要,牛分泌大量富含缓冲盐类的腮腺唾液。唾液中含有黏蛋白、尿素及无机盐等,能维持瘤胃内环境,浸泡粗饲料,对保持氮素循环起着很重要的作用。

(3) 食物沟及食道沟反射。食道沟始于贲门,延伸至网胃—瓣胃口,是食道的延续,收缩时成一中字管子（或沟）,使食物穿过瘤—网胃,直接进入瓣胃。在哺乳期的犊牛食道沟可以通过吸吮乳汁而出现闭合,称食道沟反射,使乳汁直接进入瓣胃和真胃,以防止乳进入瘤—网胃而引起细菌发酵及消化道疾病。

(4) 瘤胃发酵及嗳气。瘤胃、网胃中寄生着大量的细菌和原虫。这些微生物不断发酵着进入瘤胃中的饲料营养物质,产生挥发性脂肪酸及各种气体（CO_2、CH_4、H_2S、NH_3、CO 等）。这些气体只有不断通过嗳气动作排出体外,才能防止胀气,当牛采食大量带露水的豆科牧草和富含淀粉的根茎类饲料时,瘤胃发酵作用急剧上升,所产气体来不及嗳出时,会出现"胀气",应及时采取机械放气和灌药止酵,否则会窒息死亡。

（三）营养特点

1. 碳水化合物营养特点

碳水化合物是自然界分布极广的一种有机物质，是植物性饲料的主要组成，含量可占其干物质的 50%~80%。碳水化合物在牛消化中分解的终产物，不像单胃动物那样以葡萄糖为主，而是以低级挥发性脂肪酸（VFA）为主，作为能源或构成体组织的原料。

2. 能够利用非蛋白氮（NPN）

瘤胃微生物的活动要求一定氨的浓度，而氨的来源是通过分解食物中的蛋白质而产生的。因此，不论是奶牛，还是肉牛，饲料中均匀加入一定浓度的非蛋白氮，如尿素、铵盐等，增加瘤胃中氨的浓度，有利于蛋白质的合成，可节约蛋白质，降低饲料成本，提高经济效益。

3. 能有效地利用粗饲料

在牛的饲料中必须有 40%~70% 的粗饲料，才能保证牛正常的消化生理需要，即使在高强度肥育条件下的颗粒饲料，也必须保证粗饲料的比例。这就能够有效地利用价格低廉、来源广泛的粗饲料。

4. 不需要额外添加维生素

在青贮饲料、青草及胡萝卜等正常供应的情况下，日粮中不需要添加合成的维生素。

三、乳用牛生产管理

（一）乳用牛的外貌特征

乳用牛的体型，其侧望、俯望、前望的轮廓均趋于三角形（图8-8）。侧望，将乳房底部与腹线连成一条直线，与背线延长线在牛头前方相交，构成三角形。这表明乳用牛前躯浅，后躯深，消化系统、生殖器官和泌乳系统发育良好，产乳量高；前望，由鬐甲顶点分别向左右肩部作直线，与胸下水平线相交构成三角形。这表明甲和肩部肌肉不多，胸部宽阔，肺活量大；俯望，由鬐甲分别向左右腰角引直线，与两腰角连线相交构成三角形。这表明牛体后躯宽大，发育良好。

乳用牛被毛细短而具有光泽，皮薄、致密而有弹性。骨骼细致而坚实，关节明显而健壮，肌腱分明，肌肉发育适度，皮下脂肪少，血管显露，体态清秀优美。头较小而狭长，表现清秀。颈狭长而较薄，颈侧多纵行皱纹，垂皮较小。鬐甲长平，肩不太宽而稍倾。胸部发育良好，肋长，适度扩张，肋

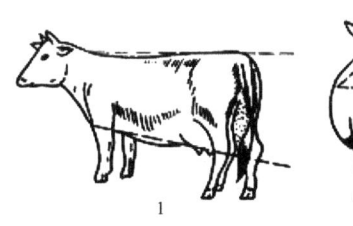  

图 8-8　乳牛体型模式图
1. 侧望　2. 俯望　3. 前望

骨斜向后方伸展。背腰平直，腹大不下垂。尻长、平、宽、方，腰角显露。尾细，毛长，尾帚低于飞节。四肢端正、结实。蹄质坚实，两后肢间距离较宽。乳房发育充分，皮肤薄软，毛短而稀，四个乳区发育匀称。乳房前部附着腹壁深广，后部附着高，向两后肢后方突出。乳镜充分显露。乳头分布均匀，呈圆柱状，粗细长短适中。乳静脉粗大、弯曲多，乳井大而深。

（二）影响泌乳性能的因素

影响乳牛泌乳的因素很多，概括起来有遗传因素、生理因素和环境因素三个方面。

1. 遗传因素

影响乳牛泌乳的遗传因素主要是品种和个体因素。

2. 生理因素

（1）年龄和胎次。乳牛泌乳能力随年龄和胎次增加而发生规律性的变化。初产母牛的年龄在 2 岁半左右，由于本身尚在生长发育阶段，所以产乳量较低。以后，随着年龄和胎次的增长，产乳量逐渐增加。待到 6~9 岁，即第 4~7 胎时，产乳量达一生中的最高峰。10 岁以后，由于机体逐渐衰老，产乳量又逐渐下降。

（2）泌乳期。母牛从产犊开始泌乳到停止泌乳为止的这段时间称为泌乳期，乳牛在一个泌乳期中产乳量呈规律性的变化：分娩后头几天产乳量较低，随着身体逐渐恢复，日产乳量逐渐增加，在第 20~60 d 日产乳量达到该泌乳期的最高峰（低产母牛在产后 20~30 d，高产母牛在产后 40~60 d）。维持一段时间后，从泌乳 4 个月开始又逐渐下降。泌乳 7 个月之后，迅速下降。泌乳 10 个月左右停止泌乳。全期每日产乳量形成一个动态曲线，称为"泌乳曲线"。该曲线反映了乳牛泌乳的一般规律，在生产实践中，可按照这一规律来掌握生产周期，安排生产作业。

(3) 干乳期。从停止挤乳到分娩这段时间称为干乳期。母牛干乳期一般为 50~60 d，其长短，应根据每头母牛的具体情况来决定。5 岁以上的母牛，干乳期确定为 40~60 d，同时供给充足的日粮营养水平，对下胎产乳量没有影响。

(4) 发情与妊娠。母牛发情期间，由于性激素的作用，产乳量会出现暂时性的下降，其下降幅度为 10%~12%。在此期间，乳脂率略有上升。母牛妊娠对产乳量的影响明显而持续。妊娠初期，影响极微。从妊娠第 5 个月开始，泌乳量显著下降，第 8 个月则迅速下降，直至干乳。

(5) 初产年龄。乳牛的初产年龄不仅影响头胎产乳量，而且影响终身产乳量。初产年龄过早，产乳量较低，常因个体发育及泌乳器官的发育受阻而影响健康；初产过晚，产乳胎次减少，从饲养成本上看是不合算的。实践证明，育成母牛体重达成年母牛体重的 70% 以上时配种，在 24~26 月龄产第一个犊比较合适。

3. 环境因素

(1) 饲养管理。乳牛的饲养方式、饲喂方法等，都对产乳量有影响。但营养物质的供给，对产乳量的影响最为明显。

(2) 挤乳与乳房按摩。正确的挤乳和乳房按摩是提高产乳量的重要因素之一。挤乳技术熟练，适当增加挤乳次数，能提高产乳量。挤乳前用热水擦洗乳房和按摩乳房，能提高产乳量和乳脂率。

(3) 产犊季节。在我国目前条件下，母牛最适宜的产犊季节是冬季和春季。因为母牛在分娩后的泌乳盛期，恰好是青绿饲料丰富和气候温和的季节。此期母牛体内催乳素分泌旺盛，又无蚊蝇侵袭，有利于产乳量的提高。夏季虽然饲料条件好，但由于气候炎热，母牛食欲不振，影响产乳量。实践证明，在 12 月、1 月、2 月、3 月产犊的母牛全期产乳量较高，在 7—8 月产犊的母牛全期产乳量较低。

(4) 外界气温。黑白花牛对温度的适应范围是 0~20 ℃，最适宜的温度是 10~16 ℃。

(5) 疾病。母牛在患病和损害健康的情况下，其泌乳量也随之降低，尤其是母牛的泌乳器官发生疾病，如乳房炎、乳头受伤时，产乳量的下降更为显著。其他如肺结核、布鲁氏菌病、口蹄疫等，均可使产乳量下降。

(三) 乳用牛的饲养管理技术

1. 种公牛的饲养管理技术

种公牛对牛群发展和改良起着极其重要的作用。饲养管理上的任何疏忽，都会造成种公牛体质或性格的变坏，精液品质下降，甚至失去种用价值。因此，加强种公牛的饲养管理，对保证公牛体格健壮，提高精液品质与延长使用年限都是十分重要的。

(1) 生长期公牛的饲养。留作种用的公犊，生后4月龄与母犊分开饲养。哺乳期5~6个月，喂全乳或脱脂乳饲养，为公犊充分生长发育提供充足的营养。断乳后的青年公牛，最好喂给优质豆科干草，混合精饲料可用麸皮、玉米（或大麦）、燕麦、豆饼（或胡麻饼）各25%组成，另加1%食盐，微量元素和维生素添加剂0.2%，精饲料喂量一般按总进食量的50%供给，以保证其充分生长发育。

(2) 成年公牛的饲养。成年种公牛开始配种或采精以后，应该喂给全价营养平衡日粮，精饲料比例以占总营养水平的50%为宜，同时供给优质粗饲料。种公牛应保证充足的饮水，水质良好、清洁，冬季水温不可过低。冬季每日饮3次，夏季4~5次。在配种或采精前后、运动前后各0.5 h内都不要饮水。

2. 育成牛的饲养管理技术

犊牛是指出生到6月龄的牛，育成牛是指7月龄到初配前的牛。它们共同的特点是生长发育旺盛、可塑性强。

(1) 犊牛。乳用犊牛在哺乳的方式上，一般实行人工喂乳，但哺喂初乳除外。犊牛经1周初乳哺喂后，便转入常乳哺喂。目前国内大部分乳用犊牛哺乳期为2~3个月，喂乳量300~400 kg。而少数个体大或高产的牛群仍哺乳3~4个月，喂乳量600~800 kg。具体掌握：1月龄内以常乳为主要营养来源，每日喂量为犊牛体重的8%~12%；2~3月龄犊牛体重增加，常乳中能量、铁质和维生素C等不能满足其生长发育需要，需由常乳向喂植物性饲料逐渐过渡，喂乳量逐渐减少，喂饲料量逐渐增加，到断乳时转为全部喂植物性饲料。犊牛生后1周就开始训练吃干草，生后10 d开始训练吃干粉精饲料，一般将麦麸、大麦、豆饼、玉米混合粉碎，再加少量食盐混成干粉状，开始时每日每头喂15~25g，以后逐渐增加，到2月龄时每日每头可采食500g。犊牛生后2月龄开始训练吃多汁饲料和青贮饲料，到4月龄时，犊牛每天可吃青贮料4~5 kg，此时犊牛消化机能迅速完善。

喂乳要定时、定量、定温，1个月龄内每日喂乳3次，喂乳量减少后可改为日喂2次。生后1周开始训练喂水，水温37~38 ℃，经过10~15 d，改饮清洁凉水。

(2) 育成牛。育成牛生长发育迅速，发病较少，与成年后生产性能的高低有十分重要的关系。在舍饲条件下，育成母牛日粮干物质按每 100 kg 体重供给 2.5 kg；粗蛋白水平 7~12 月龄为 14%，13~18 月龄为 12%；产奶净能水平 7~12 月龄为 1.40~1.60 MJ，13~18 月龄为 1.30~1.40 MJ；钙、磷水平分别为 0.41% 和 0.30%，钙、磷比为 1.3：1。

育成母牛受胎后，一般情况下仍按育成牛饲养，仅在分娩前 2~3 个月才需要加强营养，为胎儿发育和产后泌乳做准备。尤其是对维生素 A、钙和磷应充分供应。精饲料喂量可根据育成牛的体况逐渐增至 4~7 kg，以适应产后大量喂精饲料的需要。

育成牛应按性别、年龄、体重分群饲养。公母犊应在 6 月龄转群时分开管理。定期称量体重，测量体尺，检查生长发育状况。注意掌握适时配种，母牛 16~18 月龄、体重达 350 kg 时便可配种。

3. 乳用母牛的饲养管理技术

（1）乳用牛饲养标准。乳用牛体重不同、产乳量不同，其每日的营养需要也不同，为满足产乳母牛不同生理阶段对各种营养物质的需要量，在乳牛业发达的国家一般都制订有本国的饲养标准，我国也不例外。

（2）日粮配合。配合日粮的饲料要多样化，力求做到各种营养物质之间的平衡。日粮必须有一定的容积，以干草和青贮饲料为基础，配合精饲料、块根、糟粕和矿物质等饲料组成。

一般情况下，乳牛按每 100 kg 体重采食优质干草 2.5~3.5 kg。喂给玉米青贮和块根块茎类饲料时，可按比例折算少喂干草（每 3 kg 青贮饲料干物质相当于 1 kg 干草）。

（3）饲料的供喂原则。在牛的饲养中，要根据乳牛的营养需要，先用青粗饲料来满足，然后用精饲料补充，泌乳牛的产乳量越高，精饲料比例越大。当日产乳量为 10 kg 时，粗饲料与精饲料的大致比例为 7：3；产乳量为 20 kg 时，粗饲料与精饲料的大致比例为 6：4；产乳量为 25 kg 时粗饲料与精饲料的大致比例为 4.5：5.5；日产乳量为 30 kg 时，粗饲料与精饲料的大致比例为 4：6。粗、精饲料比例按干物质计算。

（4）乳用牛一般管理技术。

①饲喂技术：饲喂乳牛要定时定量，以使牛的消化液的分泌形成规律，增强食欲和消化能力。每日饲喂次数与挤奶次数相同，一般为 3 次。每次饲喂要少喂勤添，由少到多。饲料类型的变换要逐渐进行。饲喂顺序，一般是先粗后精，先干后湿，先喂后饮，以刺激牛胃肠活动，保持旺盛食欲。

②饮水：水是牛体不可缺少的营养物质，对产乳母牛特别重要。日产

50 kg 的乳牛每天需要饮水 50~75 kg。因此，必须保证乳牛每天有足够的饮水，同时要注意饮水卫生。冬季水温不宜太低，夏季炎热应增加饮水次数。

③运动：运动有助于消化，增强体质，促进泌乳。运动不足，牛易肥胖，会降低泌乳性能和繁殖力，易发生肢蹄病，故应保证适当的运动。乳牛每天应保持 2~3 h 的户外运动，晒太阳和呼吸新鲜空气。

④刷拭和护蹄：刷拭可保持牛体清洁卫生，增强皮肤新陈代谢，改善血液循环。刷拭方法：饲养员以左手持铁梳，右手拿软毛刷，由颈部开始，从前向后，从上向下，依次刷拭。中后躯刷完后再刷头部，最后刷四肢及尾部。刷拭时用软刷先逆毛后顺毛，刷一次在铁梳上刮掉污垢，每刷 2~3 次后随即敲落铁梳上积留的污垢。刷拭宜在挤乳前 30 min 进行，以免尘土飞扬，污染牛乳。

乳牛肢蹄患病，会降低生产性能，减少利用年限。因此应经常保持牛蹄壁及蹄叉清洁，清除附着的污物。为防止蹄壁破裂，可经常涂凡士林等。蹄尖过长要及时修整，修蹄一般在每年春秋定期进行。为保持牛蹄清洁，乳牛活动的场所应保持清洁干燥，不要让牛站在泥水中。

⑤防暑防寒：荷斯坦牛最适宜的外界环境温度为 12~15 ℃。夏季要特别注意搞好防暑工作，有条件的可在牛舍内安装电风扇。牛舍周围及运动场上，应植树遮阴。适当喂给青绿多汁饲料，增加饮水，消灭蚊蝇。冬季牛舍注意防风，保持干燥。不给牛饮冰碴水，水温最好保持在 12 ℃ 以上。

(5) 泌乳期各阶段的饲养管理技术。

①泌乳初期：乳用母牛产犊后的 15~20 d 称泌乳初期，又叫恢复期。母牛产后气血亏损，消化机能弱，抗病力差，生殖器官处于恢复阶段；乳腺机能又发育旺盛，产乳量逐日上升。因此，要加强饲养管理，促其体质尽快恢复，并防止产后瘫痪等疾病的发生。

母牛产后，应以优质干草和全价日粮饲养。根据其生理特点，产后 3 d 内，可自由采食优质干草，并用温水拌麸皮饮用（一般用 0.5 kg 麸皮）。产后 4~5 d，日粮中加进少量青草、青贮及块根饲料，以 4~5 kg 为宜。以后随着乳房水肿的消除和产奶量的上升逐步增加喂量。6 d 后，日粮中加入 0.5~1 kg 精饲料，以后每隔 2~3 d 增加 0.5~1 kg。一般在产后 10~14 d 便可按标准喂料。有的母牛产后乳房没有水肿现象，身体健康，食欲旺盛，可提早喂给精饲料和多汁饲料，6~7 d 后便可达到标准喂量。增加喂料量应稳妥进行，增料的同时应随时观察牛的食欲、乳房状况、行为及粪便等，如有异常，要及时调整喂量。要注意控制多汁饲料和精饲料的喂量，不要急于催奶，以免加重乳房水肿。粗饲料尽量多喂，以保持牛的食欲，为日后高产创造条件。

母牛产犊后 30~60 min 即可挤奶。为了促进体质恢复，及早消除乳房水肿，最初几天不要把乳汁全部挤净。具体做法是：产后第一天每次只挤 2 kg 左右，够犊牛饮用即可，第二天挤产乳量的 1/3，第三天为 1/2，第四天为 3/4，第五天可全部挤净。为尽快消除乳房水肿，每次挤乳时要坚持用 50~60 ℃温水擦洗乳房，先用湿毛巾趁热温敷，然后按摩乳房。为防止压坏乳房，可多铺清洁干燥柔软的垫草。

②泌乳盛期：乳牛产犊后 15~20 d 至 2 个月左右，高产牛可延续到 3 个月，这段期间称为泌乳盛期，即产乳高峰期。主要是为提高产乳量创造有利条件，供给充足的营养，以使乳牛产乳潜力充分发挥，使泌乳高峰持续时间延长。因此，每日除供给优质青贮饲料、块根饲料外，还应供给足够的混合精饲料。混合精饲料的种类及比例，可按当地饲料资源选择，一般配合的比例大致为：玉米或大麦 50%，糠麸类 20%~25%，豆饼 20%~25%，食盐 2%。在本阶段除按常规饲养管理程序安排生产外，为提高产乳量，又确保体质健康。

③泌乳中后期：泌乳盛期过后就进入泌乳中后期。此期的特点是泌乳量逐渐下降，逐月递减 5%~7%。其饲养任务是减缓泌乳量的下降速度，为防止采食量过多而导致肥胖，应按饲养标准增加青粗饲料的比例，降低精饲料营养浓度，减少精饲料供给量。

(6) 干乳期母牛的饲养管理技术。乳牛干乳期是指泌乳母牛从妊娠后期停止泌乳到分娩的时期。母牛经过长时间的泌乳，尤其是妊娠后期胎儿生长发育加快，体内消耗了大量的营养物质。为使母牛恢复体力，积累一定量的营养物质，以备产犊后泌乳，同时也使胎儿能更好地生长发育，需要有一段停止泌乳进行休整的时期。干乳期间乳腺分泌活动停止，乳腺细胞可以得到修补和更换。适宜的干乳期结合科学的饲养管理，对母牛产后泌乳性能的发挥，初生犊牛的健康具有重要的作用。

乳牛干乳期一般为 60 d，范围 45~75 d。通常按乳牛的个体情况决定干乳期的长短。干乳后的母牛应注意观察乳房的变化和母牛的表现，发现异常要及时查明原因，对症治疗，同时要加强卫生护理，注意圈舍清洁卫生。

四、肉用牛生产管理

(一) 肉牛的外貌特征

肉用牛要求呈长方形体型,从前望、侧望、上望和后望,其轮廓均接近长方形。如图 8-9 所示。前躯和后躯高度发达,中躯相对较短,四肢短,重心低,体躯短、宽、深。颈圆粗而短,鬐甲平而宽厚,背腰平宽,胸宽而深,臀部丰满而深,骨骼发育良好,全身肌肉丰满,皮下脂肪发达,被毛细密,富有光泽。我国劳动人民总结肉牛的外貌特征为"五宽五厚",即"额宽颊厚,颈宽垂厚,胸宽肩厚,背宽肋厚,尻宽臀厚",对肉用体型的外貌鉴定要点作了科学的概括。

图 8-9 肉用牛外形模式图

(二) 肉牛的生长发育特点

1. 生长发育的阶段性

肉牛生长发育过程通常划分为哺乳期、幼年期、青年期和成年期。各个阶段的体重增长与体组织发育的特点不同。

(1) 哺乳期。指从出生到 6 月龄断奶为止。初生犊牛自身的各种调节机能较差,易受外界环境的影响,应注意加强护理。可是其生长速度又是一生中最快的阶段。生后 2 月龄内主要长头骨和体躯高度,2 月龄后体躯长度增长较快;肌肉组织的生长也集中于 8 月龄前。哺乳期瘤胃生长迅速,6 月龄达到初生重时的 31.62 倍,皱胃为 2.85 倍。犊牛生长发育如此迅速,主要靠母乳来供给营养。母乳对犊牛哺乳期的生长发育、断奶后的生长发育,以及达到肥育体重的年龄都有着十分重要的影响。

肉用牛母牛的泌乳力在泌乳的第一个月、第二个月最高,第三个月保持稳定，以后则明显下降。因此犊牛生后3个月内，母牛能够保证营养需要，随着月龄的增加，母乳就不能满足其生长发育的需要，应适时补饲料，保证犊牛正常生长发育。

（2）幼年期。指从断奶到性成熟为止。这个时期骨骼和肌肉生长强烈，各组织器官相应增大，性机能开始活动。体重的增加在性成熟以前是呈加速度增长，绝对增重随月龄增大而增加。这个时期的犊牛在骨骼和体型上主要向宽、深方面发展，所以后躯的发育最迅速，是控制肉用生产力和定向培育的关键时期。

（3）青年期。是指从性成熟到发育至体成熟的阶段。这个时期绝对增重达到高峰，但增重速度进入减速阶段，各组织器官渐趋完善，体格已基本定型，直到牛达到稳定的成年体重。肉牛往往达到这个年龄或在这之前可以肥育屠宰。

（4）成年期。体型已定，生产性能达到高峰，性机能最旺盛，种公牛配种能力最高，母牛亦能生产初生重大且品质较高的后代。在良好的饲养条件下，能快速沉积脂肪。到老龄时，新陈代谢及各种机能、饲料利用率和生产性能均已下降。

2. 生长发育的不平衡性

（1）体重增长不平衡性。在良好营养水平条件下，肉用犊牛表现生长发育快的特点，1岁以前日增重很快，直到性成熟时达到最高峰。不同品种类型，其体重增长速度也不一样。在同样饲料条件下，饲养到胴体等级合格时（体脂肪达30%），小型早熟种较中型种、大型晚熟种所需时间短，出栏时间早。

（2）外形和骨骼生长的不平衡性。从生长波的转移现象看，胚胎期首先是头部生长迅速，继而颈部超过头部；出生后向背腰转移，最后移到尻部。从体躯各部分生长变化看，胚胎期生长最旺盛的首先是体积，其次是长度，继而才是高度；出生后先是长度，最后才是宽度和深度。骨骼的生长，初生时骨骼占胴体重的30%，而当体重达400 kg时，骨骼只占胴体的13%。骨骼的发育，在胚胎期四肢骨生长强度最大，体轴骨（脊柱、胸骨、肋骨、肩胛骨等）生长较慢，所以初生犊牛显得四肢高、体躯浅、腰身短；出生后，体轴骨的生长强度增大，四肢骨的生长减慢，犊牛向长度方向发展；性成熟后，扁平骨生长强度最高，牛向深度与宽度发展。

（3）组织器官生长的不平衡性。肌肉组织的生长主要集中于8月龄前，初生至8月龄肌肉组织的生长系数为5.3，8~12月龄为1.7，到1.5岁时降为1.2。脂肪的比例在初生时占胴体的9%，1岁以内仍增加不多，以后逐渐增加，体重达到500 kg以上时，脂肪占胴体重的30%。以后肌肉间、皮下脂肪增加较快，并穿透于肌纤维之间，形成牛肉的大理石纹状，使肉质变嫩。

犊牛初生时是单胃—肠消化型，皱胃比瘤胃大一半。瘤胃的迅速发育是从2~6周龄开始的，随着年龄与饲养条件的变化，并一直持续到6月龄，此时瘤胃达到初生时的31.62倍，皱胃为2.85倍。至成年时，瘤胃占整个胃容积的80%，皱胃仅占7%。

(三) 影响肉牛产肉性能的因素

肉牛的生产力受品种与类型、年龄、性别、饲养水平和营养状况及杂交等因素的影响。

1. 品种

不同品种类型，生产力水平有明显差异。

2. 年龄

肉牛的增重速度、胴体质量和饲料消耗与年龄有十分密切的关系。年龄越大，每千克增重消耗的饲料也越多，不同年龄的牛进行肥育，增重效果差异较大，一般年龄较小的肥育初期增重速度较快。所以，最好选择1.5岁前的育成牛进行肥育。

3. 营养水平

如果母牛妊娠后期缺乏营养，胎儿后期发育受到影响，各部位发育比例失常，尤以四肢骨生长严重受阻，在外形上出现头大、颈细、四肢短小、初生重小的受阻现象。如果初生后犊牛缺乏营养，对体轴发育影响大，体躯的长、宽、深度发育受阻，外形上表现出体躯狭窄、四肢较高、后躯高耸的幼稚型。到了断奶时如果营养仍然缺乏，晚熟部分的腰、骨盆等的发育将受到很大影响。

4. 环境

适宜的温度有利于生长发育。冬季低温条件下，能降低牛的消化率，增加能量消耗，从而降低日增重和增加饲料消耗。在正常情况下，以冬季产的犊牛初生重最大，夏季产的次之，秋季最小；但出生后的体重增长以秋季产得最快，夏季次之，冬季最小。这主要是与母牛妊娠后期的营养情况及犊牛所处的环境条件有关。寒冷对于肉牛体重增长不利，一般要求5~21 ℃为最适宜。

光照促使牛神经兴奋，提高代谢水平，有助于钙磷吸收利用，保证骨骼正常发育。不过肉牛催肥阶段需光线较暗的环境，以利安静休息，加速增重。

运动有助于各器官机能的生长发育，增强体质，提高生活力。在集约化饲养方式下，要保证充足运动，促使胸廓和四肢发育良好。肥育期控制运动，能降低能量消耗，有利催肥。

5. 性别

牛的性别能影响肉的产量和质量。公母犊牛在性成熟前的发育几乎没有差别。但从性成熟开始，公犊的增重速度明显地超过母犊，其原因是雄性激素促进公犊生长，而雌性激素抑制母犊生长。一般说，母牛的肉质较好，肌纤维细，结缔组织较少，容易肥育。育成公牛比阉牛有较高的生长率和饲料转化率。公牛比阉牛有较多的瘦肉、较高的屠宰率和较大的眼肌面积，而阉牛则有较多的脂肪和"五花肉"。

据试验，生长牛的增重速度以公牛最快，阉牛次之，母牛最慢。肌肉的增重速度也是公牛最快，但脂肪的沉积速度则以阉牛为最快。故目前有些国家主张公牛不去势，于12~15月龄屠宰，可降低生产成本，也不会影响肉的味道。

6. 饲养方式

肉牛生产力的发挥与饲养方式及肥育期有关。放牧肥育在牧草生长旺盛的夏季效果好，最经济。枯草来临前把肥育牛出栏。半舍饲能充分利用草场和粗饲料，结合补饲部分精饲料，肥育效果更好。舍饲肥育的好处是少受自然条件影响，可以进行一年四季的牛肉生产，但投资规模较前两种方式大，技术水平要求相对较高，育肥效果幼牛比成年好。

7. 经济杂交

经济杂交是提高肉牛产肉量的重要途径，我国黄牛与肉牛杂交，其杂交后代普遍具有耐粗饲、适应性强、生长快的特点，初牛重、日增重、肉质、屠宰率等都有显著提高，表现出良好的杂交优势。

(四) 肉用牛的饲养管理技术

1. 繁殖肉牛的饲养管理技术

(1) 种公牛的饲养管理同奶牛。

(2) 繁殖母牛的饲养管理。饲养肉用母牛的目的是最大限度地提供增重快速和健壮的犊牛，主要通过提高母牛的产犊率，初生犊牛重，断奶犊牛重和断奶成活率来实现。

①妊娠母牛的饲养管理：母牛妊娠后，不仅本身生长发育需要营养，而

且还要满足胎儿生长发育的营养需要和为产后泌乳进行营养蓄积。因此,要加强妊娠母牛的饲养管理,使其能够正常地产犊和哺乳。

A. 加强妊娠母牛的饲养:母牛在妊娠初期,由于胎儿生长发育较慢,其营养需求较少,为此,对妊娠初期的母牛不再另行考虑,一般按空怀母牛进行饲养。母牛妊娠到中后期应加强营养,尤其是妊娠最后的 2~3 个月,加强营养显得特别重要,这期间的母牛营养直接影响着胎儿生长和本身营养蓄积。如果此期营养缺乏,容易造成犊牛初生重低,母牛体弱和奶量不足。严重缺乏营养,会造成母牛流产。舍饲妊娠母牛,要依妊娠月份的增加调整日粮配方,增加营养物质供给量。对于放牧饲养的妊娠母牛,多采取选择优质草场,延长放牧时间,牧后补饲饲料等方法加强母牛营养,以满足其营养需求。在生产实践中,多对妊娠后期母牛每天补喂 1~2 kg 精饲料。同时,又要注意防止妊娠母牛过肥,尤其是头胎青年母牛,更应防止过度饲养,以免发生难产。在正常的饲养条件下,使妊娠母牛保持中等膘情即可。

B. 做好妊娠母牛的保胎工作:在母牛妊娠期间,应注意防止流产、早产,这一点对放牧饲养的牛群显得更为重要,实践中应注意以下几个方面:将妊娠后期的母牛同其他牛群分别组群,单独放牧在附近的草场。为防止母牛之间互相挤撞,放牧时不要鞭打驱赶以防惊群。雨天不要放牧和进行驱赶运动,防止滑倒。不要在有露水的草场上放牧,也不要让牛采食大量易产气的幼嫩豆科牧草,不采食霉变饲料,不饮带冰碴水。对舍饲妊娠母牛应每日运动 2 h 左右,以免过肥或运动不足。要注意对临产母牛的观察,及时做好分娩助产的准备工作。

②哺乳母牛的饲养管理:哺乳母牛就是产犊后用其乳汁哺育犊牛的母牛。中国黄牛传统上多以役用为主,乳、肉性能较差。近年来,随着黄牛选育改良工作的不断深入和发展,中国黄牛逐渐朝肉、乳方向发展,产生了明显的社会效益和经济效益。因此,加强哺乳母牛的饲养管理,具有十分重要的现实意义。

A. 舍饲哺乳母牛的饲养管理:母牛产犊 10 d 内,尚处于体力恢复阶段,要限制精饲料及根茎类饲料的喂量,此期若饲养过于丰富,特别是精饲料给量过多,母牛食欲不好、消化失调,易加重乳房水肿或发炎,有时因钙、磷代谢失调而发生乳热症等,这种情况在高产母牛身上极易出现。因此,对于产犊后体况过肥或过瘦的母牛必须进行适度饲养。对体弱母牛,产后 3 d 内只喂优质干草,4 d 后可喂给适量的精饲料和多汁饲料,并根据乳房及消化系统的恢复状况,逐渐增加给料量,但每天增加精饲料量不得超过

1 kg，当乳水肿完全消失时，饲料可增至正常。若母牛产后乳房没有水肿，体质健康、粪便正常，在产犊后的第一天就可饲喂多汁料和精饲料，到6~7 d即可增至正常喂量。

头胎母牛产后饲养不当易出现酮病——血糖降低、血和尿中酮体增加。表现食欲不佳、产奶量下降和出现神经症状。其原因是饲料中富含碳水化合物的精饲料喂量不足，而蛋白质给量过高所致。实践中应给予高度的重视。

在饲养肉用哺乳母牛时，应正确安排饲喂次数。研究表明：两次饲喂日粮营养物质的消化率比3次和4次饲喂低3.4%，但减少了劳动消耗。一般以日喂3次为宜。

B. 哺乳母牛的放牧管理：夏季应以放牧管理为主。放牧期间的充足运动和阳光浴及牧草中所含的丰富营养，可促进牛体的新陈代谢，改善繁殖机能，提高泌乳量，增强母牛和犊牛的健康。研究表明：青绿饲料中含有丰富的粗蛋白，含有各种必需氨基酸、维生素、酶和微量元素。因此，经过放牧牛体内血液中血红素的含量增加，机体内胡萝卜素和维生素D等贮备较多，因而，提高了对疾病的抵抗能力。放牧饲养前应做好以下几项准备工作：

放牧场设备的准备：在放牧季节到来之前，要检修房舍、棚圈及篱笆；确定水源和饮水后临时休息点；整修道路。

牛群的准备：包括修蹄；去角；驱除体内外寄虫；检查牛号；母牛的称重及组群等。

从舍饲到放牧的过渡：母牛从舍饲到放牧管理要逐步进行，一般需7~8 d的过渡期。当母牛被赶到草地放牧前，要用粗饲料、半干贮及青贮饲料预饲，日粮中要有足量的纤维素以维持正常的瘤胃消化。若冬季日粮中多汁饲料很少，过渡期应10~14 d。时间上由开始时的每天放牧2~3 h，逐渐过渡到每天12 h。

在过渡期，为了预防青草抽搐症，春季当牛群由舍饲转为放牧时，开始一周不宜吃得过多，放牧时间不宜过长，每天至少补充2 kg干草；并应注意不宜在牧场施用过多钾肥和氨肥，而应在易发本病的地方增施硫酸镁。

由于牧草中含钾多钠少，因此要特别注意食盐的补给，以维持牛体内的钠钾平衡。补盐方法：可配合在母牛的精饲料中喂给，也可在母牛饮水的地方设置盐槽，供其自由舔食。

③后备母牛的饲养：为了减少培育饲养费用，并与季节性产犊相适应。在断奶时应选择体重较大、体型较好的母犊留作后备母牛。为了使繁殖母牛群保持较高的产犊率，每年需要补充17%~20%的后备母牛，用以更新牛

群。为此，断奶时的留用母犊数应占母牛群头数的30%，至14~15月龄配种时的留用数应为20%。这样的后备母牛产犊时的更新率可保证在17%~20%。

初配体重为270~340 kg，初配年龄在14~15月龄，但体型大小比月龄更为重要，具体配种时的体重指标依品种而异。犊牛应早期断奶，有利于初产母牛自身的生长发育并提高其繁殖率。断奶月龄为2~6月龄。

④其他：

A. 产犊时间的调整：在冬季气候恶劣、饲料条件较差的西北牧区，为了保证母牛健康、犊牛健壮，要尽量安排在饲料充足、气候温和的季节产犊。而且由于饲料和气候条件的影响，母牛发情具有明显的季节性，即仅在牧草返青的几个月才是母牛的发情旺季，因此，宜在6—8月集中配种，次年春末夏初集中产犊。

B. 营养需要和饲养标准：营养水平正常时，牛达到成年体重的45%时开始发情；营养不足则生长缓慢，初情期延迟；若营养水平偏高，则初情期提前。但配种前母牛的营养水平过高反而对繁殖有害无益。

妊娠期能量供给要合理，妊娠最后2个月要比维持需要高30%，要求被毛光泽，体态丰满，不肥不瘦；若营养水平过高，还会引起母牛产弱犊和母体过肥，导致乳腺内存积脂肪，降低泌乳机能，以及引起难产。

哺乳母牛泌乳力强，一般大型肉牛种平均日泌乳6~7 kg，小型品种3.5~4.5 kg，且产后3个月以前一直保持稳定。哺乳母牛如泌乳力强，犊牛增重的遗传性能才能得到发挥，因此必须按泌乳量给母牛增加营养物质。否则，母乳不足，不仅幼犊生长发育受阻，同时还影响母牛正常的产后发情，从而影响繁殖力。

C. 管理要点：必须供给清洁新鲜饮水，限制饮水或饮水不足，则严重影响饲料的采食量，并降低增重率。犊牛的饮水量为摄入饲料平均质重量的6.5倍；成年母牛的饮水量为3.5倍。

饮水量与气温有关，通常冬季的饮水量约比夏季的饮水量少25%。

肉用母牛12个月产犊一次，无论是春季或秋季产犊，都必须在产后85 d前配种，因此产后母牛必须供给较多的能量饲料、全价营养，否则可能产生发情和配种延迟，影响繁殖率。

每头母牛要有编号、登记建档、配种计划、产犊计划，要根据年龄、膘情及性情不同，合理分群管理。

纯种肉用母牛要加强运动，最好进行放牧。舍饲期每日最好驱赶运动

2~3 h，然后放在运动场上自由活动。

怀孕牛与其他牛分开，单独组群饲养，怀孕后期应做好保胎工作，无论舍饲、放牧都要防止猛跑、挤撞。临产前留在产房中，不可放牧。肉牛难产比例较大，更需要做好接产助产工作，保证安全产犊。

2. 幼牛的饲养管理技术

幼牛包括哺乳犊牛和育成牛。幼牛生长发育迅速，必须加强饲养管理。

（1）饲养。

①早喂初乳：初乳是母牛产犊后5~7 d内所分泌的乳。初乳色深黄而黏稠，干物质总量较常乳高1倍，在总干物质中除乳糖较少外，其他含量都较常乳多，尤其是蛋白质、灰分和维生素A的含量。在蛋白质中含有大量免疫球蛋白，它对增强犊牛的抗病力起关键作用。初乳中含有较多的镁盐，有助于犊牛排出胎便，此外初乳中各种维生素含量较高，对犊牛的健康与发育有着重要的作用。

犊牛出生后应尽快让其吃到初乳。一般犊牛生后0.5~1 h，便能自行站立，此时要引导犊牛接近母牛乳房寻食母乳，若有困难，则需人工辅助哺乳。若母牛健康，乳房无病，农家养牛可令犊牛直接吮吸母乳，随母自然哺乳。

若母牛产后生病死亡，可由同期分娩的其他健康母牛代哺初乳。在没有同期分娩母牛初乳的情况下，也可喂给牛群中的常乳，但每天需补饲20 mL的鱼肝油，另给50 mL的植物油以代替初乳的轻泻作用。

②饲喂常乳：可以采用随母哺乳、保姆牛法和人工哺乳法给哺乳犊牛饲喂常乳。

A. 随母哺乳法：让犊牛和其生母在一起，从哺喂初乳至断奶一直自然哺乳。为了给犊牛早期补饲，促进犊牛发育和诱发母牛发情，可在母牛栏的旁边设一犊牛补饲间，短期使大母牛与犊牛隔开。

B. 保姆牛法：选择健康无病、气质安静、乳及乳头健康、产奶量中下等的奶牛（若代哺犊牛仅一头，选同期分娩的母牛即可，不必非用奶牛）做保姆牛，再按每头犊牛日食4~4.5 kg乳量的标准选择数头年龄和气质相近的犊牛固定哺乳，将犊牛和保姆牛管理在隔有犊牛栏的同一牛舍内，每日定时哺乳3次。犊牛栏内要设置饲槽及饮水器，以利于补饲。

C. 人工哺乳法：对找不到合适的保姆牛或奶牛场淘汰犊牛的哺乳多用此法。新生犊牛结束5~7 d的初乳期以后，可人工哺喂常乳。犊牛的哺乳量可参考表8-1。哺乳时，可先将装有牛乳的奶壶放在热水中进行加热消毒

(不能直接放在锅内煮沸,以防过热后影响蛋白的凝固和酶的活性),待冷却至38~40 ℃时哺喂,5周龄内日喂3次;6周龄以后日喂2次。喂后立即用消毒的毛巾擦嘴,缺少奶壶时,也可用小奶桶哺喂(表8-1)。

表8-1 不同周龄犊牛的哺乳量　　　　　　　　　　　单位:kg

类别\日喂量\周龄	1~2	3~4	5~6	7~9	10~13	14以后	全期用奶
小型牛	4.5~6.5	5.7~8.1	6.0	4.8	3.5	2.1	540
大型牛	3.7~5.1	4.2~6.0	4.4	3.6	2.6	1.5	400

③早期补饲植物性饲料:采用随母哺乳时,应根据草场质量对犊牛进行适当的补饲,既有利于满足犊牛的营养需要,又利于犊牛的早期断奶。

人工哺乳时,要根据饲养标准配合日粮,早期让犊牛采食植物性饲料。犊牛从7~10日龄开始,训练其采食干草。在犊牛栏的草架上放置优质干草,供其采食咀嚼,可防止其舐食异物,促进犊牛发育。

出生后15~20 d,开始训练其采食精饲料。初喂精饲料时,可在犊牛喂完奶后,将犊牛料涂在犊牛嘴唇上诱其舐食,经2~3 d后,可在犊牛栏内放置饲料盘,放置犊牛料任其自由舐食。因初期采食量较少,料不应放多,每天必须更换,以保持饲料及料盘的新鲜和清洁。最初每头日喂干粉料10~20 g,数日后可增至80~100 g,等适应一段时间后再喂以混合湿料,即将干粉料用温水拌湿,经糖化后给予。湿料给量可随日龄的增加而逐渐加大。

从生后20 d开始,在混合精饲料中加入20~25 g切碎的胡萝卜,以后逐渐增加。无胡萝卜,也可饲喂甜菜和南瓜等,但喂量应适当减少。从2月龄开始给喂青贮饲料。最初每天100~150 g,3月龄可喂到1.5~2.0 kg,4~6月龄增至4~5 kg。

牛奶中的含水量不能满足犊牛正常代谢的需要,必须训练犊牛尽早饮水。最初需饮36~37 ℃的温开水;10~15日龄后可改饮常温水;1月龄后可在运动场内备足清水,任其自由饮用。另外为预防犊牛拉稀,可每头补饲1万IU的金霉素,30日龄以后停喂。

(2)管理。

①保温、防寒:我国北方,冬季天气严寒风大,要注意犊牛舍的保暖,在犊牛栏内要铺柔软、干净的垫草,保持舍温在0 ℃以上。

② 去角：去角有利于肥育和群饲的管理。去角的适宜时间多在生后 7~10 d，常用的去角方法有电烙法和固体苛性钠法两种。电烙法是将电烙器加热到一定温度后，牢牢地压在角基部直到其下部组织烧灼成白色为止（不宜太久太深，以防烧伤下层组织），再涂以青霉素软膏或硼酸粉。后一种方法应在晴天且哺乳后进行，先剪去角基部的毛，再用凡士林涂一圈，以防以后药液流出，伤及头部或眼部，然后用棒状苛性钠稍湿水涂擦角基部，至表皮有微量血渗出为止。在伤口未变干前不宜让犊牛吃奶，以免腐蚀母牛乳房的皮肤。

③ 母仔分栏：在规模大的牛场或散放式牛舍，需设犊牛舍及犊牛栏。犊牛栏分单栏和群栏两类，犊牛出生后即在靠近产房的单栏中饲养，每犊一栏，隔离管理，一般 1 月龄后才过渡到群栏。同一群栏犊牛的月龄应一致或相近，因不同月龄的犊牛除在饲料条件的要求上不同以外，对于环境温度的要求也不相同，若混养在一起，对饲养管理和健康都不利。

④ 犊牛早期断奶技术：犊牛早期断奶目前属于先进技术，国外广泛采用，值得推广。其优点是节省劳力，减少消化道疾病，促进母牛产后迅速恢复体况，发情配种，有利于提高母牛繁殖率。早期断奶的前提是犊牛生后的前 7 d 吃足初乳，此后实行人工饲养。8~10 日龄开始训料，7~8 周龄断奶，断奶之前每天只喂两次乳，每次 3 kg。从第二周开始给精饲料和优质干草，使犊牛第三周就开始反刍。

⑤ 刷拭：在犊牛期，由于基本上采用舍饲方式，因此皮肤易被粪及尘土所黏附而形成皮垢，这样不仅降低皮毛的保温与散热力，使皮肤血液循环恶化，而且也易患病，为此，对犊牛每日必须刷拭一次。

⑥ 运动与放牧：犊牛从出生后 8~10 日龄起，即可开始在犊牛舍外的运动场做短时间的运动，以后可逐渐延长运动时间。如果犊牛出生在温暖的季节，开始运动的日龄还可适当提前，但需根据气温的变化，掌握每日运动时间。

在有条件的地方，可以从生后第二个月开始放牧，但在 40 日龄以前，犊牛对青草的采食量极少，在此时期与其说放牧不如说是运动。运动对促进犊牛的采食量和健康发育都很重要。在管理上应安排适当的运动场或放牧场，场内要常备清洁的饮水，在夏季必须有遮阴条件。

3. 肥育牛的饲养管理技术

（1）肉牛肥育方式。肉牛肥育方式一般可分为放牧肥育、半舍饲半放牧肥育、舍饲肥育三种。

①放牧肥育方式：放牧肥育是指从犊牛到出栏牛，完全采用草地放牧而不补充任何饲料的肥育方式，也称草地畜牧业。这种肥育方式适于人口较少、土地充足、草地广阔、降水量充沛、牧草丰盛的牧区和部分半农半牧区。如果有较大面积的草山草坡可以种植牧草，在夏天青草期除供放牧外，还可保留一部分草地，收割调制青干草或青贮料，作为越冬饲用。这种方式也可称为放牧育肥，且最为经济，但饲养周期长。

②半舍饲半放牧肥育方式：夏季青草期牛群采取放牧肥育，寒冷干旱的枯草期把牛群于舍内圈养，这种半集约式的育肥方式称为半舍饲育肥。此法通常适用于热带地区，因为当地夏季牧草丰盛，可以满足肉牛生长发育的需要，而冬季低温少雨，牧草生长不良或不能生长。我国东北地区，也可采用这种方式。但由于牧草不如热带丰盛，故夏季一般采用白天放牧，晚间舍饲，并补充一定精饲料，冬季则全天舍饲。

采用半舍饲半放牧肥育应将母牛控制在夏季牧草期开始时分娩，犊牛出生后，随母牛放牧自然哺乳，这样，因母牛在夏季有优良青嫩牧草可供采食，故泌乳量充足，能哺育出健康犊牛。当犊牛生长至 5~6 个月龄时，断奶重达 100~150 kg，随后采用舍饲，补充一点精饲料过冬。在第二年青草期，采用放牧肥育，冬季再回到牛舍舍饲 3~4 个月即可达到出栏标准。

③舍饲肥育方式：肉牛从出生到屠宰全部实行圈养的肥育方式称为舍饲肥育。舍饲的突出优点是使用土地少，饲养周期短，牛肉质量好，经济效益高。缺点是投资多，需较多的精饲料。适用于人口多、土地少，经济较发达的地区。

（2）提高肉牛肥育效果的技术措施。

①调控瘤胃发酵，增加采食量：

A. 早期锻炼，定向培育：哺乳期犊牛早期补饲草料；肥育初期日粮组成中粗纤维比例应在 50% 以上。以锻炼胃肠，增大胃的容积。

B. 饲养方式调控：坚持先粗后精的饲喂程序，少喂勤添、增加饲喂次数能降低瘤胃的代谢波动，维持氨的稳定释放，提高非蛋白氮利用率。

C. 饲料添加剂调控：日粮中添加有助于消化的药物、诱食剂。

D. 日粮组成及其加工处理调控：对于以粗饲料为主的反刍动物（肉牛生产），适当增加并相对稳定精饲料比例，可增加丙酸产量，降低乙、丁酸的产量，进而提高饲料利用率和肉牛生产性能。

E. 防止酸中毒：高饲养水平肥育效果好，但以精饲料为主的肥育日粮易发生精饲料酸中毒。防治办法是，日粮中要保持适当比例的粗饲料，并适当添加瘤胃素或碳酸氢钠,以预防精饲料酸中毒。

②非蛋白氮利用:

A. 影响牛利用尿素效果的因素:与年龄有关初生犊牛瘤胃容积小,功能尚不健全,微生物菌落尚未建立,不能利用非蛋白氮。犊牛6周龄时瘤胃中已建立一部分微生物菌落。可以开始用尿素代替部分蛋白质。但犊牛到9~12周龄才具有成年牛的瘤胃微生物功能,因此,犊牛从12周龄开始补加尿素为好。

严格控制尿素用量,尿素的一般喂量为饲料中总物质的1%,或不超过精饲料的3%,不超过日粮中蛋白质总量的20%~25%,或每100 kg体重20~30 g。通常育成牛日喂30 g,肥育牛日喂80~100 g。

日粮中应有一定量碳水化合物,为微生物利用氨提供可利用的碳架和能源。饲料中蛋白质为9%~12%时,用尿素将蛋白质提高到16%~18%时效果最好。

B. 尿素的饲喂方法:按饲喂量把尿素均匀地混合在精饲料或切碎的粗饲料中拌匀饲喂。严禁将尿素的日喂量一次集中喂给,以免尿素在胃中浓度过大,分解氨过多;严禁尿素溶于水中饮用,造成尿素分解快,利用率低。

尿素青贮中每100 kg青贮中加入0.5~0.6 kg溶解后的尿素,充分搅匀;或者每吨饲料中添加5~6 kg尿素,制作时,先把尿素溶于水,再喷洒在青贮原料中,拌匀装窖即可。

尿素颗粒饲料,尿素加入由秸秆、能量饲料和矿物质饲料组成的颗粒饲料。此法可延缓尿素在胃中水解速度,便于微生物更好地利用氨态氮。

③饲料添加剂的利用:添加的目的在于完善日粮全价性,提高饲料利用率,促进家畜生长,防止疾病发生,改进畜产品品质。

A. 瘤胃素:是一种促进肉牛增重的生物活性化合物。其作用:在饲喂高精饲料日粮时,能抑制瘤胃内乙酸、丁酸的产生,增加丙酸的比例,从而缓解酸中毒的发生;能减少瘤胃中蛋白质降解,以增加过瘤胃蛋白质数量;降低饲料干物质的消耗,改善营养成分的利用率,从而提高家畜增重和饲料转化率;作为肉牛的添加剂,可提高日增重2%~23%,提高饲料利用率8%~15%。以纯品计算,每头牛每日可喂50~360 mg,没有停留期,可一直喂到出栏。由于瘤胃素用量很少,饲喂前要先制成预混料,再加入日粮中充分拌匀。方法是取商品瘤胃素(1 kg商品瘤胃素含纯品瘤胃素60 g)1.0 kg,加入载体200 kg,放入混合机内充分搅拌,1 kg预混料内含纯品瘤胃素0.3 g。根据每头牛的需要量加入日粮内,再充分拌匀即可。

B. 碳酸氢钠（又名"小苏打"）：是常用的一种缓冲剂，能中和瘤胃中的酸性物质，使 pH 升高，增加采食量，提高饲料消化率，并能促进胃肠蠕动。饲喂量一般为混合精饲料的 1%~2%。

C. 营养添加剂：牛用营养添加剂主要是维生素 A、维生素 D、维生素 E 和矿物质微量元素。其能增进食欲，防止微量元素营养缺乏症，提高增重和饲料转化。

（3）犊牛肥育技术。用于育肥的犊牛应选择纯种和杂交改良品种，其增重快，肉质好，屠宰率高。6 月龄左右的断奶犊牛直接进行肥育饲养，经过 10~12 个月的肥育，体重达到 450 kg 以上出栏。表现皮毛光亮，肌肉丰满，腰背肌肉隆起，高于脊背而形成背槽，臀部肌肉丰满呈圆形。

在整个育肥期中，均以高营养水平进行饲养，饲料以浓厚饲料（高能、高蛋白配合饲料）和优质粗饲料为主。浓厚饲料应为全价饲料，应注意给予蛋白质丰富饲料，多给豆类及加工副产品，如大豆、豆粕、菜籽饼、棉籽饼等；给予适量的酵母蛋白等（因酵母蛋白中含有植物性蛋白所缺乏的蛋氨酸和赖氨酸及生长因子，其蛋白在瘤胃中的降解率低，能提供肉牛高速生长所需养分），且注意蛋白质品质，提供限制性氨基酸；给予能量饲料——谷实类饲料及加工副产品，如大麦、小麦、燕麦、玉米、麸皮、米糠等，利用谷实类饲料要粉碎，以提高其消化率。提供优质粗饲料时，以人工牧草（如苜蓿、黑麦草等）和野青草（狗尾草、茅草等）以及青贮料为主。优质青绿饲料适口性好，含有丰富蛋白质、纤维素、无机盐，尤其富含维生素 A、维生素 D 源和维生素 E。青贮饲料能保证青绿饲料的优良品质，做到常年供应，它可使秸秆变软，提高适口性和利用率。天然饲料中钙、磷含量差异大且比例不平衡，因此，在日粮中应添加钙、磷和其他无机盐及微量元素。

持续育肥分 3 个时期，前期（12 月龄前）、中期（12~15 月龄）、后期（15~18 月龄）。前期饲料中蛋白质含量要高，并提供含矿物质丰富的饲料。中、后期增加含能量高的饲料，在不违背科学饲养的原则下，多给精饲料。日喂精饲料量，按照占体重百分比计算，肥育开始时使之适应肥育饲养，有一个月的预饲期，逐渐增加精饲料，其精饲料量为体重的 0.8%~1%，为 1~2 kg；肥育前期为 1.2%~1.3%，为 2~3 kg；中期 1.3%~1.5%，为 3~4 kg；后期 1.6%~1.8%，为 6~7 kg。若按占日粮比例计算，肥育前、中期，精饲料占日粮的 40%~60%；后期精饲料占日粮的 70% 以上，粗饲料仅满足基本反刍生理需要即可。前、中期精饲料以粉料形态供给，饲喂时加水使其呈干粥样，每日2~3次；后期采用颗粒料或蒸煮后饲喂，每日3~4次，精饲料早晚供给较好。

在育肥期中，必须供给充足的优质青干草、青饲料、青贮料，让其自由采食。育肥前、中期，可适当多给粗饲料，后期减少粗饲料用量。其用量，前、中期占体重的1.4%~1.6%，后期占0.7%~1.2%。粗饲料品质好则可多给，反之，则少给。一般而言，青饲料育肥前期每日15~40 kg，中期25 kg，后期10~20 kg；青贮料每日10~20 kg；氨化秸秆4~6 kg；青干草2~5 kg，铡短饲喂。给予充足饮水。持续育肥可采用舍饲或放牧加补饲的方式。

育肥过程即将结束时，可以通过以下几种方法判断肥育是否完成，是否达到出栏要求。

①根据采食量判断：肥育即将结束时，食欲降低，采食量减少。但在采食量减少时，改变饲养技术后又可恢复采食量不表示肥育已完成；若肥育完成时，采食量会持续下降，即使采取措施后其食欲也不会增加。

②根据体重变化判断：对肥育牛定期进行称重，满足营养需要时，连续2~3次称重，体重基本不增加，视为肥育完成。此时，即使该牛食欲很好也应该出栏，不再饲养。

③活体肥度检查：检查牛体上最难附着脂肪的部位，一般是胸前、背部、最后肋骨的上方、后肢膝壁、公牛的阴囊、母牛的乳房，若这些部位已沉积脂肪，表明肥育已完成。检查时用手触摸这些部位，感到丰满、柔软、充实、具有弹性时，牛体膘已肥满。尤其是公牛的阴囊、母牛的乳房，它们是重要的生命器官，不易附着脂肪，若这两个部位已沉积脂肪，即到了出栏期。

(4) 架子牛快速肥育。也称后期集中肥育，是指犊牛断奶后，在较粗放的饲养条件饲养到2~3周岁，体重达到300 kg以上时，采用强度肥育方式，集中肥育3~4个月，充分利用牛的补偿生长能力，达到理想体重和膘情后屠宰。这种肥育方式成本低，精饲料用量少，经济效益较高，应用较广。

架子牛的肥育要注意以下几个环节：

①购牛前的准备：购牛前1周，应将牛舍粪便清除，用水清洗后，用2%的火碱溶液对牛舍地面、墙壁进行喷洒消毒，用0.1%的高锰酸钾溶液对器具进行消毒，最后再用清水清洗一次。如果是敞圈牛舍，冬季应扣塑膜暖棚，夏季应搭棚遮阴，通风良好，使其温度不低于5 ℃。

②架子牛的选购：架子牛的优劣直接决定着肥育效果与效益。应选夏洛

来、西门塔尔等国际优良品种与本地黄牛的杂交后代，年龄在1~3岁，体型大、皮松软，膘情较好，体重在300 kg以上，健康无病。

③驱虫：架子牛入栏后应立即进行驱虫。常用的驱虫药物有阿弗米丁、丙硫苯咪唑、敌百虫、左旋咪唑等。应在空腹时进行，以利于药物吸收。驱虫后，架子应隔离饲养2周，其粪便消毒后，进行无害化处理。

④健胃：驱虫3日后，为增加食欲，改善消化机能，应进行一次健胃。常用于健胃的药物是人工盐，其口服剂量为每头每次60~100 g。

⑤饲养管理：肥育架子牛应采用短缰拴系，限制活动。缰绳长0.4~0.5 m为宜，使牛不便趴卧，俗称"养牛站"。饲喂要定时定量，先粗后精，少给勤添。刚入舍的牛因对新的饲料不适应，第一周应以干草为主，适当搭配青贮饲料，少给或不给精饲料。肥育前期，每日饲喂2次，饮水3次；后期日饲喂3~4次，饮水4次。每天上、下午各刷拭一次。经常观察粪便，如粪便无光泽，说明精饲料少，如便稀或有料粒，则精饲料太多或消化不良。

⑥日粮配方：在我国架子牛肥育的日粮以青粗饲料或酒糟、甜菜渣等加工副产物为主，适当补饲精饲料。精粗饲料比例按干物质计算为1：(1.2~1.5)，日干物质采食量为体重的2.5%~3%。

五、繁殖技术及常见疾病防治

（一）繁殖技术

1. 发情及鉴定

母牛发情是指母牛卵巢上出现卵泡的发育，能够排出正常的成熟卵子，同时在母牛外生殖器官和行为特征上呈现一系列变化的生理和行为学过程。发情是母牛达到性成熟后的一种周期性表现，发情周期平均21 d（18~24 d），持续期18 h（10~26 h）。

发情鉴定的目的是掌握适宜的配种时间，以便获得最好的受胎效果。生产实践中母牛发情鉴定的主要方法，是根据牛的行为学的变化和生殖器官的变化进行判断，主要的技术有外部观察法和直肠检查法。

（1）外部观察法。主要根据母牛的外部表现、阴门肿胀、黏液情况等进行判断。发情初期，母牛表现兴奋不安、鸣叫，追逐并爬跨它牛，食欲减退，产奶量下降，有稀薄、黏性差的黏液流出，黏液碱性最低，阴户开始发红肿胀；发情盛期，性欲旺盛、频频举尾，主动接近其他牛只，接受爬跨。

黏液增多，清亮透明，黏性最大，黏液碱性增强；发情末期，母牛转入平静，接近排卵时，不愿接受爬跨。黏液量、透明度、黏性都下降，阴户肿胀消退起皱。发情 1~3 d 后，阴道中会流出血，成年牛约 50%，处女牛约 90%。出血与否和受胎无关，但大量出血时一般都不受孕。

（2）直肠检查法。根据触摸卵巢和卵泡情况判断是否发情，是实践中常用的较可靠的方法。前期，卵泡小而硬；盛期，卵泡大而有弹性；后期，卵泡膜很薄，似熟葡萄，有一触即破之感。

母牛受胎效果的好坏，准确掌握母牛的发情是关键。因此，需要建立母牛发情预报制度，根据前次发情日期，预报下次发情日期（按发情周期计算）。

（3）异常发情主要有以下几种情况。

①隐性发情（暗发情）：发情征状不明显，但有卵泡发育。营养不良、缺乏青绿饲料、运动不足的奶牛和高产奶牛易出现隐性发情。其主要原因是雌激素分泌不足。

②假发情：有发情表现，但无卵泡发育，也不排卵。假发情有两种情况，一是有的母牛在妊娠四五个月左右突然发情；二是卵巢机能不全或患有子宫或阴道炎症的母牛出现假发情。

③持续发情：母牛发情持续时间过长或频繁发情，主要原因：一是卵泡囊肿，卵泡不断发育，增生肿大，直径可达 2.5~5.0 cm（正常 1.5~1.9 cm），雌激素不断分泌；二是左右两侧卵巢的卵泡交替发育，交替产生雌激素。

（4）影响母牛初情期和发情征状的因素。

对母牛发情影响比较明显的因素有牛的品种差异、饲养管理条件的影响、自然因素的影响以及个体之间的差别。

①品种：不同种的牛或不同品种的牛，初情期的早晚及发情的表现不同。一般情况下，大型品种初情年龄晚于小型品种的牛。

②自然因素：由于自然地理因素的作用，不同的牛种或品种经过长期的自然和人工选择，形成了各自的发情特征，虽然这种特征随着饲养方式的改变已经发生了很大的变化，但自然的影响有时还能看出来。

母牛发情持续时间长短亦受气候因素的影响。高温季节，母牛发情持续期要比其他季节短。在炎热的夏季，除卵巢黄体正常地分泌孕酮外，还从母牛的肾上腺皮质部分泌孕酮，导致发情持续期缩短。草原放牧饲养的母牛，当饲料不足时，发情持续期也比农区饲养的母牛短。

③营养水平：营养水平是影响家畜初情期和发情表现的非常重要因素，自然环境对母牛发情的影响，在一定程度上亦是因营养水平的变化所致。

④生产水平和管理方式：母牛的发情表现与生产性能有关，肉用牛性表现往往没有乳用牛明显，而产奶量高的奶牛个体，其发情表现有时也没有其他牛明显。

2. 母牛的人工授精技术

（1）冷冻精液的选择。根据公、母牛之间的亲缘关系来确定用哪一头公牛的冷冻精液进行配种，一般原则应尽量避免近交。也要考虑母牛的体形外貌或生产性能来选择公牛的冷冻精液进行配种，它包括同质配种和异质配种两种方式。

（2）适宜的配种时期。实践证明，在产后60~90 d配种比较适宜且受胎率最高，对少数体况良好，子宫复原早的母牛可在40~60 d内配种。若发现母牛产后超过72 d内仍不发情，应及时进行检查，以便及时治疗。

在发情征兆结束前1~3 h范围内，其受胎率最高可达93.3%。以下情况之一应予输精：

①母牛神态不安转向安定发情表现开始减弱。

②外阴部肿胀开始消失，子宫颈稍有收缩，黏膜由潮红变为粉红或带有紫褐色。

③卵泡体积不再增大，皮变薄有弹力，泡液波动明显。

在生产中，如果一个发情期输精一次，一般在母牛拒绝爬跨后6~8 h内输精受胎率较高。如果一个发情期输精两次，可在母牛接受爬跨后8~12 h第一次输精，再间隔8~12 h后第二次输精。

（3）输精方法。

①输精前准备：母牛的阴门、会阴部要用温水清洗消毒并擦净。输精器消毒，每一输精管只能用于一头母牛。精液在输精前必须进行活力检查，合乎输精标准才能应用。

②输精方法：通常采用直肠把握输精法（也叫"深部输精法"）：将子宫颈后端轻轻固定在手内，手臂往下按压（或助手协助）使阴门开张，另一只手把输精管自阴门向斜上方插入5~10 cm，以避开尿道口，再改为平插或向斜下方插，把输精管送到子宫颈口，再徐徐越过子宫颈管中的皱襞轮，使输精管送至子宫颈深部2/3~3/4处（在子宫颈的5~8 cm），然后注入精液。

3. 妊娠与分娩

胚胎在母体内的发育过程叫妊娠。妊娠时间平均280（270~290）d，妊娠期的长短，以品种、个体、年龄、季节及饲养管理条件的不同而异。预产期的计算是月份减3，日期加6。尽早判断母牛是否怀孕，对保胎、减少空怀，提高母牛繁殖率和增加畜产品产量具有重要意义。

(1) 妊娠检查方法。

①外部观察法：母牛不再发情，食欲增加，体况变好，举止安静，腹围增大，乳房膨大，据此可初步确定母牛已怀孕。该法难以做到早期诊断，仅作为一种辅助诊断。

②阴道检查法：阴道的某些变化，常作为妊娠诊断的依据之一，主要观察阴道黏膜色泽、黏液性状，及子宫颈的形状和位置等。妊娠后，阴道黏膜由粉红变为苍白，无光泽，表面干燥；妊娠两个月后，子宫颈附近有浓稠黏液，妊娠3~4个月后，黏液量增加并更浓稠似糊状，同时阴道收缩，插入开膣器有阻力，子宫颈口被灰暗浓稠的液体封闭，子宫颈口紧闭，被灰暗浓稠的液体封闭，形成子宫栓。子宫颈口的位置，随妊娠时间的增加，从阴道正中向下方移位，有时也会偏向一侧。

③直肠检查法：直肠检查法的目的是判定母牛是否妊娠的可靠方法，同时还可确定大致日期、妊娠内的发情、假妊娠、某些生殖器官疾病，及胎儿的死活，所以这种方法在生产上得到了广泛应用。根据子宫角、子宫体、卵巢和子宫中动脉的变化来判断是否怀孕，怀孕母牛前三月的变化如下：第1个月子宫变松弛，孕角一侧比另一侧稍粗，卵巢上可摸到妊娠黄体；第2个月孕角比另一侧粗二倍，手摸有波动，子宫角位置已升入腹腔，子宫颈已前移，初产牛出现妊娠搏动；第3个月可摸到胎盘子叶，偶尔可摸到胎儿，经产牛出现妊娠搏动，每15 s动22~25次。

④牛奶酒精反应法：此法是通过鉴定受孕母牛的鲜奶以判断其是否受孕。其方法是汲取被检母牛的奶5 mL，吸入玻璃器皿中，然后加入95%的酒精1 mL。如奶样在5 min之内凝结，即视为妊娠阳性奶，为已孕，反之则为空怀。此法适用于配种后40 d左右的母牛。

⑤硫酸铜溶液诊断法：此法是采取受检母牛的鲜奶（常乳和末乳各5 mL混匀）10 mL，用吸管取奶样1 mL置于平皿上，滴入3%硫酸铜溶液1~3滴，轻轻摇动后观察，奶样出现云雾状沉淀即为妊娠，反之则为空怀。

(2) 分娩。

①分娩预兆：

A. 乳房膨大：产前半个月左右，乳房迅速膨大，到产前2~3 d乳房体发红、肿胀，乳头皮肤绷紧，临产时有些母牛从乳房向前到腹、胸下部还可出现浮肿，用手可挤出初乳，有些甚至出现漏乳现象。

B. 外阴部肿胀：产前一周外阴部开始松软、肿胀阴唇皱褶消失，阴道黏膜潮红，黏液增多而湿润，阴门因水肿而裂开。

C. 子宫颈变化：子宫颈扩张、松弛、肿胀，颈口逐渐开张，颈内黏液变稀流入阴道。子宫栓溶化成透明黏液，在分娩前 1~2 d 由阴门流出。子宫颈扩张 2~3 h 后，母牛开始分娩。

D. 骨盆韧带松弛：临产前 1~2 d 荐坐韧带松弛，荐骨活动范围增大，外观可见尾根塌陷，经产牛更明显。

E. 行为变化：临产母牛表现活动困难，食欲减退或消失，起卧不安，尾部不时高举，常回首腹部，频频排粪、排尿，但量很少。

F. 尻根两侧凹下、塌陷经产母牛更明显。可在产前 1~2 周出现，产前 1~2 d 程度更甚。

②正常分娩过程：分娩是借子宫和腹肌收缩，将胎儿及其附属膜产出的过程，可分三个阶段：

A. 开口期：即从子宫间歇性收缩起，到子宫颈口完全开张，与阴道的界限完全消失为止。母牛表现不安、走动、摇尾、踢腹等。开口期为 6（1~12）h。

B. 胎儿产出期：即从子宫颈完全开张起，到胎儿产出为止。此时阵缩努责都将出现。母牛表现烦躁，腹痛，呼吸和脉搏加快。牛在努责出现后自行卧地，经多次努力，胎儿由阴门露出，羊膜破裂后，经强烈努责，胎儿排出。

C. 胎衣排出期：即从胎儿排出到胎衣完全排出为止。胎儿排出后，母体安静下来，几分钟后又出现阵缩，伴有轻微努责，将胎衣排出。需 2~3 h。分娩结束。

③接产：分娩是繁殖的最后一环，做好接产护理是保障犊牛成活，促使母牛产后康复，防止疾病，利于下一次繁殖的重要措施。接产要点如下：

A. 产房和牛床消毒，然后铺好清洁、干燥的垫草。

B. 助产用具用 0.1% 新洁尔灭浸泡消毒。母牛后躯用 0.1% 高锰酸钾清洗。

C. 最好让其自然分娩，如遇困难时助产。

自然分娩可以显著减少产道损伤、子宫受污染的机会，降低胎衣不下的比例。根据不同情况，采用不同的助产方法。胎位不正时将胎牛顺势推回子宫矫正；倒生时，当两脚产出后应及早拉出胎儿，防止窒息。胎儿分娩后，用干布及时擦净口鼻黏液以便犊牛呼吸。遇到假死,可将犊牛倒提,排出咽喉中血水,再做人工呼吸抢救。在距腹壁6~8 cm处剪断脐带,挤去脐带内血液,用5%碘酒消毒。超过12 h胎衣不排出,15 d后恶露未排净,请兽医处理。

(二) 常见病防治

1. 口蹄疫

口蹄疫是由口蹄疫病毒引起的,急性、热性,接触性传染病。主要感染猪、牛、羊、骆驼、鹿等家畜和其他野生偶蹄动物。此病的危害极大,国际兽疫局将此病列为A类动物疫病之首。是世界范围内重点控制的动物疫病。

(1) 疫苗的选择。免疫所用疫苗必须经农业部批准,由省级动物防疫部门统一供应,疫苗要在2~8 ℃下避光保存和运输,严防冻结,并要求包装完好,防止瓶体破裂,途中避免日光直射和高温,尽量减少途中的停留时间。

(2) 免疫接种。免疫接种要求由兽医技术人员具体操作(包括饲养场的兽医)。接种前要了解被接种动物的品种,健康状况、病史及免疫史,并登记造册。免疫接种所使用的注射器、针头要进行灭菌处理,一畜一换针头,凡患病、瘦弱、临产母畜不应接种,待病畜康复或母畜分娩后,仔猪达到免疫日龄再按时补免。

(3) 免疫程序。散养畜:每年采取两次集中免疫(5月,11月),坚持月月补针,免疫率必须达到100%。母牛分娩前2个月接种一次;犊牛4月龄首免,6个月后二免,以后每6个月免疫一次。如供港或调往外省的牛,出场前4周加强免疫一次。外购易感动物,48 h内必须免疫(20~30 d后加强免疫)。

(4) 消毒。饲养场必须建立严格的消毒制度。大门,生产区门口要设置宽同大门,长为机动车轮一周半的消毒池,池内的消毒药为2%~3%的氢氧化钠,消池内消毒药定期更换,保持有效浓度。畜舍地面,选择高效低毒次氯酸钠消毒药每周一次,周围环境每两周进行一次。发生疫情时可选用2%~3%的氢氧化钠消毒,早晚各一次。

2. 乳房炎

乳房炎主要是细菌感染和不严格按挤奶操作规程挤奶,乳头外伤等引起的。

(1) 症状。按照发病症状可分为隐性乳房炎和临床乳房炎。

①隐性乳房炎:细菌侵入乳房未引起临床症状,但乳汁在生化上及细菌

学上已发生变化。

②临床乳房炎：肉眼可见乳房、乳汁发生异常，根据程度不同可分为轻症、重症和恶性乳房炎。轻症：乳汁稀薄，呈灰白；乳房肿胀、疼痛不明显；奶量变化不大、食欲、体温正常。重症：乳汁淡黄，乳量下降，乳房肿胀、发红、质硬、有热、有痛，体温升高，食欲下降。恶性：无乳，乳房严重肿胀、坚硬、极痛，体温41℃以上，食欲废绝。

（2）预防。

①做好牛体、乳房、乳头和周围环境卫生。

②正确挤奶，搞好挤奶卫生，洗乳房的水应清洁勤换，正确挤奶，挤奶后乳头药浴。

③正确干奶。

（3）治疗。治疗乳房炎主要通过消灭病原微生物，控制炎症的发展，改善全身状况，防止败血。

①局部治疗：外敷10%鱼石脂软膏；青霉素40万IU和链霉素50万~100万IU，用50~100 mL无菌蒸馏水稀释一次注入乳房，每日2次，连续2~4 d。在乳房基底部与腹壁之间分3~4点进针8~10 cm，注入0.25%~0.5%普鲁卡因（内加青霉素40万IU）100~250 mL。

②全身治疗：青霉素200万~250万IU，一次肌内注射，每日两次。或四环素200万IU一次静注（混入5%葡萄糖1 000 mL）。根据病情，静注葡萄糖、碳酸氢钠。

3. 牛布鲁氏菌病

布鲁氏菌病是由布氏杆菌引起的一种人兽共患疾病。在家畜中牛、羊最易发生，而且极易使接触病牛、羊的人发生布鲁氏菌病，遭受疾病的痛苦折磨。在临床上，虽然猪等其他家畜也可感染发病，但是与牛、羊相比却轻得多。

（1）流行特点。母牛较公牛易感，犊牛对本病具有抵抗力。随着年龄的增长，抵抗力逐渐减弱，性成熟后，对本病最为敏感。病畜可成为本病的主要传染源，尤其是受感染的母畜，它们在流产和分娩时，将大量布鲁氏菌随着胎儿、胎水和胎衣排出体外，流产后的阴道分泌物以及乳汁中都含有布鲁氏菌。易感牛主要是由于摄入了被布鲁氏菌污染的饲料和饮水而感染，也可通过皮肤创伤感染。布鲁氏菌进入牛体后，很快在所适应的组织或脏器中定居下来。病牛将终生带菌，不能治愈，并且不定期地随乳汁、精液、脓汁，特别是母畜流产的胎儿、胎衣、羊水、子宫和阴道分泌物等排出体外，扩大感染。人的感染主要是由于手部接触到病菌后再经口腔进入体内而发生感染。近年来，由于市场经济活跃，牛、羊买卖频繁，使牛、羊布鲁氏菌病的发生出现了明显的上升趋势，而且人患此病的数量也在不断增加。目前此病已成为最常见的人兽共患病。

（2）临床症状。牛感染布鲁氏菌后，潜伏期通常为2周至6个月。主要临床症状为母牛流产，也能出现低烧，但常被忽视。妊娠母牛在任何时期都可能发生流产，但流产主要发生在妊娠后的第6~8个月。流产过的母牛，如果再次发生流产，其流产时间会向后推迟。流产前可表现出临产时的症状，如阴唇、乳房肿大等。但在阴道黏膜上可以见到粟粒大有红色结节，并且从阴道内流出灰白色或灰色黏性分泌物。流产时常见有胎衣不下。流产的胎儿有的产前已死亡；有的产出虽然活着，但很衰弱，不久即死。公牛患本病后，主要发生睾丸炎和附睾炎。初期睾丸肿胀、疼痛，中度发热和食欲不振。3周以后，疼痛逐渐减轻；表现为睾丸和附睾肿大，触之坚硬。此外，病牛还可出现关节炎，严重时关节肿胀疼痛，重病牛卧地不起。牛流产1~2次后，可以转为正常产，但仍然能传播本病。

（3）剖检变化。妊娠母牛子宫与胎膜的病变较为严重。绒毛膜因充血而呈污红色或紫红色，表面覆盖黄色坏死物和污灰色脓汁。常见到深浅不一的糜烂面。胎膜水肿、肥厚，呈黄色胶冻样浸润。由于母体胎盘与胎儿胎盘炎性坏死，引起流产。胎儿胎盘与母体胎盘粘连，导致胎衣不下，可继发子宫炎。胎儿真胃内含有微黄色或白色黏液及絮状物；胃肠、膀胱黏膜和浆膜上有的有出血点；肝、脾、淋巴结有不同程度的肿胀。

（4）诊断。布鲁氏菌病从临床上不易诊断，但是根据母牛流产和表现出的相应临床变化，应该怀疑有本病的存在，必须通过实验室检查。

在本病诊断中应用较广的是试管凝集试验和平板凝集试验，尤其是后者，由于其方法简便、需要设备少、敏感较强、易于操作，常被基层兽医站和饲养场兽医室广泛采用，但是凝集试验并不能检出所有患病牲畜，而且可能出现非特异性凝集反应，影响结果的判定。补体结合反应具有高度异性，但操作较为复杂，基层兽医站通常难以承担。所以，对本病的诊断程序应按如下进行：根据临床变化，疑似本病存在时，应立即采血，分离血清，进行血清凝集试验。阳性病牛血清和疑似病牛血清，迅速送至上级兽医部门做补体结合反应，进行最后确诊。

（5）防治。因布鲁氏菌病在临床上，一方面难以治愈，另一方面不允许治疗，所以发现病牛后，应采取严格的扑杀措施，彻底销毁病牛尸体及其污染物。农业农村部已制订出全国布鲁氏菌病的防治规划。采取免疫、检疫、淘汰病畜的综合防治措施。在本病的控制区和稳定控制区内,停止注射疫苗;对易感家畜实行定期疫情监测,及时扑杀病畜。在未控制区内,主要以免疫为主,定期抽检,发现阳性畜时应全部扑杀。在疫区内,如果出现布病疫情暴发,疫点内畜群必须全部进行检疫,阳性病畜亦要全部扑杀,不进行免疫。阴性家畜与受威胁畜群应全部免疫。奶牛、种牛每年要全部检疫,其产品必须具有布病检疫合格证方可出售。牛可口服猪型布病 2 号苗 (S_2),免疫率达 90%以上,种用、奶用牛不免疫,定期检疫、淘汰阳性牛。

(6) 净化办法。普通黄牛 S2 苗免疫密度必须在 90%以上;奶用和种用牛只检不免,阳性淘汰。未经免疫的 8 月龄以上普通犊牛,全部采血检疫,阳性淘汰,阴性免疫。

4. 生产瘫痪

(1) 病因及症状。生产瘫痪又叫乳热症,是母牛分娩前后突然发生的严重代谢疾病。此病主要发生于产后三日内的高产奶牛,多发生在 3~6 胎。饲料中钙、磷供应及肠道吸收和内分泌功能失调,加上胎儿生长及乳汁分泌消耗大量的钙,使血钙浓度急剧下降是本病发生的重要原因。其特征是知觉丧失及四肢瘫痪。病初食欲减退或废绝,反刍、瘤胃蠕动及排粪排尿停止。产奶量下降。精神沉郁,表现轻度不安;也有在出现不安后即呈现惊慌、哞叫、狂暴、目光凝视等。初期症状出现数小时后患牛即瘫痪在地。不久出现意识抑制和知觉丧失。病牛躺卧姿势特殊,即四肢屈于体下,头向后弯于胸部一侧或头颈部呈"S"状弯曲。体温降低是此病又一特征。对此病若不及时治疗很少能够恢复,大多在 12~24 h 内病情恶化,最终因呼吸衰竭而死。

(2) 防治。建议在产前 2 周开始饲喂低钙高磷饲料以刺激甲状旁腺的机能,促进甲状旁腺的分泌,从而提高吸收和动用骨钙的能力。饲喂维生素D,产后及时增加日粮中钙、磷含量,可减少发病。

①尽快使血钙恢复到正常水平,常用 20%~25%硼酸葡萄糖酸钙注射液(含 4%硼酸)500 mL,静脉注射(时间不应少于 10 min)。或用 10%葡萄糖酸钙 1 000 mL,或 5%氯化钙 500 mL,缓慢静脉注射。

②使用乳房送风器向乳房内打气。使乳房内压力增高,减少泌乳以减少体内钙的消耗。

5. 腐蹄病

(1) 病因及症状。腐蹄病是奶牛常发的蹄病。饲养管理不当,牛运动不足，是其诱因。主要由于牛床及运动场铺设不平，蹄底过度磨损，异物刺伤而被坏死杆菌和化脓菌感染，加之蹄部经常浸泡于粪尿污水之中，促使该病发生。患蹄肿大发热，趾间皮肤充血肿胀，创口感染溃烂，并有恶臭的炎症分泌物排出，继而蔓延至蹄冠、蹄后部，亦可侵害腱、韧带、关节，形成化脓性炎症。有时蹄底溃烂，形成大小不等的空洞，其中充满污灰色或黑褐色坏死组织及恶臭的脓液。病多发于两后蹄。若仅一蹄患病，牛常将患蹄提起，以健蹄跳跃行走，影响采食，奶量下降。若两后蹄患病，牛则喜卧而不愿行动，不愿站立，影响产奶和繁殖，往往被迫淘汰。

（2）治疗。轻度腐蹄病仅限于浅层时，用3%~5%高锰酸钾羊毛脂软膏涂敷；蹄部肿胀、跛行明显时，应用1%高锰酸钾液温脚浴疗法；若蹄底已烂出空洞并有脓液及坏死组织时，可用消毒液洗净蹄部，用剪刀或锐匙将坏死组织彻底清除，再用5%浓碘酊消毒，撒上抗菌药，外用福尔马林松馏油棉塞塞上，包扎上绷带。后再用防水塑料布包住蹄部，2~3 d换药一次。

（3）预防。加强牛圈舍的卫生清理工作，定期对圈舍加以消毒，并适当通风；加强牛群管理，及早发现及早治疗，防止病情进一步恶化。

6. 子宫内膜炎

（1）病因。

①助产不当，产道受损；产后子宫弛缓，恶露蓄积；胎衣不下、子宫脱、阴道和子宫颈炎症等处理不当，治疗不及时，消毒不严而使子宫受细菌感染，引起内膜炎；

②不严格执行配种操作规程引起感染；

③继发性感染，如布鲁氏菌病。

（2）症状。

因炎症程度不同而异。轻度的全身症状不明显，较重的伴有体温升高，食欲下降，阴道内不时流出不同色泽的有异味的分泌物，直肠检查可感知子宫角变粗，宫壁增厚，收缩反应弱。

（3）预防。

助产、配种时严格注意消毒，实行无菌操作；科学饲养，提高机体抵抗力，减少胎衣不下等病的发生。

（4）治疗。

①子宫内注入法：

A. 将青霉素100万IU，溶于蒸馏水250~300 mL，一次注入子宫，隔日一次，直至分泌物清亮为止。

B. 对病程较长，分泌物具脓性的牛，可用鱼石脂溶液。取纯鱼石脂 80~100g，溶于蒸馏水 100 mL，配成 8%~10% 溶液，每次注入子宫内 100 mL，隔日一次，一般用 1~3 次。

②其他疗法：

A. 一次肌内注射乙烯雌酚 15~25 mL。

B. 全身治疗，根据全身状况，可补糖、盐、碱，并使用抗生素类药物。

7. 牛皮蝇蛆病

牛皮蝇蛆病，是由寄生于牛的背部皮下组织内南牛皮蝇和纹皮蝇的幼虫所引起的一种慢性寄生虫病。本病在我国北方地区流行甚广，危害严重。由于皮蝇幼虫的寄生，可使患牛消瘦，皮革的质量降低，幼畜发育受阻。

（1）病原及流行特点。两类皮蝇的成虫形态相似，长为 13~15 mm，体表密生绒毛，呈黄绿色至深棕色。纹皮蝇出现的季节比牛皮蝇为早。纹皮蝇一般在每年的 4—6 月出现，而牛皮蝇则通常在 6—8 月出现。牛只的感染多发生于夏季炎热，成蝇飞翔的季节里。成蝇交配后，雄蝇死亡，雌蝇在晴朗无风的天气里，向牛体皮薄处的被毛上产卵，产卵后雌虫死亡。蝇卵经 4~7 d 孵出第一期幼虫，爬到毛根部钻进皮肤内。幼虫在皮下组织内经过长时间的移行和发育，最后达到背部皮下。纹皮蝇的幼虫在移行过程中，还要经过食道。在次年的早春季节，发育成第三期幼虫。第三期幼虫在背部皮下停留 2~2.5 个月，幼虫成熟后，由皮肤内钻出落地变成蛹，经 1~2 个月，蛹再孵出成虫。

（2）诊断。雌蝇在牛体产卵时，扰乱牛只。牛表现不安、喷鼻、蹶踢、狂奔。幼虫在皮下组织内移行时，能引起牛的瘙痒、疼痛不安。幼虫出现在背部皮下时易于诊断。最初在牛的背部皮肤上可以摸到长圆形的硬节，再经一个多月，即出现肿瘤样的隆起，在隆起的皮肤处，可见到小孔，小孔的周围堆积着干涸的脓痂。并能从皮肤穿孔处挤出幼虫。另外，剖检时，也可在食道壁和皮下发现幼虫。根据以上特点，在临床上不难对本病做出诊断。

（3）防治。

①经常检查牛背，发现皮下有成熟的疣肿时，用针刺死幼虫或挤排出蚴虫，涂以碘酊；

②皮下注射50%乐果酒精溶液，大牛 5 mL，小牛及中等牛 2~3 mL；

③皮蝇磷：牛每公斤体重内服 100 mg；

④在牛背部涂以2%敌百虫水溶液 300 mL，每次 2~3 min，24 h 后，大部分幼虫可软化致死，5~6 d 后瘤状隆起显著缩小。涂一次杀虫率可达

90%~95%。亦可在牛背患部的小孔处涂上本药。涂之前先清除小孔附近的干涸脓痂，露出皮孔，使药液易接触到虫体。涂一次即可使大部分幼虫软化致死。

在本病流行地区，每逢皮蝇活动季节，可以间隔20 d，对牛体用药喷洒一次，共3~4次，即可达到全面防治的目的。

六、圈舍建设

根据牛的生物学特性及对温度、湿度、光照等环境的要求，结合当地气候条件，建造棚圈。牛场是生长发育和繁殖的重要环境因素之一。建设牛场应本着投资少、用料省、少占地、利用率高、经济适用、无污染的原则，又要有利于生产和防疫来建设。

（一）选址

牛场应建在水电充足，水质良好，饲料来源方便，交通便利，地势高燥，地下水位低，排水良好，土质坚实，向阳背风，空气流通，平坦开阔或具有缓坡，远离居民区和交通要道的地方。

（二）布局

布局既要有利于饲养管理，又要因地制宜，做到统筹兼顾，合理布局。通常按牛场的管理功能，可划分为三个小区，即生产区、经营管理区、病牛管理区。

1. 生产区

生产区是牛场的核心。它包括牛舍、饲料贮存和加工建筑物、人工授精室、粪场等。

（1）牛舍。牛舍应建在场内生产区的中心，以便于管理和缩短运输距离。修筑多栋牛舍，宜采取长轴平行配置，舍间距不小于10 m，建造数栋牛舍，可并列配置。

（2）饲料贮存、加工建筑物。饲料贮存、加工建筑物包括饲料库、青贮塔（壕）、草垛、饲料加工调制间；饲料库要位居牛舍中央，以便于取用饲料；青贮塔（壕）应建在牛舍附近，但又要有效地防止污水渗入；草垛应位于生产区的下风向，离房舍50 m以外，以利于防火；饲料调制车间宜与料库相邻，但又要防止噪声对牛的不良影响。

（3）人工授精室、粪场。人工授精室应邻近母牛舍；粪场应远离生产区，设在生产区下风口、较低洼处。

2. 经营管理区

经营管理区是整个牛场的管理部门，负责生产指挥、生产资料供给、产品销售、对外联系、职工生活设施及管理等。经营管理区应与生产区隔离，外来人员只能在经营管理区内活动，不经允许不得进入生产区。

经营管理区应建在地势较高地段，处在牛场的上风口，防止牛场对经营管理区的某些污染。

3. 病牛管理区

病牛管理区包括兽医室、隔离舍等。这些建筑物应建在牛场的最下风口位置，与牛舍保持 300 m 的距离，并在四周设置人工隔离屏障，防止疫病的传播和蔓延，并装备完善的废弃物无公害处理设施。

(三) 牛舍建筑

建造肉牛舍应因地制宜，就地取材，经济适用，既要便于管理，又能满足牛生长发育需求。牛舍的基础、墙壁、棚顶建筑要求，按一般简便民用建筑修筑即可。

1. 牛舍类型

半开放牛舍、塑膜暖棚牛舍、封闭牛舍是当今较为普遍应用的牛舍。

(1) 半开放牛舍。半开放牛舍三面有墙，向阳一面敞开，有部分顶棚，在敞开一侧设有围栏，水槽、料槽设在栏内。每舍（群）15~20 头，每头牛占有舍面积 4~5 m^2。这类牛舍造价低、节省劳动力，但冷季防寒效果差。

(2) 塑膜暖棚牛舍。塑膜暖棚牛舍属于半开放牛舍的一种，是近年来北方寒冷地区推出的一种较保温的半开放牛舍。与一般半开放相比，保温效果较好。

塑膜暖棚牛舍三面全墙，向阳一面有半截墙，有 1/2~2/3 的顶棚，向阳的一面在温暖季节露天开放，寒季在露天一面用竹片、钢筋等材料做支架，上覆单层或双层塑料，两层膜间留有间隙，使舍内呈封闭状态，借助太阳能和牛体自身散发热量，使牛舍温度升高，防止热量散失。

修筑塑膜暖棚牛舍要注意以下几方面问题：一是选择合适的朝向，塑膜暖棚牛舍需坐北朝南，南偏东或西角度最多不要超过 15°，舍南至少 10 m 应无高大建筑物或树木遮蔽；二要选择合适的塑料薄膜，应选择对太阳光透过率较高，而对地面长波辐射透过率较低的聚氯乙烯等塑膜，其厚度以 80~100 μm 为宜；三要合理设置通风换气口，棚舍的进气口应设在南墙，其距地面高度以略高于牛体高为宜，排气口应设在棚舍顶部的背风面，上设防风帽，排气口的面积以 20 cm×20 cm 为宜，进气口的面积是排气口面积的一半，每隔3 m远设置一个排气口；四要有适宜的棚舍入射角，棚舍的入射角应大于或等于当地冬至时的太阳高度角；五要注意塑膜坡度的设置，塑膜与地面的夹角应以55°~65°为宜。

(3) 封闭牛舍。封闭牛舍四面有墙和窗户，顶棚全部覆盖。分单列封闭舍和双列封闭舍。

单列封闭牛舍：只有一排牛床，舍宽6.0 m，高2.6~2.8 m，舍顶可修成平顶也可修成起脊形顶。这种牛舍跨度小、易建造、通风好，但散热面积相对较大。单列封闭牛舍适用于小型牛场。

双列封闭牛舍：舍内设有两排牛床，两排牛床多采取头对头式饲养，中央为通道。舍宽12.0 m、高2.7~2.9 m、脊形棚顶。双列式封闭牛舍适用于规模较大的牛场，以每栋舍饲养100头为宜。

2. 舍内设备

(1) 牛床。牛床是牛吃料和休息的地方，牛床的长度依牛体大小而异。一般的牛床设计是使牛前躯靠近料槽后壁，后肢接近牛床边缘，粪便能直接落入粪沟内即可。成年母牛床长1.8~2.0 m、宽1.1~1.3 m；种公牛床长2.0~2.2 m、宽1.3~1.5 m；肥育牛床长1.0~2.1 m、宽1.2~1.3 m；6月龄以上育成牛床长1.7~1.7 m、宽1.0~1.2 m。

牛床应高出地面5 cm，以1%的坡度为宜，以利于冲刷和保持干燥。牛床最好以三合土为地面，既保温又护蹄。

(2) 饲槽。饲槽建成固定式的、活动式的均可。水泥槽、铁槽、木槽均可用作牛的饲槽。饲槽长度与牛床宽相同，上口宽60~70 cm、下底宽35~45 cm，近牛侧槽高40~50 cm、远牛侧槽高70~80 cm，底呈弧形，在饲槽后设栏杆，用于拴牛。

(3) 粪沟。牛床与通道间设有排粪沟，沟宽35~40 cm、深10~15 cm，沟底呈一定坡度，以便污水流淌。

(4) 清粪通道。清粪通道也是牛进出的通道，多修成水泥路面，路面应有一定坡度，并刻上线条防滑。清粪道宽1.5~2.0 m。牛栏两端也留有清粪通道，宽为1.5~2.0 m。

(5) 饲料通道。在饲槽前设置饲料通道。通道高出地面10 cm为宜，饲料通道一般宽1.5~2.0 m。

(6) 牛舍的门。肉牛舍通常在舍两端，即正对中央饲料通道设两个侧门，较长牛舍在纵墙背风、向阳侧也设门，以便于人、牛出入，门应做成双推门，不设槛，其大小为(2.0~2.2) m×(2.0~2.2) m为宜。

（7）运动场。饲养种牛、犊牛的舍，应设运动场。运动场多设在两舍间的空余地带，四周用栅栏围起，将牛拴系或散放其内。其每头牛应占面积为：成牛 15~20 m²、育成牛 10~15 m²、犊牛 5~10 m²。

运动场的地面以三合土为宜。在运动场内设置补饲槽和水槽。补饲槽和水槽应设置在运动场一侧，其数量要充足、布局要合理，以免牛争食、争饮、顶撞。

参考文献

毕云霞,2004. 饲料作物种植及加工调制技术 [M]. 北京：中国农业出版社.

陈代文,余冰,2022. 动物营养学 [M]. 4版. 北京：中国农业出版社.

陈浩,2009. 牛的饲养与管理 [M]. 呼和浩特：远方出版社.

陈西风,2014. 羊的饲养管理 [M]. 银川：甘肃人民出版社.

成大荣,张怀林,2020. 肉羊饲养管理与疾病防治彩色图谱 [M]. 北京：中国农业出版社.

程秀花,赵国琦,2022. 配合饲料加工设备与技术 [M]. 北京：中国农业出版社.

党娜娜,2023. 羊的饲养与管理技术分析 [J]. 中国畜牧业,18：65-66.

董滢,周庆安,2024. 动物营养与饲料加工 [M]. 北京：中国农业大学出版社

甘肃省农牧厅,2015. 肉羊饲养技术 [M]. 兰州：甘肃科学技术出版社.

高洪文,孟林,2003. 人工草地建设管理技术 [M]. 北京：中国农业科学技术出版社.

高清竹,万志强,梁存柱,2020. 内蒙古草地畜牧业适应气候变化关键技术研究 [M]. 北京：科学出版社.

郭振瀚,苏秦,2018. 青贮饲料加工与应用技术 [M]. 呼和浩特：内蒙古人民出版社.

郭正刚,王倩,陈鹤,2014. 我国天然草地鼠害防控中的问题与对策 [J]. 草业科学,31（1）：168-172.

韩建国,孙洪仁,2008. 怎样保护和利用好草原 [M]. 北京：中国农业大学出版社.

郝生宏，杨荣芳，2015. 饲料添加剂应用技术［M］. 北京：化学工业出版社.

黄文惠，张玉发，傅林谦，1993. 草地改良利用［M］. 北京：金盾出版社.

考桂兰，2009. 农牧交错区奶牛综合养殖技术［M］. 呼和浩特：内蒙古人民出版社.

李峰，陶雅，柳茜，2017. 青贮饲料调制技术［M］. 北京：中国农业科学技术出版社.

李建国，安永福，2003. 奶牛标准化生产技术［M］. 北京：中国农业大学出版社.

李劲，2023. 羊饲养技术与常见疫病防治［J］. 畜牧兽医科学，20：34-36.

李梦云，张成，臧长江，2022. 动物营养学［M］. 北京：中国农业大学出版社.

李忍益，1985. 牛的饲养繁殖与改良［M］. 贵阳：贵州人民出版社.

李伟跃，汪善锋，2021. 饲料添加剂［M］. 北京：中国农业出版社.

李文建，韩国栋，1999. 草地刈割及其对草地生态系统影响的研究［J］. 内蒙古草业，4：1-3.

李雅男，张峰，史世斌，等，2022. 刈割留茬高度对大针茅草原群落组成及种间关系的影响［J］. 草地学报，30（6）：1336-1342.

刘长仲，姚拓，2021. 草地保护学［M］. 3版. 北京：中国农业大学出版社，

刘建新，2002. 干草、秸秆、青贮饲料加工技术［M］. 北京：中国农业科学技术出版社.

刘强，2022. 反刍动物营养学［M］. 北京：中国农业大学出版社.

卢德勋，2004. 系统动物营养学导论［M］. 北京：中国农业出版社.

雒秋江，2022. 动物营养与饲养［M］. 北京：科学技术出版社.

马志广，陈敏，1994. 草地改良理论、方法与趋势［J］. 中国草地学报，4：63-66.

苗志国，贺永惠，王永强，2022. 动物营养学基础［M］. 北京：中国农业大学出版社.

齐智利，2023. 配合饲料学［M］. 北京：科学技术出版社.

钱勇，2009. 图文精讲肉羊饲养技术［M］. 南京：江苏科学技术出版社.

任伟, 王英哲, 王志峰, 等, 2019. 退化羊草草地改良技术 [J]. 北方园艺, 13: 171-173.

苏军虎, 刘荣堂, 纪维红, 等, 2013. 我国草地鼠害防治与研究的发展阶段及特征 [J]. 草业科学, 30 (7): 1116-1123.

孙吉雄, 2000. 草地培育学 [M]. 北京: 中国农业出版社.

汪诗平, 王艳芬, 陈佐忠, 2003. 放牧生态系统管理 [M]. 北京: 科学出版社.

王成章, 王恬, 2003. 饲料学 [M]. 北京: 中国农业出版社.

王大祥, 董柏华, 许志成, 等, 2024. 舍饲羊饲养管理及常见疫病的防控 [M]. 畜牧生产, 2: 67-70.

王德利, 王岭, 2019. 草地管理概念的新释义 [J]. 科学通报, 64 (11): 1106-1113.

王明玖, 赵和平, 殷国梅, 2014. 草地科学管理与合理利用技术问答 [M]. 呼和浩特: 内蒙古人民出版社.

王秋梅, 唐晓玲, 2021. 动物营养与饲料 [M]. 北京: 化学工业出版社.

王守军, 2017. 牛的饲养管理及疫病防治技术 [M]. 兰州: 甘肃科学技术出版社.

王照亮, 2022. 舍饲肉羊精饲料种类及营养价值研究 [J]. 中国畜禽种业, 18 (11): 117-119.

魏曼琳, 2018. 植物饲料加工及成分高效利用技术 [M]. 长春: 吉林人民出版社.

夏小静, 袁丽君, 李文, 2022. 羊实用饲料配方手册 [M]. 北京: 机械工业出版社.

现代肉羊产业技术体系营养与饲料功能研究室, 2013. 肉羊饲养新技术 [M]. 北京: 中国农业科学技术出版社.

辛晓平, 徐丽君, 李达作, 2021. 天然草地合理利用 [M]. 上海: 上海科学技术出版社.

徐丽君, 王笛, 孙雨坤, 2021. 人工草地建植技术 [M]. 上海: 上海科学技术出版社.

杨凤, 1993. 动物营养学 [M]. 北京: 中国农业出版社.

杨巍, 2023. 天然草地合理利用途径与灾害防治 [M]. 北京: 中国商业出版社.

俞联平, 2014. 草食家畜营养及饲料加工调制技术 [M]. 甘肃: 甘肃科学技术出版社.

玉柱, 2010. 牧草饲料加工与贮藏 [M]. 北京: 中国农业大学出版社.

云锦凤, 等, 2016. 冰草的研究与利用 [M]. 北京: 科学出版社.

运向军, 吴艳玲, 吕世杰, 2021. 荒漠草原放牧优化管理研究 [M]. 北京: 科学出版社.

张彬, 王赟博, 2023. 旱作人工草地建植与牧草加工贮藏 [M]. 呼和浩特: 内蒙古大学出版社.

张峰, 赵天启, 乔荠瑢, 等, 2021. 刈割留茬高度对大针茅草原生产力及可持续利用的影响 [J]. 草地学报, 29 (7): 1491-1498.

张洪艳, 2024. 青贮饲料的种类、营养价值及其在反刍动物养殖中的应用 [J]. 四川畜牧兽医, 51 (2): 35-37.

张洁, 彭晓培, 刘晓玥, 2022. 动物营养与饲料检测 [M]. 北京: 中国农业大学出版社.

张鹏飞, 林花荣, 2023. 畜禽营养与饲料加工技术 [M]. 2版. 北京: 高等教育出版社.

张日俊, 1999. 动物饲料配方 [M]. 北京: 中国农业大学出版社.

张效境, 马望, 王正文, 2022. 刈割制度对呼伦贝尔草原群落特征及牧草质量的影响 [J]. 应用生态学报, 33 (6): 1555-1562.

张心壮, 白晨, 2023. 配合饲料生产综合实践 [M]. 北京: 中国农业科学技术出版社.

张英俊, 黄鼎, 2019. 草地管理学 [M]. 北京: 中国农业大学出版社.

章祖同, 2004. 草地资源研究 章祖同文集 [M]. 呼和浩特: 内蒙古大学出版社.

赵浩然, 2010. 牛的饲养与疾病防治 [M]. 呼和浩特: 内蒙古人民出版社.

中华人民共和国国家质量监督检验检疫总局, 中国国家标准化管理委员会, 2017. GB/T 2930.1—2017 牧草种子检验规程 [S]. 北京: 中国标准出版社.

中华人民共和国农业部, 2004. NY/T 816—2004 肉羊饲养标准 [S]. 北京: 中国农业出版社.

中华人民共和国农业部, 2006. NY/T 1176—2006 草原划区轮牧技术规程 [S]. 北京: 中国农业出版社.

中华人民共和国农业农村部，2015. 中国草原牧区家畜营养需求［R］. 北京：农业部.

周道玮，田雨，胡娟，2021. 草地农业基础［M］. 北京：科学出版社.

周根来，陈翠玲，2020. 动物营养［M］. 北京：中国农业出版社.